普通高等教育"十三五"规划教材

建筑电气工程识图施工与计价

汪冶冰　主编

常有政　杨宇杰　张　于　副主编

U0231004

化学工业出版社

·北京·

本书为土建学科高等学校工程造价与建筑管理类专业教材，全书内容包括：建筑电气工程图识图基础知识，变配电工程，动力、照明工程，建筑防雷接地工程，火灾自动报警及消防联动系统，通信网络及综合布线，建筑电气工程定额计量与计价，建筑电气工程量清单计量与计价。

本书可作为高等院校工程管理、工程造价专业以及电气工程技术、安装工程等相关专业教材，也可作为从事电气工程造价的专业人员及相关管理人员的培训教材和参考书，并可作为自学者的读物。

图书在版编目（CIP）数据

建筑电气工程识图施工与计价/汪治冰主编. —北京：
化学工业出版社，2017.8（2024.8重印）
普通高等教育"十三五"规划教材
ISBN 978-7-122-30149-9

Ⅰ.①建… Ⅱ.①汪… Ⅲ.①建筑工程-电气设备-
电路图-识图-高等学校-教材 Ⅳ.①TU85

中国版本图书馆 CIP 数据核字（2017）第 163188 号

责任编辑：满悦芝 文字编辑：吴开亮
责任校对：王 静 装帧设计：刘丽华

出版发行：化学工业出版社（北京市东城区青年湖南街 13 号 邮政编码 100011）
印 装：北京七彩京通数码快印有限公司
787mm×1092mm 1/16 印张 15¼ 字数 380 千字 2024 年 8 月北京第 1 版第 6 次印刷

购书咨询：010-64518888 售后服务：010-64518899
网 址：http://www.cip.com.cn
凡购买本书，如有缺损质量问题，本社销售中心负责调换。

定 价：39.80 元

版权所有 违者必究

本书依据国家现行建设工程费用规定、现行国家标准《通用安装工程消耗量定额》《建设工程工程量清单计价规范》及全国高等学校工程管理、工程造价专业本科教学大纲编写，内容力求精准，注重图文结合，充分反映建筑学科技术发展的现状，具有较强的针对性和实用性。

本书前六章介绍了建筑电气及智能建筑工程中各单项工程的识图及施工方法，在第七章和第八章的定额计价和清单计价部分以住宅楼电气工程造价作为实例，按照工程量计算规则、计价原理、工程造价的组成，系统地介绍了建筑电气单位工程造价计价原理、程序和方法。

"建筑电气工程识图施工与计价"是一门技术性、实践性、专业性、政策性都很强的专业基础课程。要求学生通过本课程的学习，获得建筑电气工程造价的基本理论、基本知识和基本技能。为了便于理解和掌握教材内容，各章都设有思考题，供学习者复习之用。

本书由长春工程学院汪冶冰（编写第三、四、七、八章）主编，负责统稿和定稿；常有政、杨宇杰、张于副主编。参加本书编写工作的人员还有常有政（编写第二章）、杨宇杰和于卓群（编写第五章）、张于和王月志（编写第六章）、于卓群（编写第一章）。

在成书过程中，编者参阅了大量的书刊资料，在此对相关作者表示衷心的感谢。

目前电气工程各个领域发展迅速，学科的综合性越来越强，虽然在编写时力求做到内容全面，密切联系工程实际，但由于编者水平有限，书中不妥之处在所难免，敬请专家和读者批评指正。

编　者

2017 年 6 月

第一章 建筑电气工程图识图基础知识

第一节 电气工程图识图的基本知识

电气工程图是按照国家规定或行业习惯的画法和符号、标注方式、说明在图纸上表示电气设计的内容，是工程技术人员进行交流的手段，是建筑电气工程领域的工程技术语言，是建设工程的依据。下面介绍与电气工程识图有关的一些基础知识。

一、电气工程图三要素

(1) 图例　利用国家规定或行业习惯的符号表示电气设备，详见附录1。

(2) 标注　按国家规定或行业习惯的表达方式表示电气设备的特性和必要的内容。

(3) 图线　在图纸中使用的各种线条。电气工程图中常用的线条有以下几种。

① 粗实线：一般表示主回路，电气施工图的干线、支线、电缆线、架空线等。

② 细实线：一般表示控制回路或一般线路。建筑平面图要用细实线，以便突出用粗实线绘制的电气线路。

③ 虚线：一般长虚线表示事故照明线路，短虚线表示钢索或屏蔽。在电路图中，点画线表示控制和信号线路，双点画线表示 36V 及以下的线路。

在设计时，为表示清楚，可在线条旁边标注相关符号或文字，以便区分不同图线的表示的内容。

二、电气工程图基本知识

(1) 图幅　A0 号～A5 号，图纸一般不加宽，特殊情况下，允许加长 A1～A3 号图纸的长度和宽度，A0 号图纸只能加长，图纸应按 1/8 幅面为单位加长或加宽。

(2) 字体　图面上的文字说明，图中的字体应符合标准，字体大小和形式应考虑美观。

(3) 比例　图纸上线条大小与物体实际大小的比值。电气工程图中，一般电气设备安装及线路敷设的施工平面图需按比例绘制，电气系统图、原理图及接线控制图可不按比例绘制。

(4) 尺寸　由尺寸线、尺寸界线、尺寸数字、尺寸起止点的箭头或 45°短画线组成。

(5) 定位轴线　建筑平面图中表示位置信息的轴线，按一定原则由左向右、由下向上标注。电气工程图通常是在建筑平面底图上完成的，应保留定位轴线，以便于施工计划和工程预算。

(6) 标高　一般取建筑物地坪高度为±0.00m，往上计算为正值，往下计算为负值；电气平面图中，还可以选择每一层地坪或楼面为参考面；电气设备和线路安装、敷设位置高度一般以该层地坪为基准。

（7）设备表　电气工程图上要求提供主要设备材料表，表内应列出全部电气设备材料的规格、型号、数量以及有关的重要数据，并要求与图纸中的表示相一致而且按照序号编写。

（8）设计总说明和设计说明　用文字叙述的方式说明一个建筑工程的主要信息。设计说明是工程图纸的重要内容，是电气系统图、平面图的重要补充。设计总说明一般应说明一个建筑工程的建筑概况、工程特点、主要电气设备的规格型号（标准或非标）、供电方式、防雷接地的技术要求、设计指导思想，使用的新材料、新工艺、新技术以及对施工的要求等。设计说明一般对某一类图纸的共同特征进行必要说明。

三、电气图的组成及其用途

电气工程图是阐述电气工程的构成和功能，描述电气装置的工作原理，提供安装接线和维护使用信息的施工图。由于一项电气工程的规模不同，反映该项工程的电气图的种类和数量也是不同的。电气工程图按表达的性质和功能一般包括首页、电气系统图、电气平面图、电路原理图、安装接线图、设备布置图、大样图等。

（1）首页　首页内容包括电气工程图的目录、图例、设备明细表、设计说明等。图例一般是列出本套图样涉及的一些特殊图例。设备明细表只列出该项电气工程一些主要电气设备的名称、型号、规格和数量等。设计说明主要阐述该电气工程设计的依据、基本指导思想与原则，补充图中未能表明的工程特点、安装方法、工艺要求、特殊设备的使用方法及其他使用与维护注意事项等。

（2）电气系统图　电气系统图是表达电气工程的供电方式、电能输送、分配控制关系和设备运行情况的图纸，也提供设备和线缆的规格型号及数量。电气系统图又称为一次回路系统图或主接线图，建筑电气系统图一般采用单线图方式绘制。电气系统图有变配电系统图、动力系统图、照明系统图和弱电系统图等。

（3）电气平面图　电气平面图是表示电气设备、装置与线路平面布置的图纸，是进行电气安装的主要依据。电气平面图以建筑总平面图为依据，在图上绘制出电气设备、装置及线路的安装位置、敷设方法等。常用的电气平面图有：变配电所平面图、动力平面图、照明平面图、防雷平面图、接地平面图以及弱电工程平面图等。电气平面图中的设备等是用图例、标注表示的，只反映设备的安装位置以及设备之间的相对关系。通过电气平面图可以计算出各种电管线的精确数量，所以它也是编制施工计划和电气工程概预算书的重要依据之一。

（4）设备布置图　设备布置图是表示各种电气设备平面与空间的位置、安装方式及其相互关系的，通常由平面图、立面图、断面图、剖面图及各种构件详图等组成。设备布置一般都是按三面视图的原理绘制的，与一般机械工程图没有原则性的区别。

（5）电路原理图　电路原理图是表示某一系统或装置的电气工作原理的图纸。建筑中的电路原理图有整体式和展开式两种画法，简单原理图可以采用整体式画法，工程上采用展开式原理图居多。通过分析电路原理图可以清楚地看出整个系统的动作顺序。电路原理图还可以用来指导电气设备和器件的安装、接线、调试、使用与维修。电气工程图中，常见的电路原理图有断路器控制信号电路、隔离开关二次控制电路、互感器二次工作电路、中央信号电路及建筑设备自动控制电路等。

（6）安装接线图　安装接线图是表示某一设备内部各种电气元器件之间位置关系及接线关系的，用来指导电气安装、接线、查线。它是与电路图相对应的一种图。

（7）大样图　大样图是表示电气工程某一部件、构件的具体安装要求和做法的图纸，只用于指导加工与安装，若属于国家标准的大样图，在施工中可不必画出，只需文字说明即可。

第二节　电气工程图的图形符号和文字符号

电气工程图中，设备、元件、线路及其安装方法等在许多情况下是借用统一的图形符号和文字符号以及项目符号来表达的，即图例和标注。图形符号是构成电气图的基本单元，是电工技术文件中的"象形文字"，是组成电气"工程语言"的"词汇"和"单词"。文字符号用于电气技术领域中技术文件的编制，标明电气设备、装置和元器件的名称、功能、状态或特征。为了能读懂电气工程图，施工人员必须熟记各种电气设备和元件的图例符号及文字标记的意义。

一、电气图用图形符号

1. 图形符号的组成

所谓图形符号就是通常用于图样或其他文件以表示一个设备或概念的图形、标记或字符。电气图用图形符号由符号要素、一般符号、限定符号和方框符号组成。

（1）符号要素　符号要素是一种具有确定意义的简单图形，必须同其他图形组合以构成一个设备或概念的完整符号。例如图1-1是直热式阴极电子管的图形符号，它是由管壳、阳极、阴极（灯丝）三个符号要素组成的。很显然，这些符号要素一般是不能单独使用的，只有按照这一方式组合起来以后，才能构成这一电子管的完整符号。当这些符号要素与其他符号以另一种方式组合时，则又成为另一种电子管的符号了。

（2）一般符号　一般符号是用以表示一类产品或此类产品特征的一种通用简单的符号，如图1-2所示。

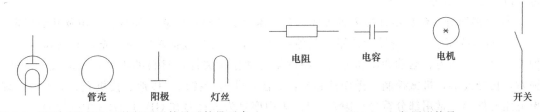

图1-1　直热式阴极电子管的图形符号及符号要素　　　　图1-2　一般图形符号

（3）限定符号　用以提供附加信息的一种加在其他符号上的符号，称为限定符号。限定符号通常不能单独使用，但由于限定符号的应用，而大大扩展了图形符号的多样性。例如，电阻器的一般符号如图1-3（a）所示。在此一般符号上分别附加上不同的限定符号，则可得到图1-3（b）～图1-3（h）所示的可变电阻器、滑线式变阻器、压敏电阻器、热敏电阻器、0.5W电阻器、碳堆电阻器、熔断电阻器的图形符号。开关的一般符号如图1-4（a）所示，在此一般符号上再分别附加上不同的限定符号，则可得到图1-4（b）～图1-4（g）所示的隔离开关、负荷开关、具有自动释放的负荷开关、断路器、按钮开关、旋钮开关的图形符号。常用限定符号参见附录1。限定符号通常不能单独使用。但一般符号有时也可用作限定符号。如电容器的一般符号加到传声器符号上即可构成电容式传声器的符号。

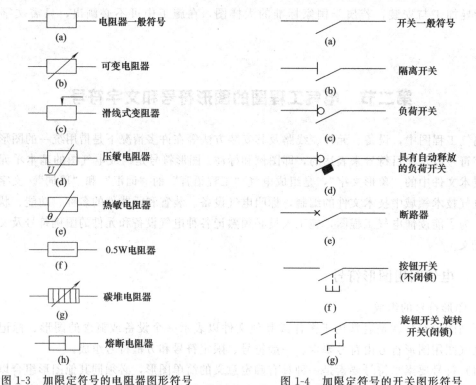

图1-3　加限定符号的电阻器图形符号　　　图1-4　加限定符号的开关图形符号

（4）方框符号　用以表示元件、设备等的组合及其功能，既不给出元件、设备的细节也不考虑所有连接的一种简单的图形符号。方框符号在框图中使用最多。电路图中的外购件、不可修理件也可用方框符号表示。

2. 电气图图形符号的分类

《电气图用图形符号》（GB/T 4728）是电气技术领域技术文件所主要选用的图形符号，包括以下13个部分。

① 总则部分。包括本标准内容提要、名词术语、符号的绘制、编号、使用及其他规定。

② 符号要素、限定符号和常用的其他符号。主要内容包括轮廓和外壳，电流和电压的种类，可变性，力、运动和流动方向，特性量的动作相关性，材料的类型，效应或相关性，辐射，信号波形，机械控制，操作件和操作方法，非电量控制，接地、接机壳和等电位，理想电路元件等。常用部分符号见附录1-1。表中序号为该符号在GB/T 4728中的序号。

③ 导线和连接器件。主要内容包括导线，端子和导线的连接，连接器件，电缆附件等。常用部分符号见附录1-2。

④ 无源元件。主要内容包括电阻器、电容器和电感器，铁氧化磁芯和磁存储器矩阵，压电晶体、驻极体和延迟线等。常用部分符号见附录1-3。

⑤ 半导体管和电子管。主要内容包括半导体管，电子管和电离辐射探测器件和电化学器件等。常用部分符号见附录1-4。

⑥ 电能的发生和转换。主要内容包括绕组及其连接的限定符号，电机，变压器和电抗器，变流器，原电池或蓄电池，电能发生器等。常用部分符号见附录1-5。

⑦ 开关、控制和保护装置。主要内容包括触点，开关、开关装置和起动器，机电式有

或无继电器，测量继电器和有关器件，接近和接触敏感器件，保护器件等。常用部分符号见附录1-6。

⑧ 测量仪表、灯和信号器件。主要内容包括指示、记录和积算仪表一般符号，指示仪表示例，记录仪表示例，积算仪表示例，计数器件，热电偶，遥测器件，电钟，灯和信号器件等。常用部分符号见附录1-7。

⑨ 电信交换和外围设备。包括交换系统及其设备，电话、电报和数据设备，换能器、记录机和播放机，传真设备等。常用部分图形符号见附录1-8。

⑩ 电信传输系统。包括电信电路，天线和无线电台，微波技术和其他方框符号，频谱图，光通信等。常用图形符号见附录1-9。

⑪ 电力、照明和电信布置。主要内容包括发电站和变电所，电信局（站）和机房设施，网络、音响和电视图像的分配系统，配电、控制和用电设备，插座、开关和照明；报警设备等。常用部分图形符号见附录1-10。这部分图形符号在建筑电气工程图中使用最多，应特别引起注意。

⑫ 二进制逻辑单元。

⑬ 模拟单元。限于篇幅，我们只能将常用部分图形符号在附录1中给出，以满足阅读一般建筑电气工程图的需要。当不能满足需要时，请读者自查《电气简图用图形符号》（GB/T 4728）或按规定派生新的图形符号。

3. 图形符号的特点

① 图形符号均是按其功能，在未激励状态下按无电压、无外力作用的正常状态绘制示出的，与其所表示的对象的具体结构和实际形状尺寸无关，因而具有广泛的通用性。

② 图形符号的大小和图线的宽度一般不影响符号的含义，可按照绘图的需要，将符号放大或缩小，但应注意各符号相互间及符号自身的比例应保持不变。

③ 图形符号的方位不是强制的。在不改变符号含义的前提下，可根据图面布置的需要，将符号旋转或成镜像放置，但文字和指示方向不能倒置。

④ 图形符号仅适用于器件、设备或装置之间在系统之中的外部连接，而不适用于装置、设备内部自身连接，符号的构成不包括连接线，为清晰起见，示例符号通常带连接线示出，但连接线的方位不是强制的。

二、文字符号

1. 文字符号的组成

电气技术中文字符号分为基本文字符号和辅助文字符号。

（1）基本文字符号　基本文字符号有单字母符号和双字母符号。单字母符号是用拉丁字母将各种电气设备、装置和元器件划分为23大类，每大类用一个专用单字母符号表示。如"R"表示电阻器类，"L"表示电感等。见附录2——电气设备常用基本文字符号。

双字母符号是由一个表示种类的单字母符号与另一字母组成的，其组合形式以单字母符号在前，另一字母在后的次序列出。只有当用单字母符号不能满足要求，需要将大类进一步划分时，才采用双字母符号，以便较详细和更具体地表述电气设备、装置和元器件。双字母符号中的第二位字母通常选用该类设备、装置和元器件的英文名词的首位字母，或者常用缩略语或约定俗成的习惯用字母。如"CP"表示电力电容器，"C"为电容器的单字母符号，"Power"为电力英文名。

（2）辅助文字符号　辅助文字符号是用以表示电气设备、装置和元器件以及线路的功能、状态和特征的。如"RST"表示复位，"YE"表示黄色，"RD"表示红色等。辅助文字符号也可放在表示种类的单字母符号后边，组合成双字母符号，如"YB"表示电磁制动器。其中"Y"是表示电气操作的机械器件类的基本文字符号，"B"是表示制动的辅助文字符号，两者组合成"YB"，则成为电磁制动器的文字符号。为简化文字符号起见，若辅助文字符号由两个以上字母组成，允许只采用其第一位字母进行组合，辅助文字符号也可以单独使用，如"ON"表示接通，"OFF"表示断开，"PE"表示保护接地等。

2. 补充文字符号的原则

在编制电气技术文件时，应优先采用09DX001标准规定的文字符号，当规定的基本文字符号和辅助文字符号不敷使用时，可按前述文字符号的组成规律和下述原则予以补充。

① 在不违背09DX001规定的编制原则的条件下，可采用国际标准中规定的电气技术文字符号。

② 在优先采用09DX001标准中规定的单字母符号、双字母符号和辅助文字符号的前提下，可补充标准中未列出的双字母符号和辅助文字符号。

③ 文字符号应按有关电气名词术语国家标准或专业标准中规定的英文术语缩写而成。同一设备若有几种名称时，应选用其中一个名称。当设备名称、功能、状态或特征为一个英文单词时，一般采用该单词的第一位字母构成文字符号，需要时也可用前两位字母，或前两个音节的首位字母，或者采用常用缩略语或约定俗成的习惯用法构成；当设备名称、功能、状态或特征为2个或3个英文单词时，一般采用该2个或3个单词的第一位字母，或者采用常用缩略语或约定俗成的习惯用法构成文字符号。

④ 因拉丁字母"I""O"易同阿拉伯数字"1"和"0"混淆，因此，不允许单独作为文字符号使用。

⑤ 文字符号的字母采用拉丁字母大写正体字。

第三节　建筑电气工程图

一、建筑电气工程简介

建筑电气是以电能、电气设备和电气技术为手段，创造、维持与改善建筑环境实现某些功能的一门学问，它是随着建筑技术由初级向高级阶段发展的产物，也是介于土建和电气两大类学科之间的一门综合学科。

经过多年的发展，它已经建立了自己完整的理论和技术体系，发展成为一门独立的学科。特别是进入20世纪80年代以后，建筑电气已开始形成以近代物理学、电磁学、电场、电子、机械电子等理论为基础应用于建筑领域内的一门新兴学科，并在此基础上又发展与应用了信息论、系统论、控制论，以及电子计算机技术，向着综合的方向发展。

根据建筑电气工程的功能，人们比较习惯地把它分为强电工程和弱电工程。强电系统是把电能引入建筑物，经过用电设备转换成机械能、热能和光能等的系统；处理对象为电能，对电能进行传输、转换与使用；特点是电压高、电流大、功率大、频率低；主要考虑的问题是减小损耗、提高效率和供电安全性等。弱电系统是完成建筑物内部以及内部与外部之间的信息传递与交换的系统；处理的对象是信息，即对信息进行传送与控制；特点是电压低、电流小、功率小、频率高；主要考虑的问题是信息传送的效果问题，诸如信息传送的保真度、速度、广度和可靠性等。

　　建筑电气工程分为室外电气安装、变配电室安装、供电干线安装、电气动力安装、电气照明安装、备用和不间断电源安装、防雷及接地系统安装7个分部工程，其详细内容见表1-1。2001年中华人民共和国建设部和国家质量监督检验检疫总局联合发布《建筑工程施工质量验收统一标准》（GB 50300—2013）将建筑工程分成9个分部工程，并将我们习惯称之为建筑电气工程中的弱电工程部分，独立成为一个分部工程，称为智能建筑工程，与建筑电气工程及其他7个分部工程相并列。智能建筑工程分为通信网络系统、办公自动化系统、建筑设备监控系统、火灾报警及消防联动系统、安全防范系统、综合布线系统、智能化集成系统、电源与接地、环境、住宅（小区）智能化系统10个分部工程。

表 1-1　建筑电气分部（子分部）分项工程划分

分部工程	子分部工程	分项工程
建筑电气	室外电气	架空线路及杆上电气设备安装，变压器、箱式变电所安装，成套配电柜、控制柜(屏、台)和动力、照明配电箱(盘)及控制柜安装，电线、电缆导管和线槽敷设，电线、电缆穿管和线槽敷线，电缆头制作、导线连接和线路电气试验，建筑物外部装饰灯具、航空障碍标志灯和庭院路灯安装，建筑照明通电试运行，接地装置安装
	变配电室	变压器、箱式变电所安装，成套配电柜、控制柜(屏、台)和动力、照明配电箱(盘)安装，裸母线、封闭母线、插接式母线安装，电缆沟内和电缆竖井内电缆敷设，电缆头制作、导线连接和线路电气试验，接地装置安装，避雷引下线和变配电室接地干线敷设
	供电干线	裸母线、封闭母线、插接式母线安装，桥架安装和桥架内电缆敷设，电缆沟内和电缆竖井内电缆敷设，电线、电缆导管和线槽敷设，电线、电缆穿管和线槽敷线，电缆头制作、导线连接和线路电气试验
	电气动力	成套配电柜、控制柜(屏、台)和动力、照明配电箱(盘)及安装，低压电动机、电加热器及电动执行机构检查、接线，低压电气动力设备检测、试验和空载试运行，桥架安装和桥架内电缆敷设，电线、电缆导管和线槽敷设，电线、电缆穿管和线槽敷线，电缆头制作、导线连接和线路电气试验，插座、开关、风扇安装
	电气照明	成套配电柜、控制柜(屏、台)和动力、照明配电箱(盘)安装，电线、电缆导管和线槽敷设，电线、电缆穿管和线槽敷线，槽板配线，钢索配线，电缆头制作、导线连接和线路电气试验，普通灯具安装，专用灯具安装，插座、开关、风扇安装，建筑照明通电试运行
	备用和不间断电源	成套配电柜、控制柜(屏、台)和动力、照明配电箱(盘)安装，柴油发电机组安装，不间断电源的其他功能单元安装，裸母线、封闭母线、插接式母线安装，电线、电缆导管和线槽敷设，电线、电缆穿管和线槽敷线，电缆头制作、导线连接和线路电气试验，接地装置安装
	防雷及接地系统	接地装置安装，避雷引下线和变配电室接地干线敷设，建筑物等电位连接，接闪器安装

二、建筑电气工程图的特点和注意事项

1. 建筑电气工程图的特点

（1）电气工程图的简化性　电气工程图中的系统图、电路图、接线图、平面布置图等都是用简化的描述方式表达的，通常用单线绘制，而且对几何尺寸、绝对位置等无严格的要求。

（2）电气工程的抽象性　电气工程图中的设备及其控制设备的信号装置、操作开关可能表示在不同的图中，电气工程图中的连接可以用标注说明，而没有直接的连线；电气工程图中的连线有单线表示、多线表示和混合表示等方法；电气工程图中的电气原理有集中表示、

半集中表示和分开表示等方法；电气工程图中的设备的电气功能和原理一般采用系统图、电路图等描述，而设备的位置则一般采用平面图、接线图等描述，即分别表示在不同的图纸中，要结合不同的图纸才能表达或阅读。

（3）电气工程的广泛性表现在以下两个方面：①建筑电气工程设计要考虑建筑结构、装修、功能、消防和设备的位置、规格、用途等因素，例如线路敷设、走向，设备的布置、电气平面图要考虑建筑的梁、柱、门窗、楼板等因素。②电气工程涉及的规范多，例如一些设计、安装等要求在有关国家标准、规范、章程中都有明确的规定，在电气工程图中并不一一标注出来，因此熟悉有关规范、规程的要求是建筑电气工程图的基本要求。

（4）建筑电气工程施工是与主体工程（土建工程）及其他安装工程（给排水管道、工艺管道、采暖通风空调管道、通信线路、消防系统及机械设备等安装工程）施工相互配合进行的，所以建筑电气工程图与建筑结构图及其他安装工程图不能发生冲突。例如，线路走向与建筑结构的梁、柱、门窗、楼板的位置、走向有关，还与管道的规格、用途、走向有关。因此，阅读建筑电气工程图时应对应阅读与之有关的土建工程图、管道工程图，以了解相互之间的配合关系。

2. 读图注意事项

就建筑电气工程而言，读图时应注意如下事项：

① 注意阅读设计说明，尤其是施工注意事项及各分部分项工程的做法，特别是一些暗设线路、电气设备的基础及各种电气预埋件更与土建工程密切相关，读图时要结合其他专业图纸阅读。

② 注意系统图与系统图对照看，例如供配电系统图与电力系统图、照明系统图对照看，核对其对应关系；系统图与平面图对照看，例如电力系统图与电力平面图对照看，照明系统图与照明平面图对照看，核对有无不对应的错误，看系统的组成与平面对应的位置，看系统图与平面图线路的敷设方式、线路的型号、规格是否保持一致。

③ 注意看平面图的水平位置与其空间位置。

④ 注意线路的标注，注意电缆的型号规格，注意导线的根数及线路的敷设方式。

⑤ 注意核对图中标注的比例。

三、阅读建筑电气工程图的一般程序

阅读建筑电气工程图必须熟悉电气图基本知识（表达形式、通用画法、图形符号、文字符号）和建筑电气工程图的特点，同时掌握一定的阅读方法，才能比较迅速全面地读懂图纸，以完全实现读图的意图和目的。

阅读建筑电气工程图的方法没有统一规定，具体针对一套图纸，一般多按以下顺序（见图 1-5）阅读（浏览），而后再重点阅读。

（1）看标题栏 了解工程项目名称内容、设计单位、设计日期、绘图比例。

（2）看目录 了解单位工程图纸的数量及各种图纸的编号。

（3）看设计说明 了解工程概况、供电方式以及安装技术要求。特别注意的是有些分项局部问题是在各分项工程图纸上说明的，看分项工程图纸时也要先看设计说明。

（4）看图例 充分了解各图例符号所表示的设备器具名称及标注说明。

（5）看系统图 各分项工程都有系统图，如变配电工程的供电系统图，电气工程的电力系统图，电气照明工程的照明系统图，了解主要设备、元件连接关系及它们的规格、型号、

参数等。

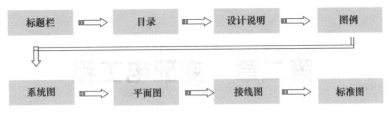

图 1-5　电气工程图读图顺序

（6）看平面图　了解建筑物的平面布置、轴线、尺寸、比例，各种变配电设备、用电设备的编号、名称和它们在平面上的位置，各种变配电设备的起点、终点、敷设方式及在建筑物中的走向。读平面图的一般顺序如图 1-6 所示。

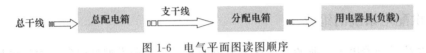

图 1-6　电气平面图读图顺序

（7）看电路图、接线图　了解系统中用电设备控制原理，用来指导设备安装及调试工作，在进行控制系统调试及校线工作中，应依据功能关系从上至下或从左至右逐个回路地阅读，电路图与接线图端子图配合阅读。

（8）看标准图　标准图详细表达了设备、装置、器材的安装方式方法。

（9）看设备材料表　设备材料表提供了该工程所使用的设备、材料的型号、规格、数量，是编制施工方案、编制预算、材料采购的重要依据。

思　考　题

1. 简图是电气图的主要表达形式，试述简图的定义。

2. 电气图分为哪几种？简述各种图的用途。

3. 简述电气图用图形符号的组成和特点。

4. 简述文字符号的组成和用途。

5. 补充文字符号的原则是什么？

6. 熟记常用图形符号和文字符号。

7. 简述建筑电气工程内容。

8. 建筑电气工程图最常用图种有哪些？

9. 建筑电气工程图的特点是什么？

10. 阅读建筑电气工程图的一般方法是什么？

11. 阅读建筑电气工程图时，为什么还要阅读有关安装大样图和规范、规程？

第二章　变配电工程

第一节　建筑供配电系统概述

一、供配电系统的组成

电力系统是随着电力工业的发展逐步形成的，是由各种类型发电厂中的发电机，各种电压等级的变压器及输、配电线路，用户的各类型用电设备组成的包含有一次系统、二次系统的复杂的有机整体。电力系统通常是由发电机、变压器、电力线路、用电设备等组成的三相交流系统。

电力系统中的电气设备也称电力系统的元件。电能由发电厂产生，发电厂一般建在动力资源丰富的地方，通常与用电场所相距较远，这就需要把电能长距离地输送到用电场所。为了减少输送过程中的电能损失，一般把发电机发出的电压用变压器进行升压送至用户。而用户所使用的电压又是很低的，多数为380V和220V，所以又需要降压，甚至需要二次降压才能达到用户的要求。这样一个由产生、输送、分配和使用电能的各子系统所连接起来的有机整体称为电力系统。电力系统的组成示意图和系统图如图2-1所示。

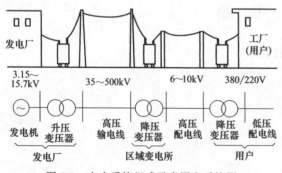

图 2-1　电力系统组成示意图和系统图

1. 发电厂

发电厂是把其他形式的能量，如水能、太阳能、风能、核能等转换成电能的工厂。根据所利用的能量形式不同，发电厂可分为水力发电厂、火力发电厂、风力发电厂、核能发电厂、地热发电厂等。目前，我国发电厂多为水力发电厂和火力发电厂。

水力发电厂也称水电站，它是利用河水从上游流到下游时形成的位差，推动发电机转动，把水的位能变成电能而发电的。水力发电厂的发电量与水的流量及水的落差的大小成正比，一般河流的流量不能人为地改变，但可以通过提高水的落差来提高水力发电厂的发电量。

火力发电厂利用燃烧化石燃料（煤、石油、天然气等）所得到的热能发电。火力发电的发电机组有两种主要形式：利用锅炉产生高温高压蒸汽使汽轮机旋转带动发电机发电，称为汽轮发电机组；燃料进入燃气轮机将热能直接转换为机械能驱动发电机发电，称为燃气轮机发电机组。火力发电厂通常是指以汽轮发电机组为主的发电厂，如凝汽式火力发电厂

(steam power plant)。此类火力发电厂中做过功的蒸汽排入凝汽器冷凝成水，重新送回锅炉。在凝汽器中大量的热量被循环水带走，所以效率很低，只有 30%～40%。所谓热电厂 (thermal plant) 是指装有供热式汽轮发电机的发电厂。热电厂不仅发电，还向附近的企业等供热。热电厂汽轮机中一部分做过功的蒸汽从中间断抽出供给热力用户，或经热交换器将水加热后把热水供给用户，效率高达 60%～70%，热能利用率较高。我国火力发电厂燃料以煤炭为主，而且热效率不高。节能与减排在火力发电厂显得十分重要且潜力巨大。

风力发电是利用风力吹动建造在塔顶上的大型桨叶旋转带动发电机发电。依据目前的风车技术，风速约为 3m/s 时，便可以开始发电。风力发电正在世界上形成一股热潮，因为风力发电没有燃料问题，也不会产生辐射或空气污染。一般由数座、十数座甚至数十座风力发电机组成的发电场地称为风力发电厂。中国的风电资源不仅丰富，而且分布基本均匀，为风能的集中开发利用提供了极大的便利。

核能发电厂也称核电站，它主要利用原子核的裂变能来生产电能，其能量转换过程是：核裂变能→热能→机械能→电能。其他电源形式还有太阳能发电、潮汐发电、地热发电、燃料电池等。

2. 变电所

变电所是变换电能电压和接受分配电能的场所，是联系发电厂和电力用户的中间枢纽。电力网中的变电所除有升压和降压之分外，还可分为枢纽变电所、区域变电所、中间变电所及终端变电所等。

升压变电所一般和大型发电厂结合在一起，把电能电压升高后，再进行长距离输送。枢纽变电所一般都汇聚多个电源和大容量联络线，且容量大，处于电力系统的中枢位置，地位重要。中间变电所处于电源与负荷中心之间，可以转送或抽引一部分负荷。终端变电所一般都是降压变电所，只负责对一个局部区域负荷供电而不承担功率转送任务。还有一种不改变电能电压仅用以接受电能和分配电能的站（所），电压等级高的输电网中称为开关站，中低压配电网中称配电站或开闭所。

3. 电力线路

电力线路是输送电能的通道，其任务是把发电厂生产的电能输送并分配给用户，把发电厂、变配电所和电能用户联系起来。它由不同电压等级和不同类型的线路构成。建筑供配电线路的额定电压等级多为 10kV 和 380V，并有架空线路和电缆线路之分。

4. 电力用户

凡取用电能的所有单位均称为电力用户，如工业用户、农业用户、市政商业用户和居民用户，其中工业企业用电量约占我国全年总发电量的 64%，是最大的电力用户。电力用户量大、面广，且高度分散。《电力法》规定，供电企业应当保证供给用户的电能质量符合国家标准。对公用供电设施引起的供电质量问题，应当及时处理。电力用户应当按照国家核准的电价和用电计量装置的记录，按时缴纳电费。

二、低压配电系统

1. 低压配电系统分类

低压配电系统由配电装置（配电盘）及配电线路组成。配电方式有放射式、树干式及混合式，如图 2-2 所示。

放射式的优点是各个负荷独立受电，因而故障范围一般仅限于本回路，线路发生故障需要检修时，也只需切断本回路而不影响其他回路；同时回路中电动机启动所引起的电压波动，对其他回路的影响也较小。其缺点是所需开关设备和有色金属消耗量较多。因此，放射式配电一般多用于对供电可靠性要求高的负荷或大容量设备。

树干式配电的特点正好与放射式相反。一般情况下，树干式采用的开关设备较少，有色金属消耗量也较少，但干线发生故障时，影响范围大，因此供电可靠性较低。树干式配电在机加工车间，高层建筑中使用较多，可采用封闭式母线，灵活方便，也比较安全。

在很多情况下往往采用放射式和树干式相结合的配电方式，亦称混合式配电。

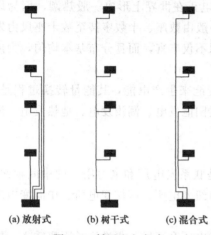

(a) 放射式　　(b) 树干式　　(c) 混合式

图 2-2　低压配电方式

2. 低压配电系统接线方案

低压配电系统接线方案一般可分为以下 7 种：

① 负荷不分组方案。负荷不分组，备用电源接至母线，非保证负荷采用失压脱扣。

② 一级负荷单独分组方案。将消防用电等一级负荷单独分出，并集中一段母线供电，备用柴油发电机组仅对此段母线提供备用电源，其余非一级负荷不采取失压脱扣方式。因非一级负荷平时失压不脱扣，恢复正常供电迅速。另外，一级负荷集中一段母线供电，发生火灾切除普通负荷时可避免误操作。

③ 保证负荷单独分组方案。充分利用或加大备用柴油发电机容量，将一级负荷母线扩大为保证负荷母线，非保证负荷不采用失压脱扣。

④ 一级负荷在末端切换方案。

⑤ 负荷三类分组方案。将负荷按一级负荷、保证负荷及一般负荷分成三大类来组织母线，备用电源采用末端切换。当非消防停电时，既可保证一级负荷的供电，又可根据需要，有选择地将保证负荷投入备用电源供电。

⑥ 无备用柴油机时的简易方案。当大厦为二类建筑时，特别是二类住宅楼宇，由两台变压器供电，消防负荷采用两台变压器之间的自动切换装置来供电。

⑦ 网格式接线方案。所谓网格式主接线，就是由数路高压进线，各台主变的低压侧母线不分段，而是分别经断路器和熔断器直接并网。当任一路高压进线或任一台主变故障时，都能确保 100% 的负荷供电，这不但提高了变压器的利用率，同时还保证了最大的备用率。

三、供电电压等级划分

电力系统的电压包括电力系统中各级电力网的标称电压及各种供、用电设备和额定电压。所谓某电力系统是指连接在一个共同的标称电压下工作的导线（线路）和设备的组合。电力网的标称电压（nominal voltage）是电力网被指定的电压。电气设备的额定电压，就是能使电气设备长期运行时获得最好经济效益的电压，它是根据国民经济发展的需要，考虑经济技术上的合理性以及电机、电器制造水平和发展趋势等因素，经全面分析研究而制订的。电力系统中统一规定有电压等级和频率。我国的交流电网和电力设备额定电压等级如表 2-1 所示。

习惯上把 1kV 及以上的电压称为高压，1kV 以下的电压称为低压。6～10kV 电压用于送电距离为 10km 左右的工业与民用建筑供电，380V 电压用于建筑物内部供电或向工业生产设备供电，220V 电压多用于向生活设备、小型生产设备及照明设备供电。380V 和 220V

电压采用三相四线制供电方式。

表 2-1　我国交流电网和电力设备额定电压（GB 156—2007）

分类	电网和用电设备额定电压/kV	发电机额定电压/kV	电力变压器额定电压/kV	
			一次绕组	二次绕组
低压	0.38 0.66	0.40 0.69	0.38 0.66	0.40 0.69
高压	3 6 10 35 66 110 220 330 500	3.15 6.3 10.5 13.8,15.75,18, 20,22,24,26	3 及 3.15 6 及 6.3 10 及 10.5 13.8,15.75,18, 20,22,24,26 35 66 110 220 330 500	3.15 及 3.3 6.3 及 6.6 10.5 及 11 38.5 72.6 121 242 363 550

电能在导线传输时会产生电压降，发电机接于供电系统首端，为了保持线路首端与末端的平均电压为额定值，发电机的额定电压一般比同级电网的标称电压高出 5%，用于补偿线路上的电压损失。变压器的一次绕组相当于用电设备，其额定电压与电网标称电压相等。但当变压器一次绕组直接与发电机相连时，变压器一次绕组的额定电压与发电机额定电压相等。变压器的二次绕组对于用电设备而言，相当于供电设备，其额定电压有两种情况。第一种情况是比用电设备额定电压高 10%。其中 5% 用于补偿变压器满载供电时，一、二次绕组上的电压损失；另外 5% 用于补偿线路上的电压损失，因此适用于变压器供电距离较长时的情况。第二种情况是比用电设备额定电压高 5%。当变压器供电距离较短时，可以不考虑线路上的电压损失，只需要补偿满载时变压器绕组上的电压损失即可。

四、电力负荷分级及其对供电的要求

电力负荷应根据其重要性和中断供电在政治上、经济上所造成的损失或影响的程度分为以下三级。

1. 一级负荷及其供电要求

中断供电将造成人身伤亡者。

中断供电将在政治上、经济上造成重大损失者。如：重大设备损坏、重大产品报废、用重要原料生产的产品大量报废、国民经济中重点企业的连续生产过程被打乱需要长时间才能恢复等。

中断供电将影响有重大政治、经济意义的用电部门的正常工作者。如：重要铁路枢纽、重要通信枢纽、重要宾馆、经常用于国际活动的大量人员集中的公共场所等用电单位中的重要电力负荷。

一级负荷应由两个独立电源供电，且两个电源应符合下列条件之一。

① 对于仅允许很短时间中断供电的一级负荷，应能在发生任何一种故障且保护装置（包括断路器，下同）失灵时，仍有一个电源不中断供电。对于允许稍长时间（手动切换时间）中断供电的一级负荷，应能在发生任何一种故障且保护装置动作正常时，有一个电源不中断供电；并且在发生任何一种故障且主保护装置失灵以致两个电源均中断供电后，应能在有人值班的处所完成各种必要的操作，迅速恢复一个电源的供电。

② 如一级负荷容量不大时，应优先采用从电力系统或临近单位取得低压第二电源，可采用柴油发电机组或蓄电池组作为备用电源；当一级电源负荷容量较大时，应采用两路高压电源。

③ 对于特等建筑应考虑一电源系统检修或故障时，另一电源系统又发生故障的严重情况，此时应从电力系统取得第三电源或自备电源。应根据一级负荷允许中断供电的时间，确定备用电源手动或自动方式投入。

④ 对于采用备用电源自动投入或自动仍未能满足供电要求的一级负荷，例如银行、气象台、计算中心等建筑中的主要业务用电子计算机和旅游旅馆管理用电子计算机，应由不停电电源装置供电。

2. 二级负荷及其供电要求

中断供电将在政治上、经济上造成较大损失者。如：主要设备损坏、大量产品报废、连续生产过程被打乱需较长时间才能恢复、重点企业大量减产等。

中断供电将影响重要用电单位的正常工作者。如：铁路枢纽、通信枢纽等用电单位中的重要电力负荷，以及中断供电将造成大型影剧院、大型商场等大量人员集中的重要的公共场所秩序混乱。

当地区供电条件允许且投资不高时，二级负荷宜由两个电源供电。当地区供电条件困难或负荷较小时，二级负荷可由一条6～10kV以上的专用线路供电。如采用电缆时，应敷设备用电缆并经常处于运行状态。

3. 三级负荷及其供电要求

不属于一级和二级负荷者。三级负荷对供电系统无特殊要求。民用建筑中常用重要设备及部位的负荷级别见表2-2。

表2-2　常用重要设备及部位的负荷级别

序号	建筑类别	建筑物名称	用电设备及部位名称	负荷级别
1	住宅建筑	高层普通住宅	客梯电力、楼梯照明	二级
2	宿舍建筑	高层宿舍	客梯电力、主要通道照明	二级
3	旅馆建筑	一、二级旅游旅馆	经营管理用电子计算机及其外部设备电源、宴会厅电声、新闻摄影、录像电源、宴会厅、餐厅、餐乐厅、高级客房、厨房、主要通道照明、部分客梯电力、厨房部分电力	一级
		高层普通旅馆	客梯电力、主要通道照明	二级
4	办公建筑	省、市、自治区及部级办公楼	客梯电力，主要办公室、会议室、总值班室、档案室及主要通道照明	二级
		银行	主要业务用电子计算机及其外部设备电源，防盗信号电源	一级
			客梯电力	二级
5	教学建筑	高等学校教学楼	客梯电力，主要通道照明	二级
		高等学校的重要实验室		一级
6	科研建筑	科研院所的重要实验室		一级
		市（地区）级及以上气象台	主要业务用电子计算机及其外部设备电源，气象雷达、电报及传真收发设备、卫星云图接收机、语言广播电源，天气绘图及预报照明	二级
			客梯电力	二级
		计算中心	主要业务用电子计算机及其外部设备电源	一级
			客梯电力	二级
7	文娱建筑	大型剧院	舞台、贵宾室、演员化妆室照明，电声、广播及电视转播、新闻摄影电源	一级

续表

序号	建筑类别	建筑物名称	用电设备及部位名称	负荷级别
8	博览建筑	省、市、自治区级及以上的博物馆、展览馆	珍贵展品展室的照明,防盗信号电源	一级
			商品展览用电	二级
9	体育建筑	省、市、自治区级及以上的体育馆、体育场	比赛厅(场)主席台、贵宾室、接待室、广场照明、计时记分、电声、广播及电视转播、新闻摄影电源	一级

第二节　变配电所高低压一次设备及配电系统图

变配电所是电力系统的中间枢纽,终端变电所可为建筑内用电设备提供和分配电能,是建筑供配电系统的重要组成部分。变配电所安装工程亦是建筑电气安装工程的重要组成部分。

一、高低压一次设备

6～10kV 及以下供配电系统中常用的高压一次设备有:高压熔断器、高压隔离开关、高压负荷开关、高压断路器、高压开关柜等。常用的低压一次设备有:低压熔断器、低压刀开关、低压自动开关、低压配电屏等。

1. 高压一次设备

(1) 高压熔断器(文字符号 FU)　高压熔断器是一种当所在电路的电流超过规定值并经一定时间后,使其熔体熔化而分断电流、断开电路的一种保护电器。熔断器功能主要是对电路及电路设备进行短路保护,有的也具有过负荷保护的功能。由于它简单、便宜、使用方便,所以适用于保护线路、电力变压器等。它主要由熔体管、接触导电部分、支持绝缘子和底座等组成,按其使用场所不同可分为户内式和户外式两大类,其型号的表示和含义如下:

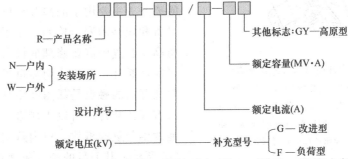

RN1 和 RN2 型户内高压管式熔断器,其外形如图 2-3 所示,熔管内部构造如图 2-4 所示。图 2-4 中工作熔体 3 为铜熔丝,其上焊有小锡球。锡是低熔点金属,过负荷使锡球受热首先熔化,包围铜熔丝,铜锡互相渗透形成熔点较低的铜锡合金,使铜丝在较低的温度下熔断,使得熔断器能在较小的故障电流时动作。当短路电流或过负荷电流通过熔体时,首先工作熔体上的小锡球熔体引起工作熔体熔断,接着指示熔体熔断,红色熔断指示器弹出。RN1型主要用于高压线路和设备的短路保护和过负荷保护,其熔体要通过主电路的电流,故尺寸较大,额定电流可达 100A。RN2 型只用作高压电压互感器一次侧的短路保护,尺寸较小,其熔体额定电流一般为 0.5A。瓷质熔管内充石英砂填料的密闭管式熔断器灭弧能力强,能在短路后不到半个周期内切断短路电流,属于"限流"熔断器。

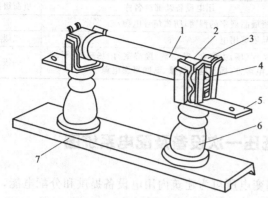

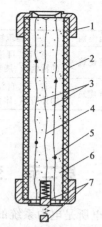

图 2-3 户内高压管式熔断器

1—瓷熔管；2—金属管帽；3—弹性触座；4—熔断指示器；
5—接线端子；6—瓷绝缘子；7—底座

图 2-4 高压熔断器的内部结构

1—管帽；2—瓷熔管；3—工作熔体；4—指示熔体；
5—锡球；6—石英砂填料；7—熔断指示器

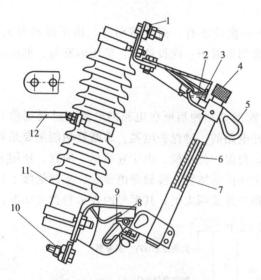

图 2-5 户外高压跌开式熔断器

1—上接线端；2—上静触点；3—上动触点；
4—管帽；5—操作环；6—熔管；7—熔丝；
8—下动触点；9—下静触点；10—下接线端；
11—绝缘瓷瓶；12—固定安装板

RW4 和 RW10F 型户外高压跌开式熔断器，其构造如图 2-5 所示，既可作 6～10kV 线路和设备的短路保护，又可在一定条件下，直接用高压绝缘钩棒来操作熔管的分合。当短路发生时，熔体熔断后，动触点和熔管跌落和静触点间形成明显可见断开间隙，兼起隔离开关的作用。跌开式熔断器因灭弧能力有限，不能在短路电流达到冲击值之前熄灭电弧，因此属"非限流"熔断器。

（2）高压隔离开关（文字符号 QS） 高压隔离开关主要用于隔离高压电源，以保证其他设备和线路的安全检修。用了隔离开关，可以将高压装置中需要修理的设备与其他带电部分可靠地断开，并构成明显可见的断开间隙，故隔离开关的触点是暴露在空气中的。隔离开关没有灭弧装置，所以不能带负荷操作，否则可能发生严重的事故。户内隔离开关的构造如图 2-6 所示，其型号的表示和含义如下：

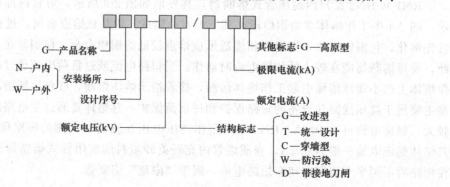

（3）高压负荷开关（文字符号 QL）　高压负荷开关具有简单的灭弧装置，专门用在高压装置中通断负荷电流，但因灭弧能力不高，故不能切断短路电流。它必须和高压熔断器串联使用，靠熔断器切断短路电流。

图 2-7 为 FN3-TORT 型户内高压负荷开关，它的外形与隔离开关很相似，负荷开关也就是隔离开关加上一个简单的灭弧装置，以便能通断负荷电流。负荷开关的灭弧装置集中在框架一端的 3 只兼作支持件和气缸用的绝缘子内，这 3 只绝缘子内部都有由主轴带动的活塞。另外，这些绝缘子上装有弧静触点和绝缘喷嘴。当负荷开关的闸刀断开时，在弧动触点和弧静触点间产生电弧，一方面受到气缸内压缩空气强烈的气吹，另一方面又受到喷嘴因电弧燃烧分解出来的气体强烈的气吹，从而使电弧迅速熄灭。

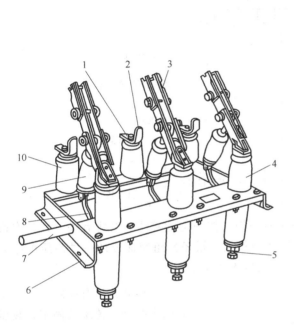

图 2-6　FN3-TORT 型户内高压隔离开关
1—上接线端；2—静触点；3—刀闸；4—套管绝缘子；
5—下接线端；6—框架；7—转轴；8—拐臂；
9—升降绝缘子；10—支柱绝缘子

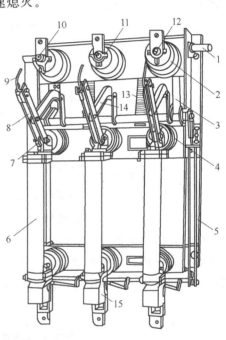

图 2-7　FN3-TORT 型户内高压负荷开关
1—主轴；2—上绝缘子兼气缸；3—连杆；4—下绝缘子；
5—框架；6—高压熔断器；7—下触座；8—闸刀；9—弧
动触点；10—灭弧喷嘴；11—弧静触点；12—上触座；
13—断路弹簧；14—绝缘拉杆；15—热脱扣器

高压负荷开关主要有产气式、压气式、真空式和 SF_6 等结构类型，主要用于 10kV 等级电网。负荷开关有户内式和户外式两大类。高压负荷开关全型号的表示和含义如下：

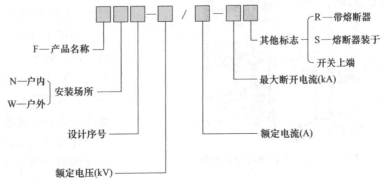

（4）高压断路器（文字符号 QF） 高压断路器的功能是，不仅能通断正常负荷电流，而且能接通和承受一定时间的短路电流，并能在保护装置作用下自动跳闸，切除短路故障。高压断路器按其采用的灭弧介质可分为：油断路器、空气断路器、六氟化硫断路器、真空断路器等。其中使用最广的是油断路器，但将被应用日益广泛的 SF_6 和真空断路器所取代，在高层建筑内则多采用真空断路器。真空断路器的优点是体积小、重量轻、动作快、寿命长、安全可靠和便于维护等优点，主要用于频繁操作的场所。需要注意的是，断路器和隔离开关一定要配合使用，配合使用时，要严格遵守操作顺序，即停电时，应先使断路器跳闸，后拉开隔离开关；送电时，应先合隔离开关，再闭合断路器。高压断路器型号的表示和含义如下：

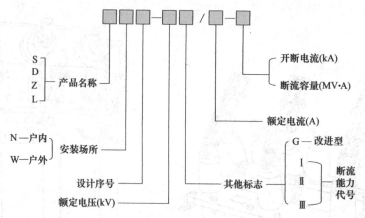

（5）高压开关柜（文字符号 AH） 高压开关柜是按一定的接线方案将有关一、二次设备（如开关设备、监察测量仪表、保护电器及操作辅助设备）组装而成的一种高压配电装置，在变配电所中作为控制和保护电力变压器及电力线路之用。

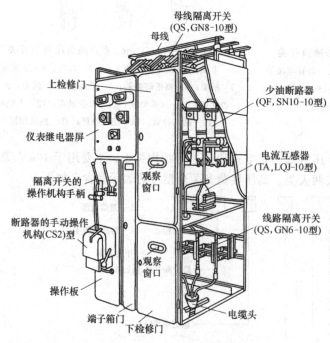

图 2-8　GG-1A（F）型高压开关柜

高压开关柜有固定式、手车式两大类型。传统的固定式高压开关柜目前使用仍较为普遍，因为这种开关柜具有"五防"功能。手车式高压开关柜中的高压断路器等主要电气设备可拉出柜外检修，推入备用手车后可继续供电，有安全、方便、缩短停电时间等优点。图 2-8 为 GG-1A（F）型高压开关柜的结构图。该型高压柜具有 5 种防误操作功能，即：防止带负荷分、合隔离开关，防止误入带电间隔，防止误分、合断路器，防止带电挂接地线，防止带接地线合闸。

我国自 20 世纪 80 年代后期又陆续设计出了 KGN□-10（F）

等型固定式金属铠装开关柜、KYN□-10（F）等型移开式金属铠装开关柜和 JYN□-10（F）等型移开式金属封闭间隔型开关柜。至今仍不断有新的更先进的产品出现，可参看电力设备手册选用。

2. 低压一次设备

（1）低压熔断器　低压熔断器是低压配电系统中用于保护电气设备，免受短路电流、过载电流损害的一种保护电器。当电流超过规定值一定时间后，以它本身产生的热量，使熔体熔化。常用的低压熔断器有瓷插式、螺旋式和管式等，其型号的表示和含义如下：

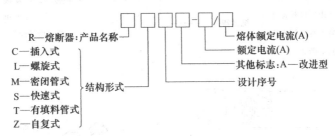

瓷插式熔断器，用于交流 380/220V 的低电压电路中，作为电气设备的短路保护，目前已使用较少。瓷插式熔断器，由瓷盖、瓷底座、触点、弹簧夹和熔体五部分组成，接触方式为面接触。详见图 2-9。

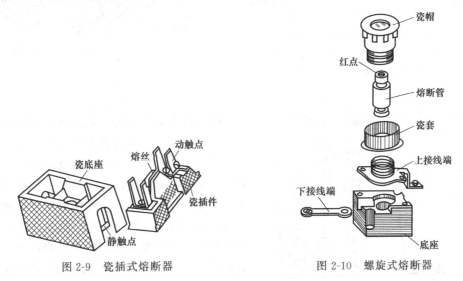

图 2-9　瓷插式熔断器　　　　图 2-10　螺旋式熔断器

螺旋式熔断器用于交流电压 500V 以下，电流至 200A 的电路中，作为短路保护元件，其构造如图 2-10 所示，主要由瓷帽、熔断管和底座三部分组成。熔断管的上盖中心有一熔断指示器，当电路分断时，指示器跳出，通过瓷帽上的观察孔可以看见。

RM10 型密封管式熔断器如图 2-11 所示，主要由绝缘管、变截面的锌片和触点底座组成，作为短路保护和过载保护之用。RTO 型有填料封闭管式熔断器由瓷熔断管、栅状铜熔体和触点底座等组成，如图 2-12 所示。熔体熔断后，红色的熔断指示器弹出，便于值班人员进行检视。RTO 型熔断器的断流能力大（可至 1000A），保护性能好，但不够经济。

（2）低压刀开关　低压刀开关的分类方式很多。按其操作方式分，有单投和双投。按其极数分，有单极、双极和三极。按其灭弧结构分，有不带灭弧罩和带灭弧罩。不带灭弧罩的刀开关一般只能在无负荷下操作，作隔离开关使用。带灭弧罩的刀开关，能通断一定的负荷电流，其钢栅片灭弧罩能使负荷电流产生的电弧有效地熄灭。低压刀开关多用于配电箱（屏）中，其型号的表示和含义如下：

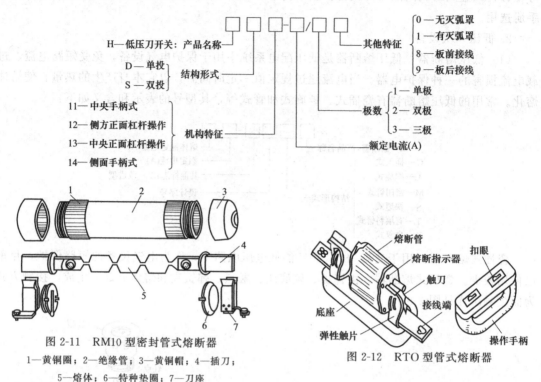

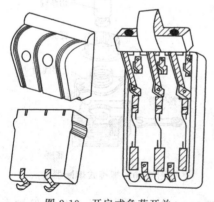

图 2-11　RM10 型密封管式熔断器

1—黄铜圈；2—绝缘管；3—黄铜帽；4—插刀；
5—熔体；6—特种垫圈；7—刀座

图 2-12　RTO 型管式熔断器

图 2-13　开启式负荷开关

（3）低压负荷开关　低压负荷开关是由带灭弧装置的刀开关与熔断器串联组合而成，外装封闭式铁壳或开启式胶盖的开关电器，具有带灭弧罩刀开关和熔断器的双重功能，既可带负荷操作，又能进行短路保护。它可用作设备和线路的电源开关，目前已使用较少，较多情况下已用断路器取代。常用型号有 HK 型和 HH 型。开启式负荷开关如图 2-13 所示，其全型号的表示和含义如下：

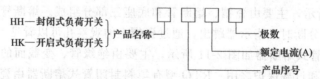

（4）低压断路器　低压断路器又称自动开关，具有良好的灭弧性能，能在正常情况下切断负荷电流，也能在短路故障时自动切断短路电流，又能靠热脱扣器自动切断过载电流，当电路失压时也能实现自动分断电路。低压断路器的功能与高压断路器类似，因而被广泛用于低压配电系统中。

低压断路器型号的表示和含义如下：

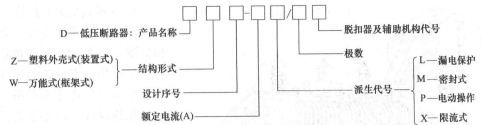

（5）低压配电屏（文字符号 AL） 低压配电屏是一种成套配电装置，它按一定的接线方案将有关低压一、二次设备组装起来，适用于低压配电系统中动力、照明配电之用。低压配电屏的结构形式，有固定式和抽屉式两大类型，其型号的表示及含义如下：

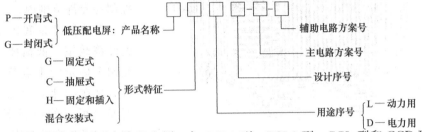

我国目前使用较多的是固定式配电屏，如 PGL1 型、PGL2 型、GGL 型和 GGD 型。抽屉式配电屏由于价格较贵，所以使用不如固定式广泛，但它的最大优点是：各回路电气元件分别安放在各个抽屉中，若某一回路发生故障，将该回路的抽屉抽出，再将备用的抽屉换入，能迅速恢复供电。低压配电屏随着科技的发展，产品不断更新换代，请注意参看设备手册。

二、电力变压器（文字符号 TM）

变压器发明于 1885 年，主要是干式变压器，限于当时绝缘材料的水平，干式变压器难于实现高电压大容量，因此，从 19 世纪末期起，逐步被油浸式电力变压器替代。近几十年来，由于油浸式变压器的污染以及在防火、防爆等方面存在的问题，已经不能满足经济发展的要求，因此，干式变压器又重新被重视和应用。到 2010 年，全世界干式变压器在变压器中所占比例为 25%。

电力变压器是用来变换电压等级的设备，是变电所设备的核心。建筑供配电系统中的配电变压器都是三相电力变压器，有油浸式和干式之分。变压器型号的表示及含义如下：

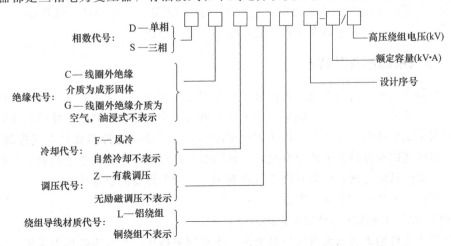

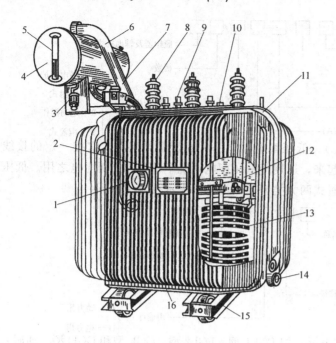

图 2-14　三相油浸式电力变压器

1—信号温度计；2—铭牌；3—吸湿器；4—油枕；5—油位指示器；

6—防爆管；7—瓦斯继电器；8—高压套管；9—低压套管；

10—分接开关；11—油箱；12—铁芯；13—绕组及绝缘；

14—放油阀；15—小车；16—接地端子

1. 油浸式电力变压器

三相油浸式电力变压器的结构如图 2-14 所示。所有油浸式电力变压器均设有储油柜，在油箱内的变压器的铁芯和绕组均完全浸泡在绝缘油内。变压器工作时产生的热量通过油箱及箱体上的油管向空气中散发，以降低铁芯和绕组的温度，将变压器的温度控制在允许范围内。

节约能源是我国的一项重要的经济政策，低损耗电力变压器是国家确定的重点节能产品，这种产品在设计上考虑了在确保运行安全可靠的前提下节约能源，并采用了先进的结构和生产工艺，因而提高产品的性能，降低了损耗。由于油浸式电力变压器内充有大量的可燃性绝缘油，会造成相应的污染，也存在着较大的火灾隐患，因此在民用建筑中的应用受到了限制。

2. 干式变压器

目前我国使用的干式变压器主要是环氧树脂浇注式，占全国生产的干式变压器的 95% 以上。这种干式国产变压器具有绝缘强度高、抗短路强度大、防灾性能突出、环保性能优越、免维护、运行损耗低、运行效率高、噪声低、体积小、重量轻、不需单独的变压器室、安装方便和不调试等特点，适合组成成套变电所深入负荷中心，使用于高层建筑、地铁、隧道等场所及其他防火要求较高的场合。

从结构上讲，干式变压器很简单，由铁芯、低压绕组、高压绕组、低压端子、高压端子、弹性垫块、夹件和小车以及填料型树脂绝缘等部分组成。

三、电气系统图及其特点

电气控制系统是由许多电气元件按照一定要求连接而成的。为了表达生产机械电气控制系统的结构、原理等设计意图，同时也为了便于电气系统的安装、调整、使用和维修，需要将电气控制系统中各电气元件及其连接用一定图形表达出来，这种图就是电气控制系统图。电气系统图描述的对象是系统或分系统，一般用图形符号或带注释的框来绘制，大的系统图可以表示大型区域电力网，小的系统图可以表示一个用电设备的供电关系。

电气系统图的基本特点如下所述。

① 电气系统图所描述的对象是系统或分系统。

电气系统图可用来表示大型区域电力网，也可用来描述一个较小的供电系统，如一个工厂、一个企业、一栋住宅楼的供电系统，还可用来描述某一电气设备的供电关系，如一台电动机，一盏或几盏照明灯具的供电关系。

② 电气系统图所描述的是系统的基本组成和主要特征，而不是全部。

③ 电气系统图对内容的描述是概略的而不是详细的，但其概略程度则依描述对象不同而不同，例如，描述一个大型电气系统，只要画出发电厂、变电所、输电线路即可，而要描述某一设备的供电系统则应将熔断器、开关等主要元件表示出来。

④ 在电气系统图中，表示多线系统通常采用单线表示法，表示系统的构成一般采用图形符号。对于某一具体的电气装置电气系统图也可采用框形符号。这种框形符号绘制的图又称框图。这种形式的框图与系统图没有原则性的区别，两者都是用符号绘制的系统图，但在实际应用中，框图多用于表示一个分系统或具体设备、装置的概况。

四、变配电所主接线图

配电所的功能是接收电能和分配电能，只有电源进线、母线和出线三大部分。变电所的功能是变换电压和分配电能，由电源进线、电力变压器、母线和出线四大部分组成，与配电所相比，它多了一个变换电压等级的作用。

1. 电源进线

电源进线可分为单进线和双进线。单进线一般适用于三级负荷，而对于少数二级负荷应有自备电源或邻近单位的低压联络线。双进线可适用于一、二级负荷，对于一级负荷，一般要求双进线分别来自不同的电源（电网）。国家标准 GB/T 50063—2008《电力装置的电测量仪表装置设计规范（附条文说明）》规定，"电力用户处的电能计量装置，宜采用全国统一标准的电能计量柜"，"装置在 66kV 以下的电力用户处电能计量点的计费电能表，应设置专用的互感器"。因此，在配电所的进线端装有高压计量柜和高压开关柜，便于控制、计量和保护。

2. 母线

母线又称汇流排，一般由铝排或铜排构成。它可分为单母线、单母线分段式和双母线。一般对单进线的变配电所都采用单母线，对于双进线的采用单母线分段式或双母线式。因为采用单母线分段式时，双进线就分别接在两段母线上，当有一路进线出现故障或检修时，通过隔离开关的闭合，就可使另一段母线有电，以保证供电的连续性。但当另一段母线出现故障或检修时，与其相连接的配电支路就要停电，为了进一步提高供电可靠性，就必须采用双母线。当然，采用双母线会使开关设备的用量增加一倍左右，投资增加很大。

3. 电力变压器

电力变压器把进线的电压等级变换为另一个电压等级，如车间变电所就是把 6～10kV 的电压变换为 0.38kV 的负载设备额定电压。

4. 出线

出线起到分配电能的作用，并把母线的电能通过出线的高压开关柜和输电线送到车间变电所。图 2-15 是某中型工厂的高压配电所及其附近 2 号车间变电所的主电路图。在高压配电所部分，采用双进线，其中一路 WL_1 采用架空线，进配电所用电缆线，另一路采用电缆线。在进线端分别装有高压计量柜（GG-1A-J）和高压开关柜（GG-1A-11）。采用分段单母线式，在每段上都装有避雷器和三相五芯柱电压互感器，以防止雷电波袭击，电压互感器可进行电压测量和绝缘监视。出线端装有高压开关柜，每个高压开关柜上都有两个二次绕组的电流互感器，其中一个绕组接测量仪表，另一个接继电保护装置。

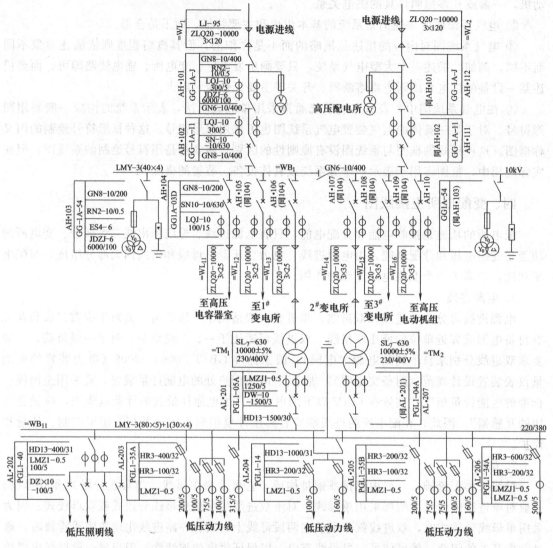

图 2-15　某中型工厂的高压配电所及其附近 2 号车间变电所的主电路图

第三节　变配电所工程图

变配电所工程图是设计单位提供给施工单位进行电气安装所依据的技术图纸，也是运行单位进行竣工验收及今后运行维护、检修、试验的依据，主要包括系统图，二次回路电路图及接线图，变配电所设备安装平、剖面图，变配电所照明系统图和平面布置图，变电所接地系统平面图等。

一、变配电所一般结构布置

一般 6～10kV 屋内变电所，主要由三部分组成：①高压配电室；②变压器室；③低压配电室。此外，有的还有静电电容器室（提高功率因数）及值班室（需有人值班时）。

1. 高压配电室

高压配电室是安装高压配电设备的房间，其布置方式取决于高压开关柜的数量和形式，运行维护时的安全和方便。当数量较少时，采用单列布置；当台数较多时，为双列布置，如图 2-16 所示。

高压配电室的长度：由高压开关柜的宽度和台数而定。靠墙的开关柜与墙之间应留有一定的空隙。一般：高压配电室的内净长度≥柜宽×单列台数＋60mm。高压配电室的深度：由高压开关柜的深度（1200mm）加操作通道的宽度而定。操作通道的最小宽度，单列布置为 1.5m，双列布置时为2m，一般可再放宽 0.5m。高压配电室的高度：由高压开关柜的高度和离顶棚的安全净距而定，对 GG-1A 型高压开关柜，一般采用 4m，

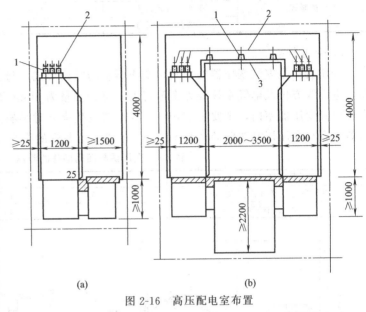

图 2-16　高压配电室布置

当双列布置并有高压母线过桥时，一般将高度增加到 4.6～5m。

2. 低压配电室

低压配电室是安装低压开关柜（低压配电屏）的房间，其布置方式也取决于低压开关柜的数量和形式，运行维护时的安全和方便。当数量少时，采用单列布置，当台数较多时，采用双列布置，如图 2-17 所示。

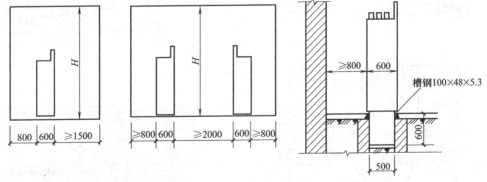

图 2-17　低压配电室布置

低压配电屏一般采用双面维护式，其屏前、屏后的维护通道最小宽度见表 2-3。低压配电室的高度应和变压器室综合考虑，以便变压器低压出线。当配电室与抬高地坪的变压器室相邻时，高度为 4～4.5m；与不抬高地坪的变压器室相邻时，高度为 3.5～4m；配电室为电缆进线时，高度为 3m。

表2-3　低压配电室内屏前后维护通道宽度　　　　　　　　　　　　　mm

配电屏形式	配电屏布置方式	屏前通道	屏后通道
固定式	单列布置	1500	1000
	双列面对面布置	2000	1000
	双列背对背布置	1500	1500
抽屉式	单列布置	1800	1000
	双列面对面布置	2300	1000
	双列背对背布置	1800	1000

3. 变压器室

变压器室是安装变压器的房间，变压器室的结构形式，与变压器的形式、容量，安放方向，进出线方位及电气主接线方案等有关。每台油量为 60kg 及以上的三相变压器一般均应安在单独变压器室内，主要是防止一台变压器发生火灾时影响另一台变压器的正常运行。变压器外壳与变压器室四壁的间距不应小于表 2-4 中所列的净距。

表2-4　变压器与四周墙壁的距离

变压器容量/(kV·A)	100～1000	1250 及以上
变压器与后壁、侧壁净距/m	0.8	0.8
变压器与门的净距/m	0.8	0.8

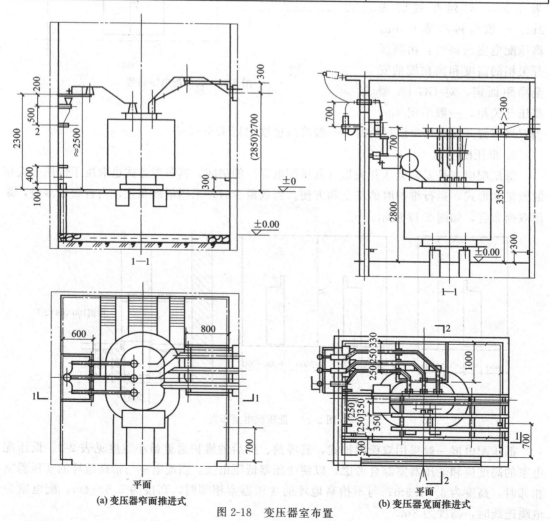

(a) 变压器室窄面推进式　　　　　　　　(b) 变压器室宽面推进式

图 2-18　变压器室布置

变压器在室内安放的方向，按设计要求的不同，有宽面推进和窄面推进。两种形式的变压器布置如图 2-18 所示。图 2-18（a）为变压器窄面推进，其特点是开门小，进深大，布置较为自由，变压器的高压侧可根据需要布置在大门的左侧或右侧，变压器不论有何种形式底座均可顺利安装，其缺点是进风面积较小。图 2-18（b）为变压器宽面推进式，其布置特点是开间大，进深小，变压器的低压侧应布置在靠外边，即变压器的油枕位于大门的左侧，其优点是通风面积较大，其缺点是变压器底座轨距要与基础梁的轨距严格对准。

变压器室的高度与变压器的高度、进线方式和通风条件有关。根据通风要求，变压器室的地坪有抬高和不抬高两种，地坪不抬高时，变压器放置在混凝土的地面，变压器室高度一般为 3.5～4.8m；地坪抬高时，变压器放置在抬高地坪上，下面是进风洞，通风散热效果好。地坪抬高高度一般有 0.8m、1.0m、1.2m 三种，变压器室高度一般应相应地增加到 4.8～5.7m。

二、变配电所平剖面图工程实例

图 2-19、图 2-20 为某变电所平、剖面图。该变电所为单台变压器，受电电压为 10kV，高压补偿。变电所主要一次设备见表 2-5。下面我们阅读该变电所平、剖面图。

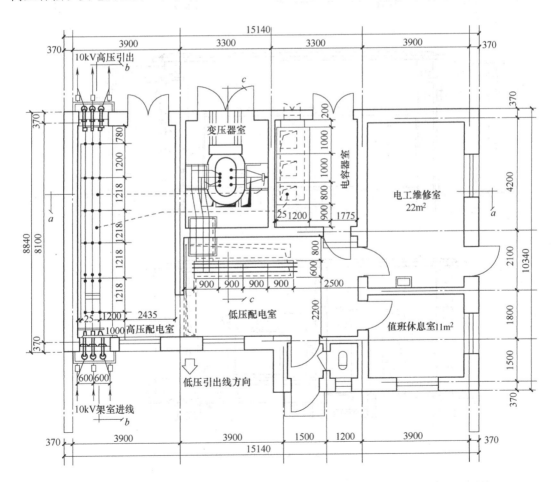

图 2-19　某变电所平面布置图

表 2-5　主要设备表

编号	设备名称	型号及规格	单位	数量	编号	设备名称	型号及规格	单位	数量
1	变压器	SL$_7$-1000		1	8	低压开关柜	PGL-1-04		1
2	高压开关柜	GG-1A-03		1	9	低压开关柜	PGL-1-20		1
3	高压开关柜	GG-1A-11		2	10	低压开关柜	PGL-1-23		1
4	高压开关柜	GG-1A-15	台	1	11	低压开关柜	PGL-1-41	台	1
5	高压开关柜	GG-1A-65		1	12	隔离开关	GN6-1-10T		1
6	静电电容器柜	GR-1-01		1	13	避雷器	FS$_4$-10		2
7	静电电容器柜	GR-1-04		2					

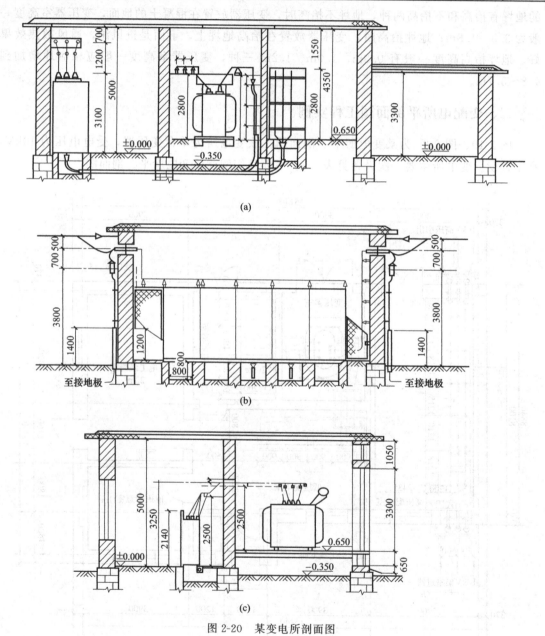

图 2-20　某变电所剖面图

1. 变电所平面图

从图 2-19 中知该变电所由高压配电室、变压器室、低压配电室、电容器室、电工维修室、值班休息室组成。

高压配电室装有五台高压开关柜，靠墙安装，对外开有一个双扇门，以便进出设备用，另有一门与低压配电室相通。变压器为窄面推进变压器室，油枕在外，高压侧电缆进线，由4号高压开关柜引来。变压器室开有双扇门运输设备。低压配电室装有4台低压配电屏，离墙安装。变压器低压侧母线架空引入配电室；配电线由电缆沟引出。电容器室是为提高功率因数安装电力电容器（静电电容器）的房间。因该变电所为高压补偿，用的是高压电容器，故需单独集中安装。电容器室应有良好的自然通风，当数量不多时，高压电容器可设置在高压配电室内。1000V及以下的电容器，可设置在低压配电室与低压配电屏一起布置。因低压电容器柜的深度和高度均与低压配电屏相同，一起布置，整齐美观。低压电容器还可靠近用电设备进行补偿，安装在车间内。电工修理间为修理电器仪表而设置的房间。值班休息室设备床铺以备全天值班。

2. 变电所剖面图

再参看图 2-20，即可更全面了解该变电所的结构。由图 2-20（a）剖面图可看出两个层高，装有设备的房间，层高为 5m，修理间和值班室层高为 3.3m，变压器和高压电容器室地坪都抬高，使其通风散热良好。图 2-20（b）剖面图：为高压配电室的剖面图，左边为10kV 高压架空引入线，经进线隔离开关而引至高压开关柜上，右边为一路 10kV 架空引出线，架空线在墙外都装有避雷器进行防雷保护。图 2-20（c）剖面图：为低压配电室和变压器室的剖面图，（高）低压配电柜下，都有电缆沟，以便布线。

3. 变电所高压系统图

了解了该变电所一次设备的布置之后，还要了解其连接关系，这就要结合阅读该变电所主接线图。图 2-21 为电气主接线图的高压部分，为 10kV 高压受电，控制及分配的电气图，此图决定了高压电气设备。由左至右，10kV 高压架空进线，经进线隔离开关，至高压开关柜，1 号为电压互感器柜，其中电压互感器副线圈电压为 100V，供仪表及继电保护用；电源又经 1 号柜中之隔离开关至 2 号总进线柜，经断路器和隔离开关将电送至柜顶母线上；3 号为静电电容器柜配电，保护和控制高压电容器；4 号柜通过断路器馈电给变压器；5 号为架空出线柜，其型号与 4 号柜相同，保护和控制一路架空出线。

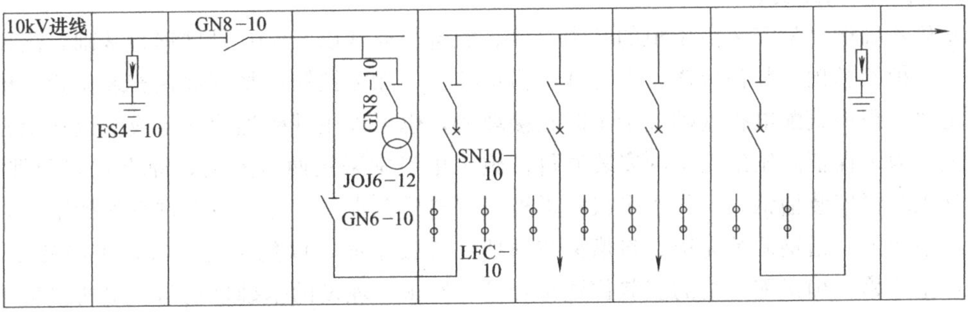

开关柜编号			1	2	3	4	5		
开关柜型号	FS4-10	GN8-10	GG-1A-65	GG-1A-15	GG-1A-03	GG-1A-11		FS4-10	
额定电流/A			400~1000	400~1000	400~1000	400~1000	400~1000		
用途	架空进线	避雷器	进线隔离开关	电压互感器柜	总进线柜	电容器柜	变压器柜	架空出线柜	避雷器	架空出线
二次接线图号									

图 2-21 某变电所高压配电系统图

4. 变电所低压系统图

图 2-22 为电气主接线图的低压部分，为 0.23～0.4kV 低压受电、控制及分配的电气图，此图决定了低压电气设备。由 4 号高压柜将高压馈电至变压器的高压侧，经变压器变压后，经 1 号低压总控制柜，将电送至其他柜的低压母线上，再引出 13 条回路供给用电设备。

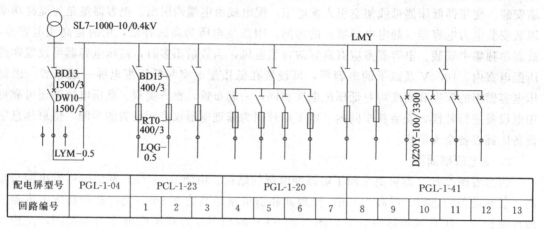

配电屏型号	PGL-1-04	PCL-1-23			PGL-1-20				PGL-1-41					
回路编号		1	2	3	4	5	6	7	8	9	10	11	12	13

图 2-22　某变电所低压配电系统图

5. 设备材料表

该变电所主要一次设备的名称、规格型号及数量见表 2-5。通过以上图纸的阅读，对该变电所工程概况、系统组成及其连接关系都已清楚，下一步的工作，即可依据图纸编制施工方案和工程造价书，进行设备安装。变配电设备的安装施工方法，集中在下面一节介绍。

第四节　变配电设备安装

一、高、低压开关柜的安装

1. 基础槽钢的安装

安放基础槽钢是安装高压柜的基本工序。配电柜通常以 8～10 号槽钢为基础，高压柜或各种配电柜的基础安装都应该首先将基础槽钢校直，除去铁锈，将其放在安装位置。槽钢可以在土建工程浇筑配电柜基础混凝土时直接埋放，也可以用基础螺栓固定或焊接在土建预埋铁件上。为了保证高压配电柜的安装质量，施工中经常采用两步安装，即土建先预埋铁件，电气施工时再安装槽钢。常用水平仪和平板尺调整槽钢水平，并使两条槽钢保持平行，且在同一水平面上。槽钢调整完毕，将槽钢与预埋件焊接牢固，以免土建二次抹平时碰动槽钢，使之产生位移，确保配电柜的安装位置符合设计要求。埋设的基础槽钢与变电所接地干线用扁钢或圆钢焊接，接地点应不少于 2 处。槽钢露出地面部分应涂防腐漆，槽钢下面的空隙应填充水泥砂浆并捣实。基础槽钢安装如图 2-23 所示。

2. 配电柜的搬运与检查

（1）验货　对拆开包装的配电柜，要按照设计图和说明书仔细核对数量、规格，检查是否符合要求，有无损坏、锈蚀情况，检查附件备件是否齐全。开箱后还要检查、出厂合格证、说明书和内部接线图等技术文件。高压配电柜开箱后，根据设计图纸将配电柜编号，依

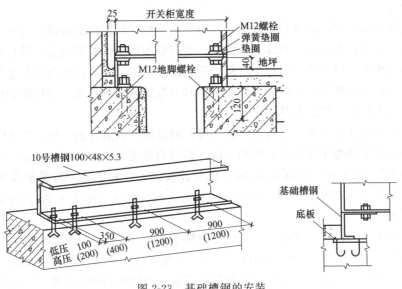

图 2-23 基础槽钢的安装

次搬入变电所内安装位置上。

（2）立柜　配电柜安放在槽钢上以后，利用薄垫铁将高压柜粗调水平，再以其中一台为基准，调整其余，使全体高压柜盘面一致，间隙均匀。螺栓固定后，柜之间保持 2～3mm缝隙，最后用固定螺栓或焊接方法将柜子永久固定在基础槽钢上。为了美观，焊缝要焊在柜子内侧，且不少于 4 处，每处长 80～100mm。

（3）连接母线　高压配电柜上的主母线、仪表由开关厂配套提供，也可以在施工现场按设计图样制作。主母线的连接及母线与引下母线的连接，在母线连接面处应涂上电力复合脂，螺栓的拧紧程度以及连接面的连接状态，由力矩扳手按规定力矩值拧紧螺栓来控制。

（4）手车式配电柜的安装　与固定式柜的安装方法基本相同，不同之处是为了保证手车的互换性，每个手车式的动触点必须调整一致，即将动静触点中心调整一致并接触紧密，以保证互换性。检查配电柜二次回路的插点和辅助触点，焊接可靠。电气或机械闭锁装置正确，手车式在合闸位置时不能拉出。安全隔板开闭灵活，能够随手车式的进出动作。手车的接地装置与配电柜固定框架间接触要良好。柜内控制电缆固定牢靠，不影响手车移动。检查配电柜"五防"联锁，功能齐全可靠。

3. 高压配电柜的安装

（1）有关安全的要求　配电装置的布置和导体、电器的选择应满足在正常运行、检修、短路时过载情况下的要求，并应不危及人身安全和周围设备。配电装置的布置，应便于设备的操作、搬运、检修和试验，并应考虑电缆或架空线进出线方便。配电装置的绝缘等级，应和电力系统的额定电压相配合。配电装置中相邻带电部分的额定电压不同时，应按较高额定电压确定其安全距离。当高压出线断路器采用真空断路器时，为避免变压器（或电动机）操作过电压，应装有浪涌吸收器并装设在小车上。高压出线断路器的下侧应装设接地开关和电源监视灯（或电压监视器）。

选择导体和电器时的相对湿度，一般采用当地湿度最高月份的平均相对湿度。对湿度较高的场所，应采用该处实际相对湿度。海拔超过 1000m 的地区，配电装置应选择适用于该海拔的电器和电瓷产品，其外部绝缘的冲击和工频试验电压应符合高压电气设备绝缘试验电压的有关规定。

选用的导体和电器，其允许的最高工作电压不得低于该回路的最高运行电压，其长期允许电流不得小于该回路的最大持续工作电流，并应按短路条件验算其动、热稳定。用熔断器保护的导体和电器，可不验算热稳定，但应验算动稳定值。用高压限流熔断器保护的导体和电器，可根据限流熔断器的特性，来校验导体和电器的动、热稳定。用熔断器保护的电压互感器回路，可不验算动稳定和热稳定。

（2）安装尺寸注意事项 当电源从柜（屏）后进线，且需在柜（屏）后正背后墙上另装设隔离开关及其手动操作机构时，则柜（屏）后通道净宽度应不小于1.5m；当柜（屏）背面的防护等级为IP2X时，可减为1.3m。电气设备的套管和绝缘子最低绝缘部位距地板面小于2.30m时，应装设固定围栏。围栏下通行部分的高度应不小于1.9m。配电装置距屋顶的距离一般不小于0.8m。

（3）配电装置的相序排列要求 各回路的相序排列应一致。硬导体的各相应涂色，色别应为A（L_1）相黄色、B（L_2）相绿色、C（L_3）相红色。绞线可只标明相别。配电装置间隔内的硬导体及接电线上，应留有安装携带式接地线的接触面和连接端子。高压配电装置均应装设闭锁装置及联锁装置，以防止带负荷拉合隔离开关、带接地合闸、有电挂接地线、误拉合断路器、误入屋内有电间隔等电气误操作事故。

（4）高压配电装置的选择 高压成套开关设备应选用防误式。对二级及以下用电负荷，当用于环网和终端供电时，在满足高压10kV电力系统技术条件下，宜优先选用环网负荷开关。住宅小区变电站宜优先选用户外成套变电设备。如果采用箱式变电站时，环境温度比平均温度（35℃）每升高1℃，则箱式变电设备连续工作电流降低1%使用。高低压配电柜排列应与电缆夹层的梁平行布置。当高压配电柜与梁垂直布置时，应满足每个柜下可进入柜内2条电缆（3芯240mm²）的条件。高低压配电柜下采用电缆沟时，应不小于下列数值。

高压柜线沟：深大于或等于1.5m，宽1m。低压柜线沟：深大于或等于1.2m，宽1.5m（含柜下和柜后部分）。沟内电缆管口处应满足电缆弯曲半径的要求。设置电缆夹层净高应不低于1.8m。用于应急照明及消防用电设备的配电柜、箱的下面应涂以红色边框作标志。

4. 低压配电柜的安装

（1）成排布置的配电柜 成排的配电柜长度超过6m时，柜后面的通道应有两个通向本室或其他房间的出口，并宜布置在通道的两端。当2个出口之间的距离超过15m时，其间还应增加出口。

（2）设备满足条件及连接 选择低压配电装置时，除应满足所在网络的标称电压、频率及所在回路的计算电流外，尚应满足短路条件下的动、热稳定。对于要求断开短路电流的通、断保护电器，应能满足短路条件下的通断能力。低压断路器和变压器低压侧与主母线之间应经过隔离开关或插头组连接。同一配电室内的两段母线，如任一段母线有一级负荷时，则母线分段处应设有防火隔断措施。供给一级负荷的两路电源线路应不敷设在同一电缆沟内。当无法分开时，该两路电源线路应采用绝缘和护套都是非延燃性材料的电缆，并且应分别设置于电缆沟两侧的支架上。

（3）配电装置的布置 应考虑设备的操作、搬运、检修和试验的方便。屋内配电装置裸露带电部分的上面不应有明敷的照明或动力线路跨越（顶部具有符合IP4X防护等级外壳的配电装置可例外）。

（4）裸带电体距地面高度 低压配电室通道上方裸带电体距地面高度应不低于下列数值：

① 柜前通道内为 2.5m，加护网后其高度可降低，但护网最低高度为 2.2m。

② 柜后通道内为 2.3m，否则应加遮护，遮护后的高度应不低于 1.9m。

二、母线安装

变电所室内硬母线通常有两种，一种是硬裸母线，一种是封闭式母线。封闭式母线安装不需要对母线加工，只是按图纸所示位置用支架将封闭式母线架设起来；硬裸母线安装，必须在现场加工，并应在设备安装就位调整后进行。

1. 硬裸母线安装

（1）母线矫正 安装前母线必须进行矫正。矫正的方法有手工矫正和机械矫正两种。手工矫正是把母线放在平台上或平直的型钢上，用硬木锤直接敲打平直，也可以用垫块（铜、铝、木垫块）垫在母线上，用铁锤间接敲打平直，敲打时用力要均匀适当，不能过猛，否则会引起变形。不准用铁锤直接敲打。对于截面积较大的母线，可用母线矫正机进行矫正。将母线的不平整部分，放在矫正机的平台上，然后转动操作手柄，利用丝杆的压力将母线矫正。

（2）母线切割 切割母线可用钢锯或手动剪切机。用钢锯切割母线，虽然工具轻比较方便，但工作效率低。用手动剪切机剪切母线，工作效率高，操作方便。大截面的切割则可用电动无齿锯。切割时，将母线置于锯床的托架上，然后接通电源使电动机转动，慢慢压下操作手柄，边锯边浇水，用以冷却锯片，一直到锯断为止。

（3）母线弯曲 母线的安装，除必要的弯曲外，应尽量减少弯曲。矩形硬母线的弯曲应进行冷弯，不得进行热弯。弯曲形式有平弯、立弯、扭弯三种，可分别采用平弯机、立弯机和扭弯器进行。

（4）母线连接 矩形硬母线连接应采用焊接或螺栓搭接。一般情况下搭接只用于需要拆卸的接头或与设备连接。母线焊接常用气焊和氢弧焊等几种方法。

（5）支架制作安装 支架要采用 50mm×50mm 的角钢制作，其形式和尺寸应依据图纸尺寸和母线架设路径来决定。角钢的切割不得采用电、气焊进行，应进行除锈刷防腐漆。螺孔宜加工成长孔，以便于调整。支架埋入墙内部分必须开叉成燕尾状。支架一般是埋设在墙上或固定在建筑物的构件上。装设支架时，应横平竖直，支架埋入深度宜大于 150mm。孔洞要用混凝土填实、灌注牢固。

（6）绝缘子加工安装 室内用绝缘子种类较多，且有高低压之分，比较常用的是高压支柱绝缘子（ZA-10Y）和低压电车绝缘子（WX-01），其外形如图 2-24 所示。

WX-01 型电车绝缘子在安装前首先应用填料将螺栓及螺母埋入瓷瓶孔内，其填料可采用 32.5 级（或 32.5 级以上）水泥和洗净的细砂掺合，其配合比按质量为 1∶1。具体做法是：先把水泥和砂子均匀混合后，加入 0.5% 的石膏，加水调匀，湿度控制在用手紧抓能结成团但不滴水的程度。瓷瓶孔应清洗干净，把螺栓和螺母放入孔内，加放填料压实，见图 2-25。

胶合好的瓷瓶用布擦净，经检查无缺陷后，即可固定到支架上。固定瓷瓶时，应垫红钢纸垫圈，以防拧紧螺母时损坏瓷瓶。如果在直线段上有许多支架时，为使瓷瓶安装整齐，可先在两端支架的螺栓孔上拉一根细钢丝，再将瓷瓶顺钢丝依次固定在每个支架上。

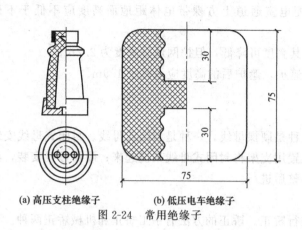

(a) 高压支柱绝缘子　　(b) 低压电车绝缘子

图 2-24　常用绝缘子

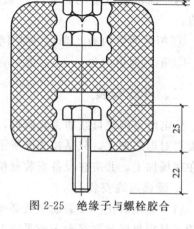

图 2-25　绝缘子与螺栓胶合

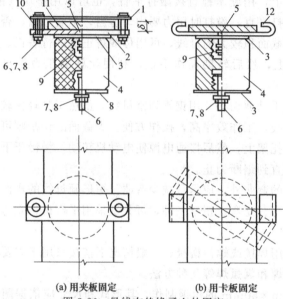

(a) 用夹板固定　　　　(b) 用卡板固定

图 2-26　母线在绝缘子上的固定

1—上夹板；2—下夹板；3—红钢纸垫圈；4—绝缘子；
5—沉头螺钉；6—螺栓；7—螺母；8—垫圈；
9—螺母；10—套筒；11—母线；12—卡板

（7）母线固定　支架和绝缘子均安装完毕后，即可将加工好了的母线架设到支架上，固定于绝缘子上。矩形母线在瓷瓶上的固定，常用的有两种方法，用夹板或用卡板，如图 2-26 所示。用卡板固定是将母线放入卡板内，然后将卡板扭转一定角度卡住母线。母线相序的排列当符合设计或规范要求。安装固定结束刷相色漆，L_1 为黄色，L_2 为绿色，L_3 为红色。

（8）母线过墙做法　高压母线穿过墙壁时应安装高压穿墙套管，低压母线过墙要安装过墙隔板。高压穿墙套管的安装，多是在墙上预留长方形孔洞，在孔洞内装设角钢框架用以固定钢板，根据穿墙套管尺寸在钢板上钻孔，然后将穿墙套管固定在钢板上，如图 2-27 所示。

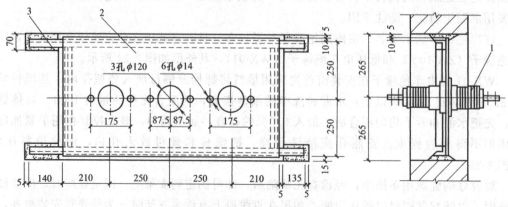

图 2-27　高压母线穿墙套管安装

1—穿墙套管；2—钢板；3—框架

低压母线过墙隔板的安装方法，如图 2-28 所示。隔板多采用硬质塑料板开槽制成。

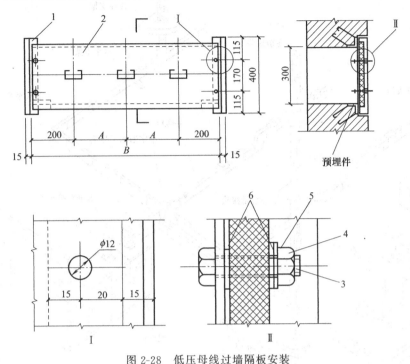

图 2-28 低压母线过墙隔板安装

1—角钢；2—绝缘夹板；3—螺栓；4—螺母；5—垫圈；6—橡胶或石棉板垫圈

2. 封闭插接母线安装

封闭插接母线是工矿企业、事业建筑和现代高层建筑中新型的供配电装置。在民用建筑中主要用在变压器低压侧出线与低压配电柜的连接和电气竖井中照明、电力供电干线中等。与硬裸母线相比，以其安全、可靠、安装迅速方便、使用美观大方等优点，得到了越来越广泛的应用。

生产封闭插接母线的厂家较多，型号、规格、外形和尺寸也不尽相同，同时又有各自的安装方式和安装附件，但共同的特点是在安装现场不需再对母线进行一系列加工，只需进行连接组装和架设工作，见图 2-29。

（1）支架的制作与安装 封闭插接母线支架的形式是由母线的安装方式决定的。母线安装方式有垂直式、水平侧装式和水平悬吊式等。常用支架形式有"一"字形、"U"形、"L"形、"T"字形以及三角形等多种形式，应视施工现场结构类型决定，并选用角钢或槽钢、扁钢等制作。

支架安装位置应根据母线架设需要确定。母线直线段水平敷设时，用支架或吊架固定，固定点间距应符合设计要求和产品技术规定，一般为 2～3m，悬吊式母线槽的吊架固定点间距不得大于 3m。

封闭插接母线的拐弯处以及与箱（盘）连接处必须加支架。垂直敷设的封闭插接母线，当进箱及末端悬空时，应采用支架固定。

（2）封闭母线安装

① 母线垂直安装。母线沿墙垂直安装，可以使用 U 形支架固定。母线在 U 形支架上可以采用平卧式或侧卧式固定。母线平卧固定使用平卧压板，母线侧卧固定使用侧卧压板，这

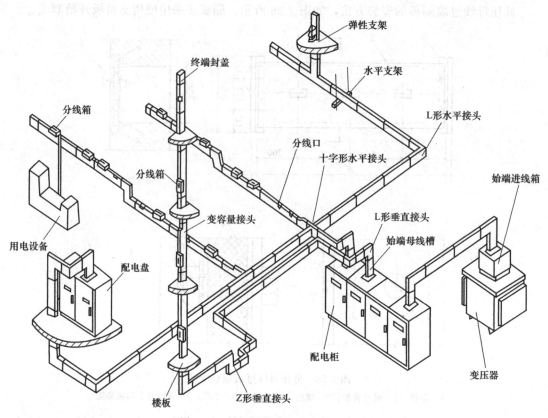

图 2-29　封闭插接式母线安装示意图

两种压板均由生产厂家提供。

② 母线水平安装。母线水平安装在各种不同类型的支、吊架上亦有平卧式和侧卧式之分，均用厂家配套供应的平卧压板或侧卧压板固定。MC 型母线外形与其他型号母线不同，在支架上安装时，可使用 30mm×30mm×4mm 的角钢支架，此角钢支架中间适当位置有卡固母线的豁口，待母线安装调直后再与支持母线的支架进行焊接，如图 2-30 所示。

（3）封闭母线连接　封闭插接母线连接时，母线与外壳间应同心，误差不得超过 5mm。段与段连接时，两相邻段母线及外壳应对准，连接后不应使母线及外壳受到额外应力。连接处应躲开母线支架，且不应在穿楼板或墙壁处进行。母线在穿墙及楼板时，应采取防火隔离措施，一般是在母线周围填充防火堵料。

（4）封闭插接母线的接地　封闭插接母线的接地形式各有不同，如图 2-31 所示。一般封闭式母线的金属外壳仅作为防护外壳，不得作保护接地干线（PE 线）用，但外壳必须接地。每段母线间应用截面积不小于 16mm² 的编织软铜带跨接，使母线外壳连成一体。也有的是利用壳体本身作接地线，即当母线连接安装后，外壳已连通成一个接地干线，外壳上焊有接地螺栓供接地用。也有的带有附加接地装置。无论采用什么形式接地，均应接地牢固，并应与专用保护线（PE 线）连接。

三、变压器安装

油浸式变压器安装的工作内容，视变压器容量大小不同而有所区别。整体运输的中小型变压器，多为整体安装；解体运输的变压器，则油箱和附件等分别进行安装。干式变压器安

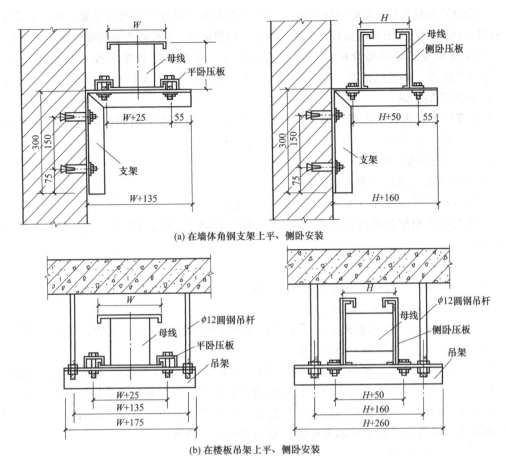

(a) 在墙体角钢支架上平、侧卧安装

(b) 在楼板吊架上平、侧卧安装

图 3-30 母线在支、吊架上水平安装

装工艺与之相同，只是不需进行绝缘油处理和器身检查等内容。

1. 变压器搬运

在这里变压器的搬运是指施工现场的短途搬运，一般均采用起重运输机械。需注意的是，应保证运输过程中的安全。

2. 变压器器身检查

变压器到达现场后，应进行器身检查。但是，变压器器身检查工作是比较繁杂而麻烦的，特别是大型变压器，进行器身检查需耗用大量人力和物力，因此，

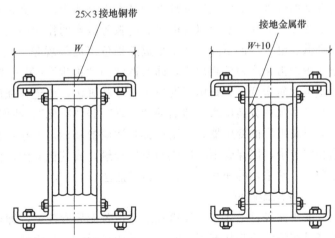

图 2-31 封闭母线接地示意图

现场安装不检查器身，则是个发展的方向，凡变压器满足下列条件之一时，可不进行器身检查。

① 制造厂规定可不作器身检查者；

② 容量为 1000kV·A 及以下，运输过程中无异常情况者；

③ 就地产品仅作短途运输的变压器，如果事先参加了制造厂的器身总装，质量符合要求，且在运输过程中进行了有效的监督，无紧急制动、剧烈振动、冲撞或严重颠簸等异常情况者。

10kV 配电变压器的器身检查均采用吊芯检查。检查项目和要求按《电气装置安装工程 电力变压器、油浸电抗器、互感器施工及验收规范》（GB 50148—2010）规定执行。

3. 变压器的干燥

新装变压器是否需要进行干燥，应根据下列条件进行综合分析判断后确定，一般满足下列条件，可不进行干燥。

（1）带油运输的变压器

① 绝缘油电气强度及微量水试验合格；

② 绝缘电阻及吸收比（或极化指数）符合规定；

③ 介质损耗角正切值符合规定（电压等级在 35kV 以下及容量在 4000kV·A 以下者，可不作要求）。

（2）充氮运输的变压器

① 器身内压力在出厂至安装前均保持正压；

② 残油中微量水的含量不应大于 $30×10^{-6}$；

③ 变压器注入合格绝缘油后：绝缘油电气强度及微量水应符合规定；绝缘电阻及吸收比应符合规定；介质损耗角正切值符合规定。

当变压器不能满足上述条件时，则应进行干燥。电力变压器常用干燥方法有铁损干燥法、铜损干燥法、零序电流干燥法、真空热油喷雾干燥法、煤油气相干燥法、热风干燥法以及红外线干燥法等。干燥方法的选用应根据变压器绝缘受潮程度及变压器容量大小、结构形式等具体条件确定。经过干燥的变压器，必须进行器身检查。

4. 变压器油的处理

需要进行干燥的变压器，都是因为绝缘油不合格。所以在进行芯部干燥的同时，要进行绝缘油的处理。需要进行处理的油基本上是两类。一类是老化了的油。所谓油的老化，是由于油受热、氧化、水分以及电场、电弧等因素的作用而发生油色变深、黏度和酸值增大、闪点降低、电气性能下降，甚至生成黑褐色沉淀等现象。老化了的油，需采用化学方法处理，把油中的劣化产物分离出来，即所谓油的"再生"。另一类是混有水分和脏污的油。这种油的基本性质未变，只是由于混进了水分和脏污，使绝缘强度降低。这种油采用物理方法便可把水分和脏污分离出来。即油的"干燥"和"净化"。我们在安装现场碰到的主要是这种油。因为对新出厂的变压器，油箱里都是注满的新油，不存在油的老化问题。只是可能由于在运输和安装中，因保管不善造成与空气接触，或其他原因，使油中混进了一些水分和杂物。对这种油，常采用的净化方法是压力过滤法。

5. 变压器就位

变压器经过上述一系列检查之后，若无异常现象，即可就位安装。对于中小型变压器一般多是在整体组装状态下运输的，或者只拆卸少量附件，所以安装工作相应地要比大型变压器简单得多。变压器就位安装应注意以下问题：

① 变压器推入室内时，要注意高、低压侧方向应与变压器室内的高低压电气设备的装设位置一致，否则变压器推入室内之后再调转方向就困难了。

② 变压器基础导轨应水平，轨距应与变压器轮距相吻合。装有气体继电器的变压器，应使其顶盖沿气体继电器气流方向有 1%～1.5% 的升高坡度（制造厂规定不需安装坡度者

除外）。当与封闭母线连接时，其套管中心线应与封闭母线中心线相符。

③ 装有滚轮的变压器，其滚轮应能灵活转动，在设备就位符合要求后，应将滚轮用能拆卸的制动装置加以固定。

④ 装接高、低压母线。母线中心线应与套管中心线相符。应特别注意不能使套管端部受到额外拉力。

⑤ 在变压器的接地螺栓上接上地线。如果变压器的接线组别是 Y，yn0，则还应将接地线与变压器低压侧的零线端子相连。变压器基础轨道亦应和接地干线连接。接地线的材料可用铜绞线或扁钢，其接触处应搪锡，以免锈蚀，并应连接牢固。

⑥ 当需要在变压器顶部工作时，必须用梯子上下，不得攀拉变压器的附件。变压器顶盖应用油布盖好，严防工具材料跌落，损坏变压器附件。

⑦ 变压器油箱外表面如有油漆剥落，应进行喷漆或补刷。

6. 变压器试验

新装电力变压器试验的目的是验证变压器性能是否符合有关标准和技术条件的规定；制造上是否存在影响运行的各种缺陷；在交接运输过程中是否遭受损伤或性能发生变化。1600kV·A 以下的变压器试验项目是：

① 测量绕组连同套管的直流电阻；

② 检查所有分接头的变压比；

③ 检查三相变压器的接线组别和单相变压器引出线的极性；

④ 测量绕组连同套管的绝缘电阻、吸收比或极化指数；

⑤ 绕组连同套管的交流耐压试验；

⑥ 测量与铁芯绝缘的各紧固件及铁芯接地线引出套管对外壳的绝缘电阻；

⑦ 非纯瓷套管的试验；

⑧ 油箱中的绝缘油试验；

⑨ 有载调压切换装置的检查和试验；

⑩ 相位检查。

干式变压器试验则无绝缘油试验和非纯瓷套管的试验。

7. 变压器试运行

变压器试运行，是指变压器开始带电，并带一定负荷即可能的最大负荷，连续运行 24h 所经历的过程。试运行是对变压器质量的直接考验，因此试运行前应对变压器进行补充注油、整体密封检查等全面试验。变压器试运行，往往采用全电压冲击合闸的方法。一般应进行 5 次空载全电压冲击合闸，无异常情况，即可空载运行 24h，正常后，再带负荷运行 24h 以上，无任何异常情况，则认为试运行合格。

四、系统调试

为了保证新安装的变配电装置安全投入运行和保护装置及自动控制系统的可靠工作，除对单体元件进行调试外，还必须对整个保护装置及各自动控制系统进行一次全面的调试。10kV 变配电系统的调试工作主要是对各保护装置（过流保护装置、差动保护装置、欠压保护装置、瓦斯保护装置及零序保护装置等）进行系统调试和进行变配电系统的试运行。系统试运行应在对各种继电保护装置整组试验以及对计量回路、自动控制回路等通电检验，确认保护动作可靠、接线无误后，再进行系统试运行。首先在一次主回路不带电的情况下，对所有二次回路输入规定的操作电源，以模拟运行方式进行故障动作，检查其工作性能，即模拟试运行。然后给一次主回路送电，进行带电试运行。带电试运行应先进行 24h 的空载试运行，运行无异常，再进行 24～72h 的负载试运行，正常后即可交付使用。

==================== 思 考 题 ====================

1. 简述电力系统的组成。

2. 隔离开关、负荷开关、断路器在使用功能上有哪些区别？并画出三者的图形符号。

3. 10kV 变电所的一次设备有哪些？

4. 简述供配电系统图的特点。

5. 开关柜的五防是哪些？

6. 变电所与配电所有哪些共同点和不同点？

7. 室内高压配电装置的各项最大安全距离是多少？

8. 什么叫电力负荷等级？可分为几级？

9. 成套配电柜(屏)的安装要求是什么？手车式柜除应符合一般要求外，还应符合哪些规定？

10. 变压器油如何处理？

11. 简述低压配电室配电柜屏前屏后维护通道的距离设置。

第三章 动力、照明工程

动力、照明工程是建筑工程中最基本的电气工程。动力工程主要是指建筑内由电动机作为动力的设备、装置、控制电器和为其配电的电气线路等的安装工程;照明工程主要是指建筑内各种照明装置及其控制装置、配电线路和插座等安装工程。动力、照明工程分别属于建筑电气工程的一个子分部工程。

第一节 动力、照明工程图

一、动力、照明工程图的组成

动力、照明工程图的主要内容包括：系统图、平面图、配电箱安装接线图、设备材料表等。

1. 动力、照明系统图

动力、照明系统图是用图形符号、文字符号绘制的，用来概略表示该建筑内动力、照明系统或分系统的基本组成、相互关系及主要特征的一种简图，具有电气系统图的基本特点，能集中反映动力及照明的安装容量、计算容量、计算电流、配电方式，导线或电缆的型号、规格、数量、敷设方式及穿管管径，开关及熔断器的规格型号等。它和变电所配电系统图属同一类图纸，只是动力、照明系统图比变电所配电系统图表示得更为详细一些。如图 3-1 所示为某住宅楼照明配电系统图。因照明系统主要是单相负荷，所以照明系统图用多线法表示。通过阅读图 3-1 可知：该住宅照明配电系统由一个总配电箱和 6 个分配电箱组成。进户线采用 4 根 16mm^2 的铝芯塑料绝缘线，穿直径为 32mm 的水煤气管，墙内暗敷。总配电箱引出 4 条支路，1、2、3 支路分别引至 5、6 分配电箱，3、4 分配电箱和 1、2 分配电箱，所用导线均为 3 根 4mm^2 铜芯塑料绝缘线穿直径为 20mm 的钢管墙内暗敷。6 个分配电箱完全一样。每个分配电箱负责同一层甲、乙、丙、丁 4 住户的配电，每一住户的照明和插座回路分开。照明线路采用 1.5mm^2 铜芯塑料线；插座线路采用 2.5mm^2 铜芯塑料线，均穿钢管暗敷。

图 3-2 为某车间动力总配电箱配电系统图。该图为单线表示法。读图可知该车间动力配电系统概况：该车间进线采用 2 根，型号为 VLV22 型 4 芯低压电力电缆，穿 2 根直径为 70mm 的钢管从地下进入总配电箱，然后电能分配引出 5 条支路。其中 WP$_1$，引至车间裸母线 WB$_1$；WP$_2$ 引至空压机室；WP$_3$ 引至车间插接式母线槽 WB$_2$；WP$_4$ 引至该车间机加工装配工段吊车滑触线 WT$_2$；WP$_5$ 引至用于该车间功率补偿的电容器柜。各支路所用导线均为 BLV 型铝芯塑料绝缘线，采用穿管敷设。所用导线规格如图 3-2 中的标注。

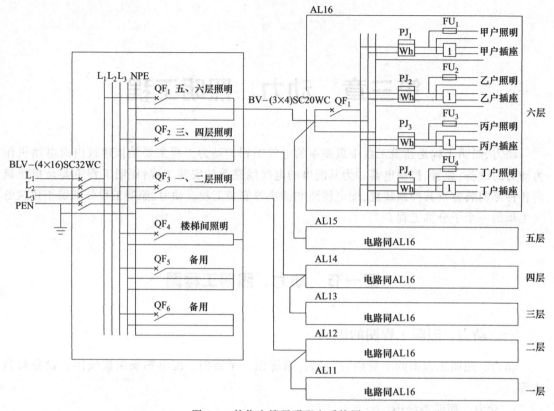

图 3-1　某住宅楼照明配电系统图

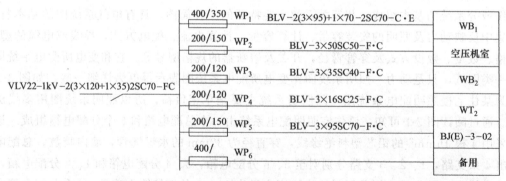

图 3-2　某车间动力总配电箱配电系统图

2. 动力、照明平面图

动力、照明平面图是编制动力、照明工程施工方案和工程造价，进行安装施工的主要依据，是用电气图形符号加文字标注绘制出来的，用来表示建筑物内动力、照明设备及其配电线路平面布置，属于位置简图。

（1）动力、照明平面图的用途和特点　动力、照明平面图是假设将建筑物经过门、窗沿水平方向切开，移去上面部分，人再站在高处往下看，所看到的建筑平面形状、大小，墙柱的位置、厚度，门窗的类型，以及建筑物内配电设备、动力、照明设备等平面布置、线路走向等情况。绘图时，常用细实线先绘出建筑平面的墙体、门窗、吊车梁、工艺设备等外形轮廓，再用粗实线绘出电气部分。

　　动力及照明平面图主要表示动力及照明线路的敷设位置、敷设方式、导线规格型号、导线根数、穿管管径等，同时还要标出各种用电设备（如照明灯、电动机、电风扇、插座等）及配电设备（配电箱、开关等）的数量、型号和相对位置。

　　动力及照明平面图的土建平面是完全按比例绘制的，电气部分的导线和设备则不完全按比例画出它们的形状和外形尺寸，而是采用图形符号加文字标注的方法绘制。导线和设备的垂直距离和空间位置一般也不用立面图表示，只是采用文字标注安装标高或附加必要的施工说明来解决。

　　平面图虽然是造价和安装施工的主要依据，但一般平面图不反映线路和设备的具体安装方法及安装技术要求，必须通过相应的安装大样图和施工验收规范来解决。

　　（2）动力、照明平面图标注方法　　动力、照明平面图标注方法多采用《建筑电气工程设计常用图形和文字符号》09DX001 国家建筑标准设计图集中的标注方法，建筑电气工程常用文字符号标注见表3-1，标注线路用文字符号见表3-2，线路敷设方式文字符号见表3-3，导线敷设部位文字符号见表3-4，灯具安装方式文字符号见表3-5。

表 3-1　建筑电气工程常用文字符号标注

序号	名称	标注方式	说明	示例
1	用电设备	$\dfrac{a}{b}$	a—设备编号或设备位号 b—额定功率（kW 或 kV·A）	$\dfrac{P01B}{37kW}$ 热煤泵的位号为 P01B，容量为 37kW
2	概略图电气箱（柜、屏）标注	-a+b/c	a—设备种类代号 b—设备安装位置的位置代号 c—设备型号	-AP1+1·B6/XL21-15　动力配电箱种类代号—AP1，位置代号+1·B6 即安装位置在一层 B、6 轴线，型号为 XL21-15
3	平面图电气箱（柜、屏）标注	-a	a—设备种类代号	-AP1　动力配电箱-AP1，在不会引起混淆时可取消前缀"-"即表示为 AP1
4	照明、安全、控制变压器标注	a b/c d	a—设备种类代号 b/c—一次电压/二次电压 d—额定容量	TL1　220/36V　500V·A 照明变压器 TL1，变比 220/36V，容量 500V·A
5	照明灯具标注	$a\text{-}b\dfrac{c\times d\times L}{e}f$	a—灯数 b—型号或编号（无则省略） c—每盏照明灯具的灯泡数 d—灯泡安装容量 e—灯泡安装高度（m），"—"表示吸顶安装 f—安装方式 L—光源种类	$5\text{-}BYS80\dfrac{2\times40\times FL}{3.5}CS$ 5 盏 BYS 80 型灯具，灯管为两根 40W 荧光灯管，灯具链吊安装，安装高度距地 3.5m
6	线路的标注	$a\ \ b\text{-}c(d\times e+f\times g)i\text{-}jh$	a—线缆编号 b—型号（不需要省略） c—线缆根数 d—电缆线芯数 e—线芯截面积（mm²） f—PE、N线芯数 g—线芯截面积（mm²） i—线缆敷设方式 j—线缆敷设部位 h—线缆敷设安装高度（m） 上述字母无内容则省略该部分	WP201　YJV-0.6/1kV-2（3×150＋2×70）SC80-WS3.5 电缆号为 WP201 电缆型号、规格为 YJV-0.6/1kV-（3×150+2×70） 2 根电缆并联连接 敷设方式为穿 DN80mm 焊接钢管沿墙明敷 线缆敷设高度距地 3.5m

序号	名称	标注方式	说明	示例
7	电缆桥架标注	$\dfrac{a\times b}{c}$	a—电缆桥架宽度(mm) b—电缆桥架高度(mm) c—电缆桥架安装高度(m)	$\dfrac{600\times150}{3.5}$ 电缆桥架宽600mm,桥架高度150mm,安装高度距地3.5m
8	电缆与其他设施交叉点标注	$\dfrac{a-b-c-d}{e-f}$	a—保护管根数 b—保护管直径(mm) c—保护管长度(m) d—地面标高(m) e—保护管埋设深度(m) f—交叉点坐标	$6-DN100-1.1m-0.3m$ $-1.1m-A=174.235;B=243.621$ 电缆与设施交叉,交叉点坐标为$A=174.235$;$B=243.621$,埋设6根长1.1m DN100mm焊接钢管,钢管埋设深度为$-1.1m$(地面标高为$-0.3m$)
9	电话线路的标注	$\dfrac{a-b(c\times2\times d)}{e-f}$	a—电话线缆编号 b—型号(不需要可省略) c—导线对数 d—线缆截面积 e—敷设方式和管径(mm) f—敷设部位	W1-HPVV(25×2×0.5)M-WS W1为电话电缆号 电话电缆的型号、规格为HPVV(25×2×0.5) 电话电缆敷设方式为用钢索敷设,电话电缆沿墙面敷设
10	电话分线盒、交接箱的标注	$\dfrac{a\times b}{c}d$	a—编号 b—型号(不需要标注可省略) c—线序 d—用户数	$\dfrac{\#3\times NF\text{-}3\text{-}10}{1\sim12}6$ #3电话分线盒的型号规格为NF-3-10,用户数为6户,接线线序为1～12
11	断路器整定值的标注	$\dfrac{a}{b}c$	a—脱扣器额定电流 b—脱扣整定电流值 c—短延时整定时间(瞬断不标注)	$\dfrac{500A}{500A\times3}0.2s$ 断路器脱扣器额定电流为500A,动作整定值为500A×3,短延时整定值为0.2s
12	相序标注	L_1 L_2 L_3 U V W	L_1—交流系统电源第一相 L_2—交流系统电源第二相 L_3—交流系统电源第三相 U—交流系统设备端第一相 V—交流系统设备端第二相 W—交流系统设备端第三相	

表3-2 标注线路用文字符号

序号	名称	英文名称	文字符号	
1	控制线路	control line		WC
2	直流线路	direct-current line		WD
3	应急照明线路	emergency lighting line		WE	WEL
4	电话线路	telephone line	W	WF
5	照明线路	illuminating(lighting) line		WL
6	电力线路	power line		WP
7	声道(广播)线路	sound gate(broadcasting) line		WS
8	电视线路	TV. line		WV
9	插座线路	socket line		WX

表 3-3 线路敷设方式文字符号

项目	序号	名　称	文字符号	英 文 名 称
线路敷设方式	1	穿焊接钢管敷设	SC	run in welded steel conduit
	2	穿电线管敷设	MT	run in electrical metallic tubing
	3	穿硬塑料管敷设	PC	run in rigid PVC conduit
	4	电缆桥架敷设	CT	installed in cable tray
	5	金属线槽敷设	MR	installed in metallic raceway
	6	塑料线槽敷设	PR	installed in PVC raceway
	7	用钢索敷设	M	supported by messenger wire
	8	穿聚氯乙烯塑料波纹电线管敷设	KPC	run in corrugated PVC conduit
	9	穿金属软管敷设	CP	run in flexible metal conduit
	10	直接埋设	DB	direct burying
	11	电缆沟敷设	TC	installed in cable trough
	12	混凝土排管敷设	CE	installed in concrete encasement

表 3-4 导线敷设部位文字符号

项目	序号	名　称	文字符号	英 文 名 称
导线敷设部位	①	沿或跨梁(屋架)敷设	AB	along or across beam
	②	暗敷在梁内	BC	concealed in beam
	③	沿或跨柱敷设	AC	along or across column
	④	暗敷设在柱内	CLC	concealed in column
	⑤	沿墙面敷设	WS	on wall surface
	⑥	暗敷设在墙内	WC	concealed in wall
	⑦	沿顶棚或顶板面敷设	CE	along ceiling or slab surface
	⑧	暗敷设在屋面或顶板内	CC	concealed in ceiling or slab
	⑨	吊顶内敷设	SCE	recessed in ceiling
	⑩	地板或地面下敷设	FC	in floor or ground

表 3-5 灯具安装方式文字符号

序号	名　称	文字符号	英 文 名 称
1	线吊式	SW	wire suspension type
2	链吊式	CS	catenary suspension type
3	管吊式	DS	conduit suspension type
4	壁装式	W	wall mounted type
5	吸顶式	C	ceiling mounted type
6	嵌入式	R	flush type
7	顶棚内安装	CR	recessed in ceiling
8	墙壁内安装	WR	recessed in wall
9	支架上安装	S	mounted on support
10	柱上安装	CL	mounted on column
11	座装	HM	holder mounting

（3）常用设备及管线的标注方法

① 电力或照明配电设备的标注方法。表达内容有设备编号、设备型号、设备功率（kW）。设备编号以字符表示设备的编号或功能，用以标识和区别不同的设备。设备型号可以查阅产品样本，有其他说明时，此项可省略。电力或照明配电设备的标注格式为：a×b/c，见表 3-1。

例如，某设备的标注格式为 2×CY106/5.5，该标注表示：第 2 号设备，设备型号为 CY106，设备功率为 5.5kW。

② 灯具的标注。在灯具旁按灯具标注规定标注灯具数量 a、型号 b、灯具中的光源数量

c 和容量 d、悬挂高度 e 和安装方式 f。L 是光源种类。灯具光源按发光原理分为热辐射光源（如白炽灯和卤钨灯）和气体放电光源（如荧光灯、高压汞灯、金属卤化物灯）。照明灯具的标注格式为：

$$a\text{-}b\dfrac{(c\times d\times L)}{e}f$$，见表 3-1；灯具安装方式文字符号见表 3-5。

例如 5-YZ40 2×40/2.5CS，表示 5 盏 YZ40 直管型荧光灯，每盏灯具中装设 2 支功率为 40W 的灯管，灯具的安装高度为 2.5m，灯具采用链吊式安装方式。如果灯具为吸顶安装，那么安装高度可用"—"号表示。在同一房间内的多盏相同型号、相同安装方式和相同安装高度的灯具，可以标注一处。

例如 20-YU60 1×60/3SW，表示 20 盏 YU60 型 U 形荧光灯，每盏灯具中装设 1 个功率为 60W 的 U 形灯管，灯具采用线吊安装，安装高度为 3m。

③ 配电线路的标注。用以表示线路的敷设方式及敷设部位，采用英文字母表示。配电线路的标注格式为：a-b(c×d)e-f，线路敷设方式及敷设部位文字符号见表 3-3。

例如：BV(3×50+1×25)SC50-FC 表示线路是铜芯塑料绝缘导线，其中三根截面积为 50mm²，一根截面积为 25mm²，穿管径为 50mm 的钢管沿地面暗敷。

例如：BLV(3×60+2×35)SC70-WC 表示线路为铝芯塑料绝缘导线，其中三根截面积为 60mm²，两根截面积为 35mm²，穿管径为 70mm 的钢管沿墙暗敷。

（4）动力、照明平面图阅读方法及注意事项

① 应按阅读建筑电气工程图的一般顺序进行阅读。首先应阅读相对应的动力、照明系统图，了解整个系统的基本组成、相互关系，做到心中有数。

② 阅读说明。平面图常附有设计或施工说明，以表达图中无法表示或不易表示，但又与施工有关的问题，有时还给出设计所采用的非标准图形符号。了解这些内容对进一步读图是十分必要的。

③ 了解建筑物的基本情况，如房屋结构、房间分布与功能等。熟悉电气设备、灯具等在建筑物内的分布及安装位置，同时要了解它们的型号、规格、性能、特点和对安装的技术要求。对于设备的性能、特点及安装技术要求，往往要通过阅读相关技术资料及施工验收规范来了解。如在照明平面图中，当照明开关的安装高度设计没有明确规定时，我们就可按《建筑电气工程施工质量验收规范》（GB 50303—2015）的有关规定执行，即：开关安装的位置应便于操作，开关边缘距门框的距离宜为 0.15～0.2m；开关距地面高度宜为 1.3m；拉线开关距地面高度宜为 2～3m，层高小于 3m 时，拉线开关距顶板不小于 100mm，且拉线出口应垂直向下。

④ 了解各支路的负荷分配情况和连接情况。在了解了电气设备的分布之后，就要进一步明确它是属于哪条支路的负荷，从而弄清它们之间的连接关系，这是最重要的。一般从进线开始，经过配电箱后，一条支路一条支路地看。如果这个问题解决不好，就无法进行实际配线施工。

⑤ 动力、照明平面图是施工单位用来指导施工的依据，也是施工单位用来编制施工方案和编制工程预算的依据。而常用设备、灯具的具体安装方法又往往在平面图上不加表示，这个问题要通过阅读安装大样图来解决。将阅读平面图和阅读安装大样图（国家标准图）结合起来，就能编制出可行的施工方案和准确的工程预算。

⑥ 动力、照明平面图只表示设备和线路的平面位置而很少反映空间高度，但是我们在

阅读平面图时，必须建立起空间概念。这对造价技术人员特别重要，可以防止在编制工程预算时，造成垂直敷设管线的漏算。

⑦ 相互对照、综合看图。为避免建筑电气设备及电气线路与其他建筑设备及管路在安装时发生位置冲突，在阅读动力、照明平面图时要对照阅读其他建筑设备安装工程施工图，同时还要了解规范要求。

第二节　电气照明基本知识及照明装置安装

视觉是光射入眼睛后产生的视知觉，是光觉（看见明暗）、色觉（看见颜色）、形态觉（看见物体的形状）、动态觉（看见物体的运动）和立体觉（看见的物体的远、近、深、浅）等知觉的综合。被观察物或工作面射入人眼中的光与光源及建筑空间的特性有关。电光源将电能转换成光能以辐射方式向建筑空间内直线传播。传播途中极少数光线被空气中的尘埃阻挡形成折射、反射或部分光能被吸收，绝大部分光能被分配到工作面（如办公桌面、工作面等）、地面、墙面和顶棚表面。光能在这些物体的表面，除少部分被吸收外，大部分又反射出去，经过建筑物空间照到其他物体的表面上。反射过程不断重复进行使工作面上得到照明。

可见光作为具有一定能量的物质运动形式，其大小强弱是可以被度量的。照明的度量实际上就是对光的度量，也就是对光辐射产生的视觉效果的定量衡量。光的度量方法有两种：一种是主观（视觉）光度学，直接以人眼度量，另一种是客观（物理）光度学，使用物理仪器度量。下面对主观光度学的基本知识和常用度量单位作简要介绍。

一、照明常用的度量单位

1. 光通量（ϕ）

光源在单位时间内，向周围空间辐射出使人眼产生感觉的能量，称为光通量。光通量是一种人眼对光源的主观感觉量，光通量的单位是流明（lm），40W 白炽灯 350lm，日光灯 2100lm。单位电功率所发出的流明数（lm/W），称为发光效率。

2. 发光强度（I）

光源在某一特定方向上单位立体角内辐射的光通量，称为光源在该方向上的发光强度，单位为坎德拉（cd）。单位球面积边缘上各点与球心所围成的区域叫立体角，用 Ω 表示，它是用面积 S 和球半径 R 的平方的比值来计算的，$I = \phi/\Omega$。灯罩的作用，使向下的光通量增加了，即改变了光源光通量在空间的分布情况。

3. 照度（E）

照度是指单位被照面积上所接收的光通量，单位为勒克斯（lx）。$E = \phi/S$ 表示被照面上光的强弱的物理量，与该方向上的发光强度成正比，与它距光源的距离成反比。晴天阳光直射地面照度约为 100000lx，晴天背阴处照度约为 10000lx；晴天室内北窗附近照度约为 2000lx，晴天室内中央照度约为 200lx，晴天室内角落照度约为 20lx，晴朗月仅照度约为 0.2lx，在 40W 白炽灯 1m 远处的照度约为 30lx。

4. 亮度（B）

把被视物表面向视线方向发出（或反射）的发光强度，称为被视物表面在该方向上的亮度，单位为尼特（nt❶），亮度与被视物的发光或反光面积以及反光程度有关，而且物体在各个方向上的亮度不一定相同。无云晴空的平均亮度约为 0.5sb；40W 荧光灯的表面亮度约为 0.7sb；白炽灯的灯丝亮度约为 400sb；太阳的亮度高达 $2×10^5$ sb；亮度超过 16sb 时，人眼是不能忍受的。其中 1sb（熙提）$=10^4$ nt。

二、照明方式和种类

1. 照明方式

照明方式一般可分为一般照明和局部照明。

所谓一般照明就是为使整个照明场所获得均匀亮的水平照度，灯具在整个照明场所基本上均匀布置的照明方式。有时也可根据工作面布置的实际情况及其对照度的不同要求，将灯具集中或分区集中均匀地布置在工作区上方，使不同被照面上产生不同的照度，也有人称这种照明方式为分区一般照明。

所谓局部照明，是为了满足照明范围内某些部位的特殊需要而设置的照明。它仅限于照亮一个有限的工作区，通常采用从最适宜的方向装设台灯、射灯或反射型灯泡，其优点是灵活、方便、节电，能有效地突出重点。

以上两种方式往往在同一场所同时存在，这种由一般照明和局部照明共同组成的照明，人们习惯称为混合照明。

2. 照明种类

照明种类多以其主要作用划分。通常有正常照明、应急照明、值班照明、警卫照明、障碍照明、装饰照明、艺术照明等。

① 正常照明。也称工作照明。是为满足正常工作而设置的照明。它起着满足人们基本视觉要求的功能，是照明工程中的主要照明。它一般单独使用，也可与应急照明和值班照明同时使用，但控制线路必须分开。

② 应急照明。在正常照明因事故熄灭后，供事故情况下继续工作，或保证人员安全顺利疏散的照明。它包括备用照明、安全照明和疏散照明。疏散照明一般多设置在人员比较集中的公共建筑内。

③ 值班照明。在非工作时间供值班人员观察用的照明称值班照明。可利用正常照明中能单独控制的一部分或用应急照明的一部分作为值班照明。

④ 警卫照明。用于警卫区内重点目标的照明称为警卫照明，可按警戒任务的需要，在警卫范围内装设，应尽量与正常照明合用。

⑤ 装饰照明。为美化和装饰某一特定空间而设置的照明。装饰照明可以是正常照明和局部照明的一部分，建筑内安装的各种灯具本身对建筑就起到了美化装饰的作用，但它是指以纯装饰为目的的照明，不兼作一般照明和局部照明。

⑥ 艺术照明。通过运用不同的灯具、不同的投光角度和不同的光色，制造出一种特定空间气氛的照明。

三、常用电光源

1. 电光源按发光原理分类

根据光的产生原理，电光源主要分为两大类。

---

❶ 1nt＝1cd/m²。

一类是以热辐射作为光辐射原理的电光源，包括白炽灯和卤钨灯，它们都是用钨丝为辐射体，通电后使之达到白炽温度，产生热辐射。这种光源统称为热辐射光源，目前仍是重要的照明光源，生产数量极大。

另一类是气体放电光源，它们主要以原子辐射形式产生光辐射。根据这些光源中气体的压力，可分为低压气体放电光源和高压气体放电光源。常用低压气体放电光源有荧光灯和低压钠灯；常用高压气体放电光源有高压汞灯、金属卤化物灯、高压钠灯、氙灯等。

2. 常用电光源按结构分类

① 开启型：光源裸露在外，灯具是敞口的或无灯罩的。

② 闭合型：透光罩将光源包围起来的照明器。但透光罩内外空气能自由流通，尘埃易进入罩内。照明器的效率主要取决于透光罩的透射比。

③ 封闭型：透光罩固定处加以封闭，使尘埃不易进入罩内，但当内外气压不同时空气仍能流通。

④ 密闭型：透光罩固定处加以密封，与外界可靠地隔离，内外空气不能流通。根据用途又分为防水防潮型和防水防尘型，适用于浴室、厨房、潮湿或有水蒸气的车间、仓库及隧道、露天堆场等场所。

⑤ 防爆安全型：这种照明器适用于在不正常情况下可能发生爆炸危险的场所，其功能主要使周围环境中的爆炸性气体进不了照明器内，可避免照明器正常工作中产生的火花而引起爆炸。

⑥ 隔爆型：这种照明器适用于在正常情况下可能发生爆炸的场所，其结构特别坚实，即使发生爆炸，也不易破裂。

⑦ 防腐型：这种照明器适用于含有腐蚀性气体的场所。灯具外壳用耐腐蚀材料制成，且密封性好，腐蚀性气体不能进入照明器内部。

3. 常用电光源

① 普通白炽灯。普通白炽灯是最早出现的电光源，称作第一代电光源，由玻壳、灯丝、支架、引线和灯头等部分组成。普通白炽灯泡的灯头形式分插口和螺口两种。插口灯头接触面小，灯的功率大时，接触处温度过高，故一般用于小功率普通白炽灯。螺口灯头接触面较大，可适用于任何功率的灯泡。普通白炽灯泡的规格有 15W、25W、40W、60W、100W、150W、200W、300W、500W 等。

② 卤钨灯。卤钨灯的工作原理与普通白炽灯一样，其突出的特点是灯管（泡）内在充入气体的同时加入了微量的卤素物质，所以称为卤钨灯。目前国内用的卤钨灯主要有两类：一类是充入微量碘化物的，称为碘钨灯；另一类是灯内充入微量溴化物的，称为溴钨灯。卤钨灯多制成管状，灯管功率一般都比较大，所以适用于体育场、广场、机场等场所照明。

③ 荧光灯。荧光灯是室内照明应用最广的光源，被称为第二代光源，与白炽灯相比，具有光效高、寿命长的特点，因此应用广、发展快，类型也比较多。目前国内荧光灯主要类型有直管型荧光灯、异形荧光灯和紧凑型荧光灯等。直管型荧光灯作为一般照明用，使用最为广泛，且品种较多，有日光色、白色、暖白色及彩色等。常用异形荧光灯主要有 U 形和环型两种，便于照明布置，更具装饰作用。紧凑型荧光灯是近年发展起来的，有双 U 形、双 D 形、H 形等；具有体积小、光效高、造型美观、安装使用方便等特点，有逐渐代替白炽灯的发展趋势。

④ 高压汞灯。又称高压水银灯，靠高压汞气放电而发光，其结构分外镇流和自镇流两

种。自镇流式高压汞灯使用方便，不必在电路中再安装镇流器，适用于大空间场所的照明，如礼堂、展览馆、车间、码头等。

⑤ 钠灯。钠灯和汞灯一样也是气体放电光源，只是在灯管内放入适量的钠和惰性气体，就成为了钠灯。钠灯分为高压钠灯和低压钠灯两种，具有省电、光效高、透雾能力强等特点，所以适用于作室外道路、隧道等照明。

⑥ 金属卤化物灯。金属卤化物灯的结构与高压汞灯极其相似，只是在放电管中除了像高压汞灯那样充入汞和氩气外，还填充了各种不同的金属卤化物。按填充的金属卤化物的不同，主要有钠铊铟灯、镝灯、钪钠灯等。我国使用的金属卤化物灯在放电管中一般不装辅助电极，因此不能自行启燃，必须在电路中接入触发器，以产生启燃高压脉冲。目前使用的一般都是电子触发器。

⑦ 氙灯。氙灯也是一种弧光放电灯，放电管两端装有牡钨棒状电极，管内充有高纯度的氙气。氙灯具有功率大、光色好、体积小、亮度高、启动方便等优点，被人们称誉为"小太阳"，多用于广场、车站、码头、机场等大面积场所照明。

⑧ 霓虹灯。又称氖气灯、年红灯。霓虹灯并不是照明用光源，但常用于建筑灯光装饰、娱乐场所、商业装饰，是用途最广泛的装饰彩灯。

四、普通灯具安装

室内照明灯具的安装方式，主要是根据配线方式、室内净高以及对照度的要求来确定的，作为安装工作人员则是依据设计施工图纸进行。常用安装方式有悬吊式、壁装式、吸顶式、嵌入式等。悬吊式又可分为软线吊灯、链吊灯、管吊灯，如图 3-3 所示。

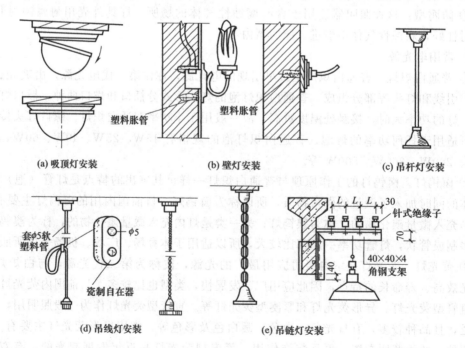

图 3-3　灯具安装方式

灯具安装一般在配线完毕之后进行，其安装高度一般室内不低于 2m，在危险性较大及特别危险场所，如灯具高度低于 2.4m 应采用 36V 及以下的照明灯具。灯具的可接近裸露导体必须接地（PE）或接零（PEN）可靠，并应有专用接地螺栓，且有标识。

1. 吊灯的安装

吊灯基本上可分为软线吊灯、链吊灯和管吊灯。灯具质量在 0.5kg 及以下时，采用软电线自身吊装；大于 0.5kg 的灯具采用吊链，或用钢管作灯杆。灯具固定应牢固可靠。每盏灯具固定用螺钉或螺栓不应小于 2 个；当绝缘台直径为 75mm 及以下时，可采用 1 个螺钉或螺栓固定。采用吊链时，灯线应与吊链编叉在一起，灯线不应受拉力。采用钢管作灯具的吊杆时，其钢管内径不应小于 10mm；管壁厚度不应小于 1.15mm。当吊灯灯具质量超过 3kg 时，则应固定在预埋吊钩或螺栓上。吊式花灯均应固定在预埋的吊钩上。固定花灯的圆钢吊钩直径不应小于灯具吊挂销钉的直径，且不得小于 6mm。大型花灯的固定及悬吊装置，应按灯具质量的 2 倍做过载试验，以达到安全使用不发生坠落的目的。

2. 吸顶灯的安装

吸顶灯的安装一般可直接将绝缘台固定在顶棚的预埋木砖上或用预埋的螺栓固定，然后再把灯具固定在绝缘台上。超过 3kg 的吸顶灯，应把灯具（或绝缘台）直接固定在预埋螺栓上，或用膨胀螺栓固定。对装有白炽灯泡的吸顶灯具，灯泡不应紧贴灯罩；当灯泡和绝缘台之间的距离小于 5mm 时（如半扁罩灯），灯泡与绝缘台之间应放置隔热层（石棉板或石棉布）。在灯位盒上安装吸顶灯，其灯具或绝缘台应完全遮盖住灯位盒。

3. 壁灯的安装

壁灯可以装在墙上或柱子上，当装在墙上时，一般在砌墙时应预埋木砖，禁止用木楔代替木砖，也可以预埋螺栓或用膨胀螺栓固定。安装在柱子上时，一般在柱子上预埋金属构件或用抱箍将金属构件固定在柱子上，然后再将壁灯固定在金属构件上。同一工程中成排安装的壁灯，安装高度应一致，高低差不应大于 5mm。

4. 荧光灯的安装

荧光灯的安装方法有吸顶、嵌入、吊链和吊管。应注意灯管、镇流器、启辉器、电容器的互相匹配，不能随便代用。特别是带有附加线圈的镇流器，接线不能接错，否则要损坏灯管。

5. 嵌入式灯具安装

一嵌入顶棚内的灯具应固定在专设的框架上，导线不应贴近灯具外壳，且在灯盒内应留有余量，灯具的边框应紧贴在顶棚面上。矩形灯具的边框宜与顶棚面的装饰直线平行，其偏差不应大于 5mm。

6. 吊扇安装

按照产品说明书对电扇进行组装。吊杆之间、吊杆与电机之间的螺纹啮合长度不得小于 20mm，且必须装设防松装置。扇叶距地面的高度不应低于 2.5m。然后按接线图进行正确接线。

五、灯开关安装

灯开关按其安装方式可分为明装开关和暗装开关两种；按其开关操作方式又有拉线开关、翘板开关、床头开关等；按其控制方式有单控开关和双控开关。

灯开关安装位置应便于操作，开关边缘距门框边缘的距离宜为 0.15～0.2m；开关距地面高度宜为 1.3m；拉线开关距地面高度宜为 2～3m，层高小于 3m 时，拉线开关距顶板不小于 100mm 且拉线出口应垂直向下。

为了装饰美观，安装在同一建筑物、构筑物内的开关，宜采用同一系列的产品，开关的通断位置应一致，且操作灵活、接触可靠。并列安装的相同型号开关距地面高度应一致，高度差不应大于1mm；同一室内安装的开关高度差不应大于5mm；并列安装的拉线开关的相邻间距不宜小于20mm。

翘板、指甲式开关均为暗装开关，均应与开关盒配套一起安装。开关芯和盖板连成一体，安装比较方便，埋设好开关盒，将导线接到接线柱上，将盖板用螺钉固定在开关盒上，注意不应横装。翘板上部顶端有压制条纹或红色标志的应朝上安装。当翘板或面板上无任何标志时，应装成翘板下部按下时，开关处在合闸位置，翘板上部按下时，开关处在断开位置，即从侧面看，翘板上部突出时灯亮，下部突出时灯熄。开关面板应紧贴墙面，四周无缝隙。

六、插座安装和接线

插座是各种移动电器的电源接取口，如台灯、电视机、电风扇、洗衣机等多使用插座。不论插座是明装还是暗装，插座接线孔的排列顺序均应符合图3-4的要求。单相两孔插座，面对插座的右孔或上孔与相线连接，左孔或下孔与零线连接；单相三孔插座，面对插座右孔与相线连接，左孔与零线连接。单相三孔、三相四孔及三相五孔插座的接地线或接零线均应接在上孔，如图3-4所示。插座的接地端子不应与零线端子直接连接，同一场所的三相插座，其接线的相位必须一致。当交流、直流或不同电压等级的插座安装在同一场所时，应有明显的区别，即选择不同结构、不同规格、不能互换的插座。同一场所的三相插座，其接线的相序必须一致。

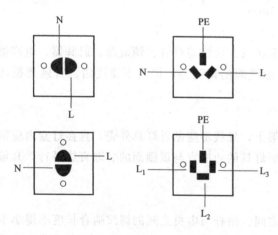

图3-4 插座安装接线

插座安装高度：当设计图纸未涉及时，一般距地高度不宜小于1.3m；托儿所、幼儿园、住宅及小学等未采用安全型插座时，不宜低于1.8m；潮湿环境所采用的密封型并带保护接地线的保护型插座安装高度不小于1.5m；车间及试验室插座距地不小于0.3m；同一场所安装的插座高度应一致。

七、照明配电箱安装

照明配电箱有标准型和非标准型两种。标准配电箱可按设计要求直接向生产厂家购买。非标准配电箱可自行制作。照明配电箱型号繁多，但其安装方式不外乎有悬挂式明装和嵌入式暗装两种。

1. 悬挂式配电箱的安装

悬挂式配电箱可安装在墙上或柱子上。

直接安装在墙上时，应先埋设固定螺栓，或用膨胀螺栓。螺栓的规格应根据配电箱的型号和重量选择，其长度应为埋设深度（一般为120～150mm）加箱壁厚度以及螺母和垫圈的厚度，再加3～5扣的余量长度，见图3-5。

施工时，先量好配电箱安装孔的尺寸，在墙上划好孔位，然后打洞，埋设螺栓（或用金属膨胀螺栓）。待填充的混凝土牢固后，即可安装配电箱。安装配电箱时，要用水平尺放在箱顶上，测量箱体是否水平。如果不平，可调整配电箱的位置以达到要求，同时在箱体的侧面用磁力吊线锤，测量配电箱上下端与吊线的距离，如果相等，说明配电箱装得垂直，否则应查明原因，并进行调整。

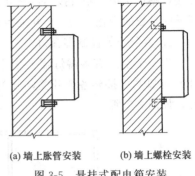

(a) 墙上胀管安装　　(b) 墙上螺栓安装

图 3-5　悬挂式配电箱安装

配电箱安装在支架上时，应先将支架加工好，支架上钻好安装孔，然后将支架埋设固定在墙上，或用抱箍固定在柱子上，再用螺栓将配电箱安装在支架上，并调整其水平和垂直。应注意在加工支架时，下料和钻孔严禁使用气割，支架焊接应平整，不能歪斜，并应除锈露出金属光泽，而后刷樟丹漆一道，灰色油漆两道。

照明配电箱的安装高度应符合施工图纸要求。若无要求时，一般底边距地面为 1.5m，安装垂直允许偏差为 1.5%。配电箱上应注明用电回路名称。

2. 嵌入式配电箱安装

配电箱嵌入式安装通常是配合土建砌墙时将箱体预埋在墙内。面板四周边缘应紧贴墙面，箱体与墙体接触部分应刷防腐漆；按需要砸下敲落孔压片；有贴脸的配电箱，应把贴脸揭掉。一般当主体工程砌至安装高度就可以预埋配电箱了，配电箱的宽度超过 300mm 时，箱上应加过梁，避免安装后受压变形。放入配电箱时应使其保持水平和垂直，应根据箱体的结构形式和墙面装饰厚度来确定突出墙体的尺寸。预埋的电线管均应配入配电箱内。配电箱安装之前，应对箱体和线管的预埋质量进行检查，确认符合设计要求后，再进行板面的安装。暗装照明配电箱安装高度一般为底边距地面 1.5m；安装垂直允许偏差为 1.5%。导线引出盘面，均应套绝缘管。箱内装设螺旋式熔断器时，其电源线应接在有中间触点的端子上，负荷线接在有螺纹的端子上。

3. 照明配电箱接线要求

箱内配线应整齐，无绞接现象。导线连接紧密，不伤芯线，不断股。回路编号齐全，标识正确。同一端子上导线连接不多于 2 根，防松垫圈等零件齐全。箱内应分别设置零线（N）和保护地线（PE）、汇流排，零线和保护地线应分别经汇流排配出。箱内开关应动作灵活可靠，带有漏电保护的回路，漏电保护装置动作电流不大于 30mA，动作时间不大于 0.1s。

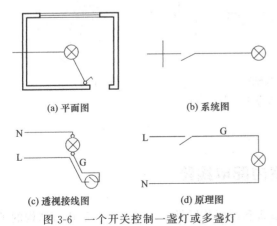

(a) 平面图　　　　　　(b) 系统图

(c) 透视接线图　　　　(d) 原理图

图 3-6　一个开关控制一盏灯或多盏灯

八、照明基本线路

熟悉掌握照明基本控制线路是我们提高读图效率的基本保证。常用照明控制基本线路有下面几种。

1. 一个开关控制一盏灯或多盏灯（图 3-6）

这是一种最简单的照明控制线路，其平面图上的表示如图 3-6（a）所示。值得注意的是要清楚平面图和实际接线图的区别，见图 3-6（c）。从实际接线图中我们要清楚两点：①开关必须接在相线上；零线不进开关，直接接灯座；保护线则直接与灯具金属外壳相连接。这样就会造成灯具之间、灯具与开关之间出现导线根数的变化。②一个开关控制多盏灯时，几盏灯均应并联接线，而不是串联接线。

2. 多个开关控制多盏灯

当一个空间有多盏灯需要多个开关单独控制时，可以适当把控制开关集中安装，相线（L）可以共用接到各个开关，开关控制后分别连接到各个灯具，中性线（N）直接到各个灯具，如图 3-7 所示。

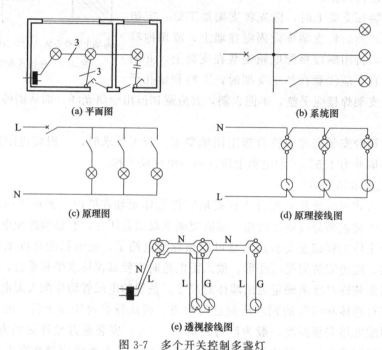

(a) 平面图　　　　　　　　　　　　　　(b) 系统图

(c) 原理图　　　　　　　　　　　　　　(d) 原理接线图

(e) 透视接线图

图 3-7　多个开关控制多盏灯

3. 两个双控开关控制一盏灯

用两个双控开关在两处控制同一盏灯，通常用于楼上楼下分别控制楼梯灯，或走廊两端分别控制走廊灯，如图 3-8 所示。在图示开关位置时，灯处于关闭状态，无论扳动哪个开关，灯都会亮。

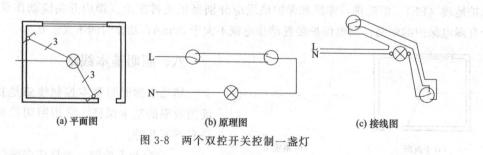

(a) 平面图　　　　　　　(b) 原理图　　　　　　　(c) 接线图

图 3-8　两个双控开关控制一盏灯

第三节　室内配电线路

室内配电线路是敷设在建筑物内为建筑设备和照明装置供电的线路。由于建筑结构的不同，室内配电线路的敷设方式、敷设部位，以及所用导线的种类都会有所不同，而这些内容都会在动力、照明平面图上反映出来。在本章第一节我们已经介绍了平面图上的标注方法，但是，要根据施工平面图做出合理的工程造价，我们还必须了解室内配电线路常用敷设方式及其施工工艺。

一、室内配线基本要求

尽管室内配线方法较多，而且不同配线方法的技术要求也各不相同，但都要符合室内配线共同的基本要求，也可以说是室内配线应遵循的基本原则，即：

① 安全。室内配线及电气设备必须保证安全运行。

② 可靠。保证线路供电的可靠性和室内电气设备运行的可靠性。

③ 方便。保证施工和运行操作的方便，以及使用维修的方便。

④ 美观。不因室内配线及电气设备安装而影响建筑物的美观，相反应有助于建筑物的美化。

⑤ 经济。在保证安全、可靠、方便、美观和具有发展可能的条件下，应考虑其经济性，尽量选用最合理的施工方法，节约资金。

二、室内配电线路常用绝缘电线及电缆

1. 常用绝缘电线

绝缘导线按线芯股数分为单股和多股两类；按结构分为单芯、双芯、多芯；按绝缘材料分为橡皮绝缘和聚氯乙烯绝缘；橡皮绝缘导线的外防护层又分为棉纱编织和玻璃丝编织两种。目前使用最多的是聚氯乙烯绝缘电线，其型号类型见表3-6。

表3-6 聚氯乙烯绝缘电线型号类型及特点

类 型		型 号		主要特点
		铝芯	铜芯	
聚氯乙烯绝缘电线	普通型	BLV,BLVV(圆型) BLVVB(扁型)	BV,BVV(圆型) BVVB(扁型)	这类普通电线的绝缘性能良好，制造工艺简便，价格较低。缺点是对气候适应性能差，低温时变硬发脆，高温或日光照射下增塑剂容易挥发而使绝缘老化加快。因此，在未具备有效隔热措施的高温环境、日光经常照射或严寒地方，宜选择相应的特殊型塑料电线
	绝缘软线		BVR, RV, RVB(扁型) RVS(绞型)	
	阻燃型		ZR BV, ZR BV V, ZR RV, ZR-RVB(扁型) ZR-RVS(绞型)	
	耐热型	BLV105	BV105, RV105	
	耐火型		NH-BV, NH-BVV	

2. 常用电缆

在配电系统中，最常见的电缆有电力电缆和控制电缆。输配电能的电缆，称为电力电缆。用在保护、操作等回路中传导的称控制电缆。

（1）电缆的构造 电缆的结构分为线芯、绝缘层和保护层。线芯材质有铜和铝两种，电缆芯数分单芯、双芯、三芯、四芯等，形状有圆形、半圆形、扇形、椭圆形等。绝缘层分为相绝缘和统包绝缘。保护层分为内护层和外护层，内护层的作用是保护绝缘不受潮湿、轻度机械损伤；外护层的作用是保护内护层，包括铠装层和外被层。电缆结构如图3-9所示。

（2）电缆的型号及名称 我国电缆产品的型号采用汉语拼音字母组成，有外护层时则用阿拉伯数字表示，见表3-7。常用电缆型号中字母的含义及排列顺序如表3-8所示。

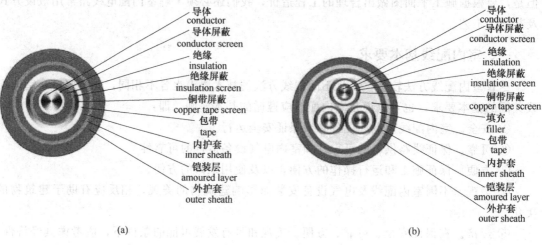

3.6/6kV~26/35kV单芯交联聚乙烯绝缘钢带铠装
电力电缆(YJV22,YJLV22,YJV23,YJLV23)

导体
conductor
导体屏蔽
conductor screen
绝缘
insulation
绝缘屏蔽
insulation screen
铜带屏蔽
copper tape screen
包带
tape
内护套
inner sheath
铠装层
amoured layer
外护套
outer sheath

(a)

3.6/6kV~26/35kV三芯交联聚乙烯绝缘钢带铠装
电力电缆(YJV22,YJLV22,YJV23,YJLV23)

导体
conductor
导体屏蔽
conductor screen
绝缘
insulation
绝缘屏蔽
insulation screen
铜带屏蔽
copper tape screen
填充
filler
包带
tape
内护套
inner sheath
铠装层
amoured layer
外护套
outer sheath

(b)

图 3-9　电缆结构

表 3-7　电缆外护层代号的含义

第一个数字		第二个数字	
代号	铠装层类型	代号	外被层类型
0	无	0	无
1	—	1	纤维绕包
2	双钢带	2	聚氯乙烯护套
3	细圆钢丝	3	聚乙烯护套
4	粗圆钢丝	4	—

表 3-8　常用电缆型号字母含义及排列顺序

类　别	绝缘种类	线芯材料	内护层	其他特征	外护层	
					铠装层	外被层
无:电力电缆	Z:纸		Q:铅套	D:不滴流	0	0
K:控制电缆	X:橡皮		L:铝套	F:分相护套	1	1
P:信号电缆	V:聚氯乙烯	T:铜不表示	H:橡套	P:屏蔽	2	2
Y:移动软缆	Y:聚乙烯	L:铝	V:聚氯乙烯套	C:重型	3	3
H:市话电缆	YJ:交联聚乙烯		Y:聚乙烯套		4	4

电缆型号的读写顺序如下。

读的顺序：线芯→绝缘层→内护层→铠装层→外被层→特征→类别。

写的顺序：类别→绝缘层→线芯→内护层→特征→铠装层→外被层，如图 3-10 所示。

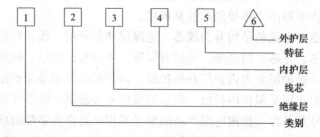

外护层
特征
内护层
线芯
绝缘层
类别

图 3-10　电缆的书写顺序

常用电力电缆型号见表3-9、表3-10。

表 3-9　聚氯乙烯电力电缆型号

| 型　号 | | 名　称 |
铜芯	铝芯	
VV	VLV	聚氯乙烯绝缘聚氯乙烯护套电力电缆
VY	VLY	聚氯乙烯绝缘聚乙烯护套电力电缆
VV22	VLV22	聚氯乙烯绝缘钢带铠装聚氯乙烯护套电力电缆
VV23	VLV23	聚氯乙烯绝缘钢带铠装聚乙烯护套电力电缆
VV32	VLV32	聚氯乙烯绝缘细钢丝铠装聚氯乙烯护套电力电缆
VV33	VLV33	聚氯乙烯绝缘细钢丝铠装聚乙烯护套电力电缆
VV42	VLV42	聚氯乙烯绝缘粗钢丝铠装聚氯乙烯护套电力电缆
VV43	VLV43	聚氯乙烯绝缘粗钢丝铠装聚乙烯护套电力电缆

表 3-10　交联聚乙烯绝缘电力电缆型号

| 型号 | | 名　称 | 主要用途 |
铜芯	铝芯		
YJV	YJLV	交联聚乙烯绝缘聚氯乙烯护套电力电缆	敷设于室内、隧道、电缆沟及管道中,也可埋在松散的土壤中,电缆不能承受机械外力作用,但可承受一定敷设牵引
YJY	YJLY	交联聚乙烯绝缘聚乙烯护套电力电缆	
YJV22	YJLV22	交联聚乙烯绝缘钢带铠装聚氯乙烯护套电力电缆	适用于室内、隧道、电缆沟及地下直埋敷设,电缆能承受机械外力作用,但不能承受大的拉力
YJV23	YJLV23	交联聚乙烯绝缘钢带铠装聚乙烯护套电力电缆	
YJV32	YJLV32	交联聚乙烯绝缘细钢丝铠装聚氯乙烯护套电力电缆	敷设在竖井、水下及具有落差条件下的土壤中,电缆能承受机械外力作用的相当的拉力
YJV33	YJLV33	交联聚乙烯绝缘细钢丝铠装聚乙烯护套电力电缆	
YJV42	YJLV42	交联聚乙烯绝缘粗钢丝铠装聚氯乙烯护套电力电缆	适于水中、海底电缆能承受较大的正压力和拉力的作用
YJV43	YJLV43	交联聚乙烯绝缘粗钢丝铠装聚乙烯护套电力电缆	

三、导线敷设基本方法

导线的敷设方法有许多种,按线路在建筑物内敷设位置的不同,分为明敷设和暗敷设;按在建筑结构上敷设位置不同,分为沿墙、沿柱、沿梁、沿顶棚和沿地面敷设。导线明敷设,是指线路敷设在建筑物表面可以看得见的部位。导线明敷设是在建筑物全部完工以后进行的,一般用于简易建筑或新增加的线路。导线暗敷设,是指导线敷设在建筑物内的管道中。导线暗敷设与建筑结构施工同步进行,在施工过程中首先把各种导管和预埋件置于建筑结构中,建筑完工后再完成导线敷设工作。暗敷设是建筑物内导线敷设的主要方式。导线敷设的方法也叫配线方法。不同敷设方法其差异主要是由于导线在建筑物上的固定方式不同,所使用的材料、器件及导线种类也随之不同。按导线固定材料的不同,常用的室内导线敷设方法有以下几种。

(1) 夹板配线　夹板配线使用瓷夹板或塑料夹板来夹持和固定导线,适用于一般场所。双线式瓷夹板如图3-11所示,瓷夹板配线做法如图3-12所示。

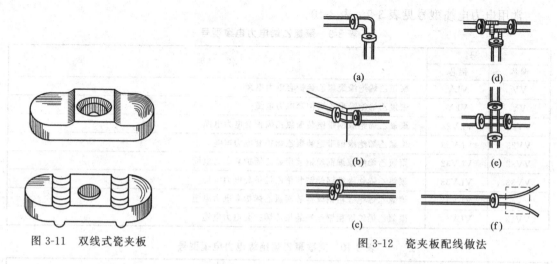

图 3-11　双线式瓷夹板

图 3-12　瓷夹板配线做法

　　（2）瓷瓶配线　瓷瓶配线使用瓷瓶来支持和固定导线。瓷瓶的尺寸比夹板大，适用于导线截面较大、比较潮湿的场所。常用瓷瓶如图 3-13 所示，瓷瓶配线做法如图 3-14 所示。

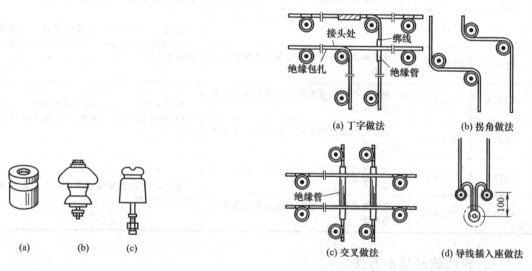

图 3-13　常用瓷瓶

图 3-14　瓷瓶配线做法

　　（3）线槽配线　线槽配线使用塑料线槽或金属线槽支持和固定导线，适用于干燥场所。线槽外形如图 3-15 所示。塑料线槽配线一般适用于正常环境室内场所的配线，也用于预制墙板结构及无法暗配线的工程。塑料线槽由槽底、槽盖及附件组成，由难燃型硬质聚氯乙烯工程塑料挤压成形，产品具有多种规格、外形美观，可起到对建筑物的装饰作用。线槽配线示意如图 3-16 所示。

　　塑料线槽敷设时，宜沿建筑物顶棚与墙壁交角处的墙上及墙角和踢脚板上口线上敷设。槽底固定方法基本与金属线槽相同，其固定点间距应根据线槽规格而定，一般线槽宽度为 20～40mm 时，固定点最大间距为 0.8m；线槽宽度为 60mm 时，固定点最大间距

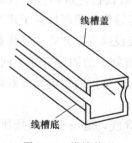

图 3-15　线槽外形

为 1.0m；线槽宽度为 80～120mm 时，固定点最大间距为 0.8m。端部固定点距槽底端点不应小于 50mm。槽底的转角、分支等均应使用与槽底相配套的弯头、三通、分线盒等标准附件。线槽的槽盖及附件一般为卡装式，将槽盖及附件平行放置对准槽底，用手一按，槽盖及附件就可卡入到槽底的凹槽中。槽盖与各种附件相对接时，接缝处应严密平整、无缝隙，无扭曲和翘角变形现象。

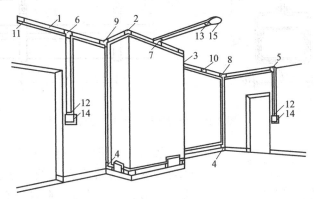

图 3-16　塑料线槽的配线示意图

1—直线线槽；2—阳角；3—阴角；4—直转角；5—平转角；6—平三通；

7—顶三通；8—左三通；9—右三通；10—连接头；11—终端头；

12—开关盒插口；13—灯位盒插口；14—开关盒及盖板；15—灯位盒及盖板

金属线槽多由厚度为 1～2.5mm 的钢板制成，一般适用于正常环境（干燥和不易受机械损伤）的室内场所明敷设。其中具有槽盖的封闭式金属线槽，具有与金属管相当的耐火性能，可用在建筑物顶棚内敷设。金属线槽在墙上安装时，可根据线槽的宽度采用 1 个或 2 个塑料胀管配合木螺钉并列固定。一般线槽的宽度 $b<100mm$ 时，采用一个胀管固定；线槽宽度 $b>100mm$ 时，采用 2 个胀管并列固定，如图 3-17 所示。每节线槽的固定点不应少于 2 个，固定点间距一般为 500mm，线槽在转角、分支处和端部应有固定点。金属线槽还可采用吊架、支架等进行固定架设，如图 3-18、图 3-19 所示。

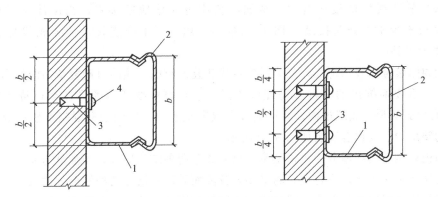

图 3-17　金属线槽在墙上安装

1—金属线槽；2—槽盖；3—塑料胀管；4—半圆头木螺钉

金属线槽的连接应无间断，直线段连接应采用连接板，用垫圈、螺栓、螺母紧固，且螺母应在线槽外侧。连接处间隙应严密、平直、无扭曲变形。在线槽的两个固定点之

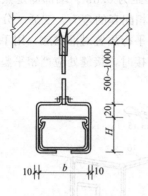
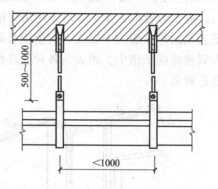

图 3-18　金属线槽在吊架上安装

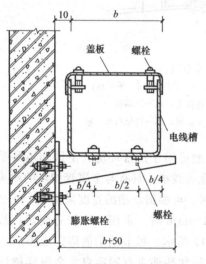

图 3-19　金属线槽在支架上安装

间，线槽的直线段连接点只允许有一个。线槽进行转角、分支以及与盒（箱）连接时应采用配套弯头、二通、三通等专用附件。金属线槽在穿过墙壁或楼板处不得进行连接，穿过建筑物变形缝处应装设补偿装置。

线槽内导线敷设，不应出现挤压、扭结、损伤绝缘等现象，应将放好的导线按回路（或按系统）整理成束，并用尼龙绳绑扎成捆，分层排放在线槽内，做好永久性编号标志。线槽内导线的规格和数量应符合设计规定；当设计无规定时，导线总截面积包括绝缘层在内不应大于线槽截面积的 60%。在盖板可拆卸的线槽内，导线接头处所有导线截面积之和（包括绝缘层），不应大于线槽截面积的 75%；在盖板不易拆卸的线槽内，导线的接头应置于线槽的接线盒内。金属线槽应可靠接地或接零，当设计无要求时，金属线槽全长不少于 2 处与接地（PE）或接零（PEN）干线连接，但金属线槽不可作为设备的接地导体。

地面内暗装金属线槽配线，是为适应现代化建筑物电气线路日趋复杂而配线出口位置又多变的实际需要而推出的一种新型配线方式。它是将电线或电缆穿在经过特制的壁厚为 2mm 的封闭式矩形金属线槽内，直接敷设在混凝土地面、现浇钢筋混凝土楼板或预制混凝土楼板的垫层内，其组合安装如图 3-20 所示。

地面内暗装金属线槽分为单槽型及双槽分离型两种结构形式，当强电与弱电线路同时敷设时，为防止电磁干扰，应将强、弱电线路分隔而采用双槽分离型线槽分槽敷设。地面内暗装金属线槽安装时应根据单线槽或双线槽不同结构形式，选择单压板或双压板与线槽组装并上好地脚螺栓，将组合好的线槽及支架，沿线路走向水平放置在地面或楼（地）面的抄平层或楼板的模板上，然后再进行线槽的连接。线槽连接应使用线槽连接头进行。线槽支架的设置，一般在直线段 1~1.2m 间隔或在线槽接头处、距分线盒 200mm 处。因地面内暗装金属线槽为矩形断面，不能进行线槽的弯曲加工，当遇有线路交叉、分支或弯曲转向时，必须安

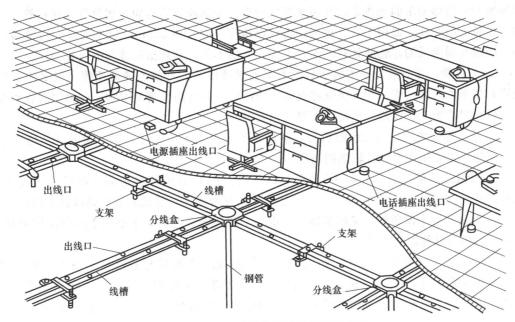

电源插座出线口

出线口
线槽
支架
分线盒
出线口
电话插座出线口
支架
钢管
线槽
分线盒

图 3-20 地面内暗装金属线槽组装示意图

装分线盒。线槽插入分线盒的长度不宜大于 10mm。当线槽直线长度超过 6m 时，为方便穿线也宜加装分线盒。

（4）卡钉护套配线 卡钉护套配线使用塑料卡钉来支持和固定导线，适用于干燥场所。常用塑料卡钉如图 3-21 所示。

（5）钢索配线 钢索配线是将导线悬吊在拉紧的钢索上的一种配线方法，适用于大跨度场所，特别是大跨度空间照明。钢索在墙上安装如图 3-22 所示。

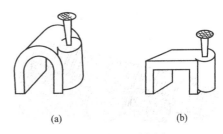

(a)　　　　　(b)

图 3-21 常用塑料卡钉

图 3-22 钢索在墙上安装示意图

（6）线管配线。线管配线是将导线穿在线管中，然后再明敷或暗敷在建筑物的各个位置。使用不同的管材，可以适用于各种场所，主要用于暗敷设。穿管常用的管材有两大类：金属管和塑料管。

① 金属管。金属钢管按管壁厚的不同，分为薄壁管和厚壁管。薄壁管也叫电线管，是专门用来穿电线的，其内外均已做过防腐处理。电线管不论管径大小，管壁厚度均为 1.6mm。厚壁管分为焊接钢管和水煤气钢管。焊接钢管的管壁厚度，接管径的不同分成 2.5mm 和 3mm 两种。水煤气钢管主要用于通水与煤气，管壁厚度随管径增加。厚壁管分为镀锌管和不镀锌黑管，黑管在使用前需先做防腐处理。在现场浇注的混凝土结构中主要使用厚壁钢管，而水煤气钢管则用于敷设在自然地面内和素混凝土地面中。在有轻腐蚀性气体

的场所和有防爆要求的场所必须使用水煤气钢管。金属波纹管也叫金属软管或蛇皮管，主要用于设备上的配线，或用于管、槽与设备的连接等。它是用 0.5mm 以上的双面镀锌薄钢带加工压边卷制而成的，轧缝处有的加石棉垫，有的不加，其规格尺寸与电线管相同。

② 塑料管。穿管敷设使用的塑料管有聚乙烯硬质管、聚氯乙烯硬质管、聚氯乙烯半硬质管和聚氯乙烯波纹管。为了保证建筑电气线路安装符合防火规范要求，各种塑料管均采用阻燃管，但防火工程线路一律使用水煤气钢管。

a. 聚乙烯硬质管。是灰色塑料管，强度较高。由于加工连接困难，目前建筑施工中已很少使用，主要用在腐蚀性较强的场所。

b. 聚氯乙烯硬质管。也叫 PVC 管，白颜色。PVC 管绝缘性能好，耐腐蚀，抗冲击、抗拉强度、抗弯强度大（可以冷弯），不燃烧，附件种类多，是建筑物中暗敷设常用的管材。

c. 聚氯乙烯半硬质管。又叫流体管。由于半硬质管易弯曲，主要用于砖混结构中开关、灯具、插座等处线路的敷设。

d. 聚氯乙烯波纹管。也叫可挠管，波纹管的抗压性和易弯曲性比半硬质管好，许多工程中用来取代半硬质管，但波纹管比半硬质管薄，易破损。另外，由于管上有波纹，穿线的阻力较大。聚氯乙烯波纹管外形示意图如图 3-23 所示，其暗敷设示意图如图 3-24 所示。

图 3-23　聚氯乙烯波纹管

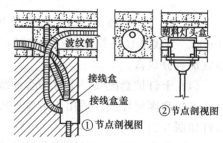

图 3-24　聚氯乙烯波纹管暗敷设

③ 普利卡金属套管。普利卡金属套管是电线电缆保护套管的更新换代产品，其种类很多，但其基本结构类似，都是由镀锌钢带卷绕成螺纹状，属于可挠性金属套管。它具有搬运方便、施工容易等特点，可用于各种场合的明、暗敷设和现浇混凝土内的暗敷设。

四、管子敷设及管内配线一般规则

管子敷设俗称配管，配管分为明配管和暗配管。所谓明配管就是把管子敷设于墙壁、桁架、柱子等建筑结构的表面，要求横平竖直、整齐美观、固定牢靠。暗配管就是把管子敷设于墙壁、地坪、楼板等内部，要求管路短、弯头少、不外露。管子敷设工序如下。

1. 管子加工

配管之前首先按照施工图纸要求选择好管子，再根据现场实际情况进行必要的加工。

（1）除锈涂刷防腐漆　若使用黑铁管则要对管子内、外壁除锈，刷防腐漆。镀锌管则不需要。

（2）切割套螺纹　配管时要根据实际需要长度，将管子切割、套螺纹，以便连接。

管子的切割通常使用钢锯、管子割刀或电动切割机。严禁使用气割。切割的管口应光滑。使用厚壁钢管时，管子与管子的连接，管子与配电箱、接线盒的连接都需要在管子端部套螺纹。套螺纹方法多采用管子绞板或电动套丝机。不管采用何种方法，套螺纹完毕，都应随即清扫管口，将管口端面和内壁的毛刺用锉刀锉光，使管口保持光滑，以免穿线时割破导线绝缘。

（3）管子弯曲　管线改变方向是不可避免的，所以管子的弯曲是不可少的。钢管的弯曲方法多使用弯管器或电动弯管机。PVC管的弯曲可先将弯管专用弹簧插入管子的弯曲部分，然后进行弯曲，其目的是避免将管子弯扁。

管子弯曲半径的大小直接影响穿线的难易程度，因此，在弯曲管子时必须保证弯曲半径符合规范规定。即：明配管不宜小于管外径的6倍，当两个接线盒间只有一个弯曲时，其弯曲半径不宜小于管外径的4倍；暗配管不应小于管外径的6倍，当敷设于地下或混凝土内时，则不应小于管外径的10倍。

2. 管子的连接

（1）钢管的连接　当钢管采用螺纹连接（管接头连接）时，其管端螺纹长度不应小于管接头长度的1/2；连接后，其螺纹宜外露2～3扣。为保证管接口的严密性，管端螺纹部分可缠以聚四氟乙烯塑料带，用管钳子拧紧。当钢管采用套管连接时，套管长度宜为所连接钢管外径的1.5～3倍，管与管的对口处应位于套管的中心。套管采用焊接连接时，焊缝应牢固严密；采用紧定螺钉连接时，螺钉应拧紧；在振动场所，紧定螺钉应有防松动措施。镀锌钢管和薄壁钢管应采用螺纹连接和套管紧定螺钉连接，不应采用熔焊连接，禁止采用对头焊接，如图3-25所示。

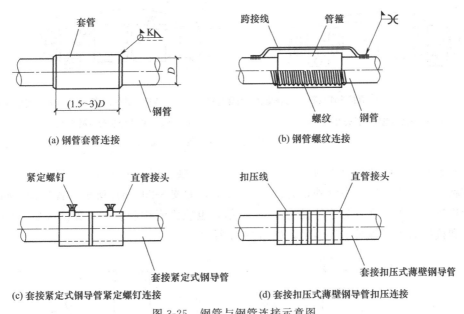

图3-25　钢管与钢管连接示意图

为保证钢管有良好的接地，当黑色钢管采用管接头连接时，连接处的两端应焊接跨接接地线（见图3-26），或采用专用接地线卡跨接。镀锌钢管或可挠金属电线保护管宜采用专用接地线卡跨接，不应采用熔焊连接。

（2）钢管与盒（箱）的连接　暗配的黑色钢管与盒（箱）连接可采用焊接连接，管口宜凸出盒（箱）内壁3～5mm，且焊后应补涂防腐漆；明配钢管或暗配的镀锌钢管与盒（箱）连接应采用锁紧螺母或护圈帽固定，用锁紧螺母固定的管端螺纹宜外露锁紧螺母2～3扣，如图3-27所示。

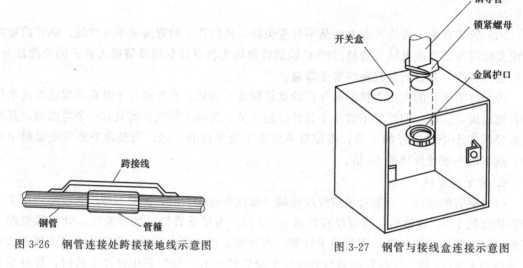

图 3-26　钢管连接处跨接接地线示意图

图 3-27　钢管与接线盒连接示意图

(3) 可挠金属管连接　可挠金属管的互接，应使用带有螺纹的专用接头进行，如图3-28所示。

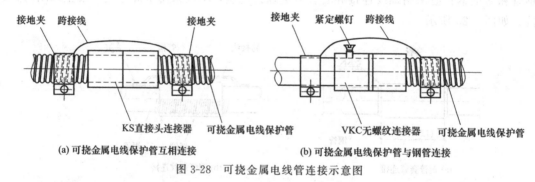

(a) 可挠金属电线保护管互相连接　　　**(b) 可挠金属电线保护管与钢管连接**

图 3-28　可挠金属电线管连接示意图

(4) 塑料管之间及塑料管与盒（箱）等器件的连接　应采用插入法，连接处结合面应涂专用胶粘剂，插入深度宜为管外径的 1.1~1.8 倍，如图3-29（a）所示。管与管之间也可采用套管连接，套管长度宜为管外径的 1.5~3 倍，也应涂专用胶黏剂，如图3-29（b）所示。塑料管和接线盒可用钢丝卡环固定，如图3-30所示。

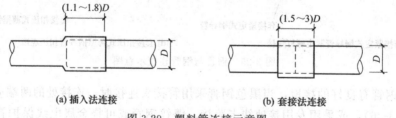

(a) 插入法连接　　　　　**(b) 套接法连接**

图 3-29　塑料管连接示意图

3. 管子敷设

管子明敷设多数是沿墙、柱及各种构架的表面用管卡固定，其安装固定可用塑料胀管、膨胀螺栓或角钢支架。固定点与终端、转弯中心、电器或接线盒边缘的距离视管子规格宜为 150~500mm。

图 3-30 塑料管和接线盒用钢丝卡环固定
1—锯口；2—钢丝卡环

暗配管的关键是保证埋入建筑物、构筑物内的电线保护管，与建筑物、构筑物表面的距离不小于 15mm。进入落地式配电箱的管子应排列整齐，管口宜高出配电箱基础面 50～80mm。埋于地坪下的管路不宜穿过设备基础，在穿过建筑物基础时，应加保护套管保护。配至用电设备的管子，管口应高出地坪 200mm 以上。

配管时应注意根据管路的长度、弯头的多少等实际情况在管路中间适当设置接线盒或拉线盒，如图 3-31 所示。设置原则如下所述。

① 安装电器的部位应设置接线盒。

② 线路分支处或导线规格改变处应设置接线盒。

③ 水平敷设管路遇下列情况之一时，中间应增设接线盒或拉线盒，且接线盒或拉线盒的位置应便于穿线。

a. 管子长度每超过 30m，无弯曲。

b. 管子长度每超过 20m，有 1 个弯曲。

c. 管子长度每超过 15m，有 2 个弯曲。

d. 管子长度每超过 8m，有 3 个弯曲。

④ 垂直敷设的管路遇下列情况之一时，应增设固定导线用的拉线盒。

a. 导线截面积 50mm^2 及以下，长度每超过 30m。

b. 导线截面积 70～95mm^2，长度每超过 20m。

c. 导线截面积 120～240mm^2 导线，长度每超过 18m。

⑤ 管子通过建筑物变形缝处应增设接线盒作补偿装置。

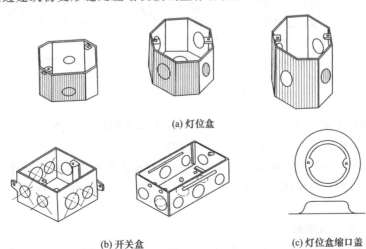

(a) 灯位盒

(b) 开关盒   (c) 灯位盒缩口盖

图 3-31 各种接线盒

4. 管内穿线

管内穿线工艺流程：扫管→穿带线→放线与断线（注意预留）→导线与带线绑扎→管内穿线→绝缘遥测（测量绝缘电阻能否达到设计要求）。

管子配线一般规定：

① 管子规格的选择应根据管内所穿导线的根数和截面积决定，一般规定管内导线的总截面积（包括外护层）不应超过管子内空截面积的 40%。

② 接线盒内导线应留有余量，长度宜为 150mm。

③ 接设备及电气装置处导线应有预留，预留长度与电气装置尺寸有关。

④ 穿线时应严格按照规范规定进行，不同回路、不同电压等级、交流与直流的导线不得穿入同一根管内。

⑤ 穿入保护管内的导线，在任何情况下都不能有接头，必须接头时，应把接头置于接线盒、开关盒或灯头盒内。

⑥ 爆炸危险环境照明线路的电线和电缆额定电压不得低于 750V，且电线必须穿于钢导管内。

五、电缆桥架安装和桥架内电缆敷设

所谓电缆桥架，根据《电控配电用电缆桥架》（JB/T 10216—2013）所下定义是：由托盘或梯架的直线段、弯通、组件以及托臂（臂式支架）、吊架等构成具有密接支撑电缆的刚性结构系统之全称。电缆桥架的直线段如图 3-32 所示。

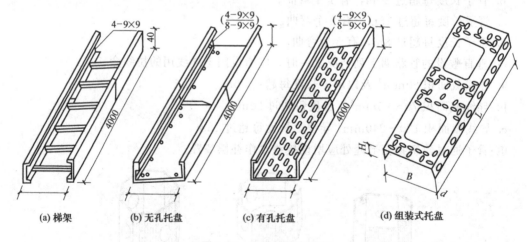

图 3-32　电缆桥架直线段

组装式托盘是由适于工程现场任意组合的有孔部件用螺栓或插接方式连接成托盘的部件；有孔托盘是由带孔眼的底板和侧边所构成的槽形部件，或由整块钢板冲孔后弯制成的部件；无孔托盘是由底板和侧边构成的或由整块钢板冲孔后弯制成的槽形部件；梯架是由侧边与若干个横档构成的梯形部件，它适用于一般直径较大电缆的敷设，特别适用于高、低压动力电缆的敷设。

1. 电缆桥架支、吊架的安装

电缆桥架主要靠支、吊架做固定支撑。在决定支、吊形式和支撑距离时，应符合设计的

规定，当设计无明确规定时，也可按照生产厂家提供的产品特性数据确定。电缆桥架水平敷设时，支撑跨距一般为 1.5～3m；垂直敷设时，固定点间距不宜大于 2m。当桥架弯通弯曲半径不大于 300mm 时，应在距弯曲段与直线段结合处 300～600mm 的直线段侧设置一个支吊架；当弯曲半径大于 300mm 时，还应在弯通中部增设一个支吊架。

电缆桥架的伸缩缝或软连接处需采用编织铜软线连接；多层桥架时，应将每层桥架的端部用 16mm² 的软铜线并联连接起来，再与总接地干线相通。长距离的电缆桥架每隔 30～50m 接地一次。

2. 桥架安装

电缆桥架的安装主要有沿顶板安装、沿墙水平和垂直安装、沿竖井安装、沿地面安装、沿电缆沟及管道支架安装等。具体安装要求如下：

① 直线段电缆桥架安装时，桥架应采用专用的连接板进行连接，在电缆桥架的外侧用螺母固定，连接处缝隙应平齐，并加平垫、弹簧垫。

② 电缆桥架在十字交叉、丁字交叉处连接时，应采用水平四通、水平三通、垂直三通、垂直四通进行变通连接，并在连接处的两端增加吊架或支架进行加固处理。

③ 电缆桥架在转弯处应采用相应的弯通进行连接，并增加吊架或支架进行加固处理。

④ 穿越楼板、隔墙处应做防火堵洞。

⑤ 从地面起至 1800mm 处设置保护盖板。

⑥ 水平敷设电缆距地高度不小于 2500mm。

3. 桥架内电缆的敷设

在桥架内电力电缆的总截面积（包括外护层）不应大于桥架有效横断面的 40%，控制电缆不应大于 50%。为保障电缆线路安全运行和避免相互间的干扰和影响，下列不同电压、不同用途的电缆，不宜敷设在同一层桥架上。以下四种情况若受条件限制需要安装在同一层桥架上时，则须用隔板隔开：1kV 以上和 1kV 以下的电缆；同一路径向一级负荷供电的双路电源电缆；应急照明和其他照明的电缆；强电和弱电电缆。

六、竖井内配线

在高层及超高层的民用建筑中，电气垂直供电线路常采用竖井。因为高层建筑层数多，低压供电距离长，供电负荷大，为了减少线路电压损失及电能损耗，干线截面积都比较大。因此，干线一般不能暗敷在墙壁内，而是敷设在专用的电缆竖井里，并利用电缆竖井作为各层的配电小间，层配电箱均设在此处，如图 3-33 所示。

电气竖井应将强电与弱电分别设置，如条件不允许，也可将强电与弱电分侧设立。在竖井内敷设线路，有梯形托架、分隔式线槽以及封闭式母线的垂直敷设，也有穿线管的垂直、水平明敷。竖井中电缆桥架安装可参照图 3-34。

高层建筑垂直供电干线和层配电箱的分支连接是一个比较难解决的问题，特别是干线采用电力电缆时，每一层都要做分支接头，这在施工现场是难以做到的。自预制分支电力电缆出现之后，就免去了现场制作电缆头的麻烦。预制分支电力电缆的电缆接头是在工厂一次预制成形的，图 3-35 为预制分支电力电缆的电缆接头的外形图，包括主干电缆、连接件、分支电缆。预制分支电力电缆在竖井内的安装可参见图 3-36。由于预制分支电力电缆需要工厂定做，因此，电缆订货选型时，需要向生产厂家提供以下资料（或

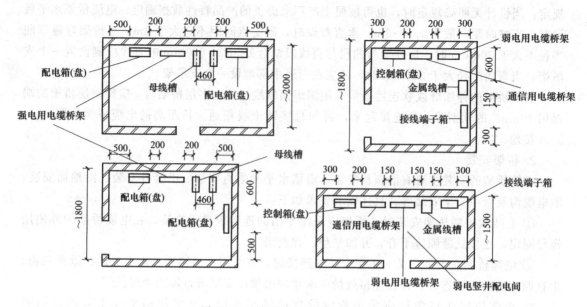

图 3-33　电气竖井配电设备布置方案

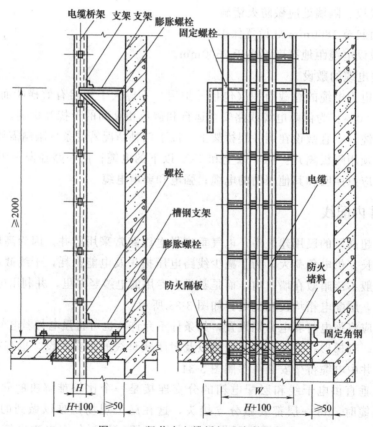

图 3-34　竖井内电缆桥架垂直敷设

工厂派人到现场实际勘察）：主干电缆和分支电缆的规格与长度、建筑物楼层层高和用电点（层配电箱）的位置等。

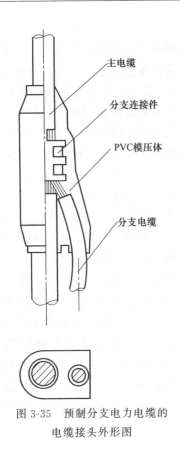

图 3-35 预制分支电力电缆的
电缆接头外形图

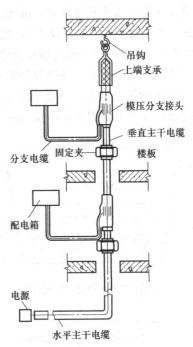

图 3-36 预制分支电力电缆在竖井
内的安装

第四节 线路入户方式

一、架空引入

接户线是由室外电杆上将电线引至建筑物外墙横担绝缘子上；进户线是从绝缘子至防水弯头到总配电箱。导线架设规定：接户线档距不应大于 25m；超过 25m，应设接户电杆；低压接户杆档距不应超过 40m；沿墙敷设的接户线档距不应大于 6m。接户线在最大弛度情况下对地面垂直距离：跨越通车街道不得低于 6m；通车困难的街道、人行道不得低于 3.5m；胡同、弄、巷不得低于 3m；进户点对地距离不宜低于 2.5m，若低于时，加接户杆，且导线穿管敷设。进户管应在接户线支持横担正下方，垂直距离为 250mm。进户管伸出建筑物外墙不应小于 150mm，且应加防水弯头。进户线预留长度 2.5 m。

二、电缆敷设

与架空线路相比，埋设于土壤或室内、沟道、隧道内，不用杆塔，占地少，整齐美观；受气候条件和环境影响小，传输性能稳定，维护量较少，安全可靠性能较高；可敷设在水中，也可敷设于潮湿、有火灾危险和化学腐蚀的场所。缺点是投资费用高；敷设后不易变动；故障巡测困难，检修费时；电缆头制作工艺复杂。

1. 直接埋地敷设

电缆直埋是指沿已确定的电缆线路挖掘沟道，将电缆埋在挖好的地下沟道内。因电缆直接埋设在地下不需要其他设施，故施工简单，成本低，电缆的散热性能好。一般沿同一路径敷设的电缆根数较少（8根以下），敷设的距离较长时多采用此法。开挖电缆沟，断面为梯形（见图3-37），一般土质沟顶比沟底宽200mm；深度：电缆表面距地面距离不小于0.7m；宽度：取决于电缆的根数与散热间距，定额中尺寸：1~2根电缆沟断面0.6mm×0.4mm×0.9mm；每增加一根电缆宽度增加170mm。电缆接头的两端，以及引入建筑物、引上电杆处，均需挖有储放备用电缆的预留坑。

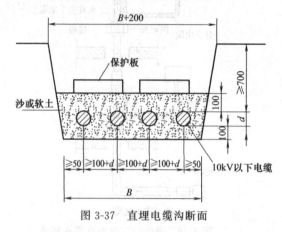

图3-37 直埋电缆沟断面

2. 埋设电缆保护管

有些情况下直接埋地敷设的电缆要穿保护管，如：与铁路、公路、城市街道、厂区道路等交叉处；引入或引出建筑物、隧道处；穿越墙壁、楼板处；从沟中引至电杆（埋入地中不小于100mm）；沿墙表面、设备及室内行人容易接近的地方而距地高度在2m以下的一段；可能受到机械损伤的地方。所穿保护管的内径与电缆外径之比不小于1.5，钢管连接不宜对焊，应用套管螺纹或短管套接，长度不应小于电缆外径的2.2倍。

定额规定的需要增加的保护管长度：

① 横穿道路，按路基宽度两端各增加2m；

② 垂直敷设时，管口距地面增加2m；

③ 穿过建筑物外墙时，按基础外缘以外增加1m；

④ 穿过排水沟时，按沟壁外缘以外增加1m。

保护管沟深无施工图时，沟深0.9m，沟宽按最外边的保护管两侧边缘外各增加0.3m的工作面计算。

3. 电缆的敷设

施放时应使电缆呈波浪形，因弛度、波形弯度、交叉而增加的附加长度为电缆全长的2.5%；电缆的上、下部应铺不小于100mm厚的软土或沙层，沙上部覆盖宽度应超过电缆两侧各50mm的保护板；保护管伸出散水坡不应小于250mm。

4. 电缆终端头

电缆两端与电气设备连接处应设置终端头，常用的有热缩型、干包型电缆头。线路长度超过电缆长度或电缆分支时，应设置中间头，一般为200~500m。图3-38为0.6/1kV及以下电压等级的交联聚乙烯绝缘电缆或聚氯乙烯绝缘电缆的电缆头的制作安装方法。终端头所需材料应由厂家配套供给。

三、电缆的其他敷设方式

1. 室外电缆沟敷设

电缆沟是按设计要求开挖并砌筑，沟的侧壁焊接承力角钢架并按要求接地，上面盖以盖

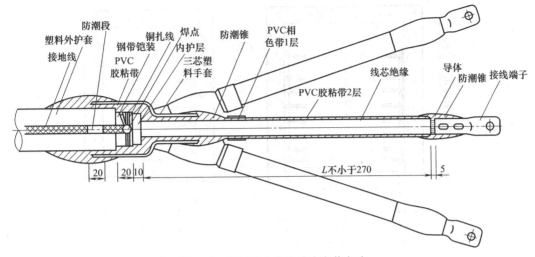

图 3-38　热缩型电缆终端头安装方法

板的地下沟道。它的用途就是作为敷设电缆的地下专用通道，如图 3-39 所示。

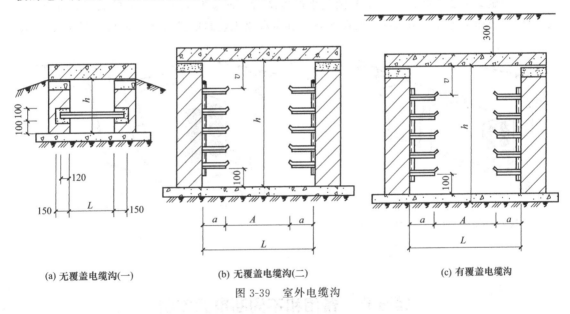

(a) 无覆盖电缆沟(一)　　　(b) 无覆盖电缆沟(二)　　　(c) 有覆盖电缆沟

图 3-39　室外电缆沟

2. 电缆隧道敷设

电缆隧道容纳电缆数量较多、有供安装和巡视的通道、全封闭型的地下构筑物，适用于地下水位低、电缆线路较集中的电力主干线。电缆隧道敷设和电缆沟敷设基本相同，只是电缆隧道所容纳的电缆根数更多（一般在 18 根以上）。电缆隧道净高不应低于 1.9m，其底部处理与电缆沟底部相同，做成坡度不小于 0.5% 的排水沟，四壁应做严格的防水处理，如图 3-40 所示。

3. 水泥排管敷设

水泥排管又名电缆管、电力电缆管、水泥电缆管。排管的突出特点是强度高、摩擦阻力小，比普通管强度高 40%，管体的抗折荷载≥12000N，外压荷载≥15000N，可用于各种级别的道路敷设使用。内壁与电缆的摩擦阻力小是电力排管的最突出优点，其摩擦系数＜

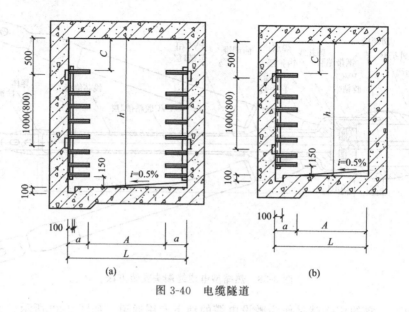

图 3-40 电缆隧道

0.35，明显低于玻璃钢、PVC 等其他类别的电缆管。通缆时减少了工井的数量，降低了工程造价，增加了电缆牵引长度。混凝土排管和带混凝土包封的排管如图 3-41、图 3-42 所示。

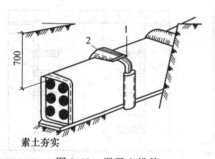

图 3-41 混凝土排管

1—接口缝隙；2—1：3 水泥砂浆缠纸条

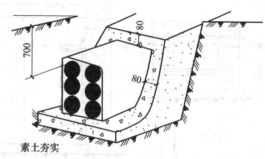

图 3-42 带混凝土包封的排管

第五节 备用和不间断电源安装

一、常用备用电源

1. 不间断电源（UPS）

不间断电源是低压交流型的装置，平时由低压 380/220V 经整流滤波后，再向蓄电池充电，储蓄电能；交流停电时，经逆变器又将蓄电池中的直流电变成交流电供用户用电，它的供电对象是交流连续静止的设备。

2. 蓄电池组

蓄电池组主要适用于高压配电的直流操作电源、建筑内部电话机房电话交换机的备用电源，以及重要场所照明等。

在民用建筑中，目前基本上都是采用浮充式的镍镉电池产品。它由交流供电部分、整流滤波部分、浮充的镍镉电池部分组成。正常时，由整流器直接供用户用电，交流停止供电时，自动转成由镍镉电池向用户供电。

3. 柴油发电机组

柴油发电机组大部分用在高层或大面积建筑群中作自备应急电源，以保证一级负荷中特别重要负荷的连续供电。

柴油发电机组应选用 Y 形接线绕组，中性点直接接地系统。机组中心点可直接与建筑物内综合接地装置相连。柴油发电机的安装位置，一般仅供特别重要负荷时，应靠近负荷中心；供消防、特别重要用户及重要用户时，应靠近变配电所。机房宜设在裙房及主楼底层，且应避开主要出入口；不应设在厕所、浴室、水池的下方，或与水池相邻。

二、不间断电源安装

不间断电源装置的安装应符合以下规定：

① 不间断电源的整流装置、逆变装置和静态开关装置的规格、型号必须符合设计要求。内部接线连接正确，紧固件齐全，可靠不松动，焊接连接无脱落现象。安放不间断电源的机架组装应横平竖直，水平度、垂直度允许偏差不应大于 1.5%，紧固件齐全。

② 引入或引出不间断电源装置的主回路电线、电缆和控制电线、电缆应分别穿保护管敷设，在电缆支架上平行敷设时应保持 150mm 的距离；电线、电缆的屏蔽护套接地连接可靠，与接地干线就近连接，紧固件齐全。装置间连线的线间、线对地间绝缘电阻值应大于 0.5MΩ。

③ 不间断电源输出端的中性线（N 极），必须与由接地装置直接引来的接地干线相连接，做重复接地。装置的可接近裸露导体应接地（PE）或接零（PEN）可靠，且有标识。

④ 不间断电源的输入、输出各级保护系统和输出的电压稳定性、波形畸变系数、频率、相位、静态开关的动作等各项技术性能指标试验调整必须符合产品技术文件要求，且符合设计文件要求。

⑤ 不间断电源正常运行时产生的 A 声级噪声，不应大于 45dB；输出额定电流为 5A 及以下的小型不间断电源噪声，不应大于 30dB。

三、柴油发电机组安装

柴油发电机组安装应符合下列规定：

① 发电机组随带的控制柜接线应正确，紧固件紧固状态良好，无遗漏脱落。开关、保护装置的型号、规格正确，验证出厂试验的锁定标记应无位移，有位移应重新按制造厂要求试验标定。

② 发电机本体和机械部分的可接近裸露导体应可靠接地或接零，且有标识。发电机中性线应与接地干线直接连接，螺栓防松零件齐全。

③ 发电机组至低压配电柜馈电线路的相间、相对地间的绝缘电阻值应大于 0.5MΩ；塑料绝缘电缆馈电线路直流耐压试验为 2.4kV，时间 15min，泄漏电流稳定，无击穿现象。

④ 柴油发电机馈电线路连接后，两端的相序必须与原供电系统的相序一致。

⑤ 受电侧低压配电柜的开关设备、自动或手动切换装置和保护装置等试验合格，应按设计的自备电源使用分配预案进行负荷试验，机组连续运行 12h 无故障。

第六节 电气照明工程图实例

某办公实验楼是一幢两层楼带地下室的平顶楼房。图 3-43、图 3-44 和图 3-45 分别为该楼照明配电系统图、一层照明平面图和二层照明平面图，并附有施工说明。

施工说明如下。

① 电源为三相四线 380/220V，进户导线采用 BLV-500-4×16mm²，自室外架空线路引来，室外埋设接地极引出接地线作为 PE 线随电源引入室内。

② 化学实验室、危险品仓库按爆炸性气体环境分区为 2 区，导线采用 BV-500-2.5mm²。

③ 一层配线：三相插座电源导线采用 BV-500-4×2.5mm²，穿直径为 20mm 普通水煤气管埋地暗敷；化学实验室和危险品仓库为普通水煤气管明敷设；其余房间为 PVC 硬质塑料管暗敷设，导线采用 BV-500-2.5mm²。

二层配线：为 PVC 硬质塑料管暗敷，导线用 BV-500-2.5mm²。楼梯：均采用 PVC 硬质塑料管暗敷。

④ 灯具代号说明：G—隔爆灯；J—半圆球吸顶灯；H—花灯；F—防水防尘灯；B—壁灯；Y—荧光灯。

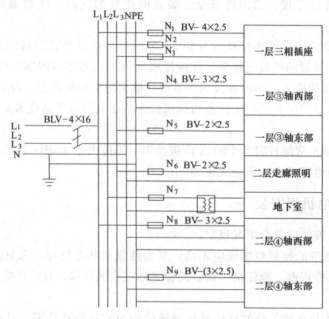

图 3-43 某办公实验楼照明配电系统图

一、阅读系统图

按阅读工程图的一般顺序，首先阅读办公实验楼照明配电系统图可知：该照明工程电源由室外低压配电线路引来，三相四线制。中性线（N）和接地保护线（PE）分开单独敷设。接户线所用导线为 BLV-4×16mm²。进入配电箱后，配出 9 条支路（N₁～N₉）。其中 N₁、

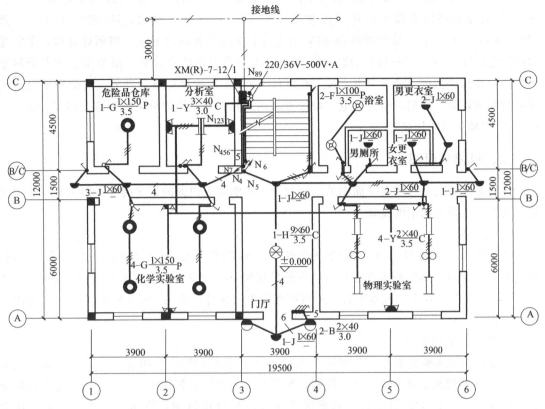

图 3-44　某办公实验楼一层照明平面图

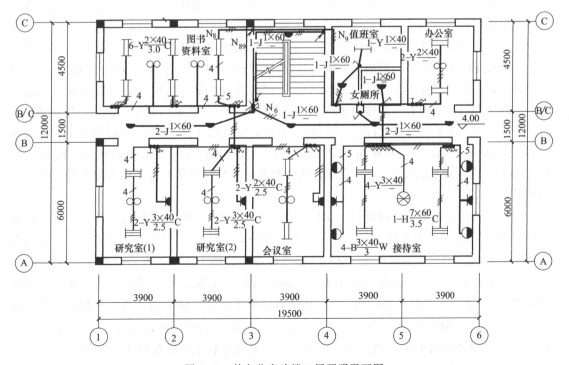

图 3-45　某办公实验楼二层照明平面图

N_2、N_3 同时向一层三相插座供电；N_4 向一层③轴线西部的室内照明灯具及走廊灯供电；N_5 向一层③轴线以东部分的照明灯供电；N_6 向二层走廊灯供电；N_7 引向干式变压器（220/36V-500V·A），变压器次级 36V 出线引下穿过楼板向地下室内照明灯具和地下室楼梯灯供电；N_8、N_9 支路引向二楼，N_8 为二层④轴线西部的会议室、研究室、图书资料室内的照明灯具、吊扇、插座供电；N_9 为二层④轴线东部的接待室、办公室、值班室及女厕所内的照明灯具、吊扇、插座供电。设计考虑到三相负荷应均匀分配的原则，尽量使得 L_1、L_2、L_3 三相负荷比较接近。

二、阅读平面图

根据阅读建筑电气照明平面图的一般规律，按电流入户方向依次阅读，即进户线～配电箱～支路～支路上的用电设备。

1. 进户线

从一层照明平面图知该工程进户点处于③轴线和Ⓒ轴线交叉处，进户线采用 4 根 16mm² 铝芯聚氯乙烯绝缘导线穿钢管自室外低压架空线路引至室内照明配电箱 [XM（R）-7-12/1]。室外埋设垂直接地体 3 根，用扁钢连接引出接地线作为 PE 线随电源线引入室内照明配电箱。

2. 照明设备的分布

一层：物理实验室装有 4 盏双管荧光灯，每个灯管 40W，采用链吊安装，安装高度为 3.5m，4 盏灯用两个暗装单极开关控制；另外有 2 个暗装三相插座，2 台吊扇。化学试验室有防爆要求，装有 4 盏隔爆灯，每盏装 1 个 150W 白炽灯泡，管吊式安装，安装高度为 3.5m，4 盏灯用 2 个防爆式单极开关控制；另外还装有密闭防爆三相插座 2 个。危险品仓库亦有防爆要求，装有一盏隔爆灯，灯泡功率为 150W，采用管吊式安装，安装高度为 3.5m，由 1 个防爆单极开关控制。分析室要求光色较好，装有 1 盏三管荧光灯，每支灯管功率为 40W，采用链吊式安装，安装高度为 3m，用 2 个暗装单极开关控制，另有暗装三相插座 2 个。由于浴室内水汽较多，较潮湿，所以装有 2 盏防水防尘灯，内装 100W 白炽灯泡，采用管吊式安装，安装高度为 3.5m，2 盏灯用 1 个单极开关控制。男厕所、男女更衣室、走廊及东、西出口门外都装有半圆球吸顶灯。一层门厅安装的灯具主要起装饰作用，厅内装有 1 盏花灯，装有 9 个 60W 白炽灯泡，采用链吊安装，安装高度为 3.5m。进门雨棚下安装 1 盏半圆球吸顶灯，内装 1 个 60W 灯泡，吸顶安装。大门两侧分别装有 1 盏壁灯，内装 2 个 40W 白炽灯泡，安装高度为 3m。花灯、壁灯和吸顶灯的控制开关均装在大门右侧，共 4 个单极开关。

二层：接待室安装了三种灯具。花灯一盏，装有 7 个 60W 白炽灯泡，链吊式安装，安装高度为 3.5m；3 管荧光灯 4 盏，灯管功率为 40W，采用吸顶安装；壁灯 4 盏，每盏装有 40W 白炽灯泡 3 个，安装高度为 3m；单相带接地孔的插座 2 个，暗装。总计 9 盏灯由 11 个单极开关控制。会议室装有双管荧光灯 2 盏，灯管功率为 40W，采用链吊安装，安装高度为 2.5m，由 2 个单极开关控制；另外还装有吊扇 1 台，带接地插孔的单相插座 1 个。研究室（1）、（2）分别装有 3 管荧光灯 2 盏，灯管功率 40W，链吊式安装，安装高度为 2.5m，均用 2 个单极开关控制；另有吊扇 1 台，单相带接地插孔插座 1 个。图书资料室装有双管荧光灯 6 盏，灯管功率为 40W，链吊式安装，安装高度为 3m；吊扇 2 台；6 盏荧光灯由 6 个单极开关分别控制。办公室装有双管荧光灯 2 盏，灯管功率为 40W，吸顶安装，各用 1 个单极开关控制；还装有吊扇 1 台。值班室装有 1 盏单管 40W 荧光灯，吸顶安装；还装有 1 盏半圆球吸顶灯，内装 1 个 60W 白炽灯泡；2 盏灯各自用 1 个单极开关控制。女厕所、走廊和楼梯均安装有半圆球吸顶灯，每盏 1 个 60W 的白炽灯泡，共 7 盏。楼梯灯采用两个双控开关分别在二楼和一楼控制。

3. 各配电支路连接情况

① N_1、N_2、N_3 支路组成一条三相回路，再加一根 PE 线，共 4 条线，引向一层的各个三相插座。导线在插座盒内作共头连接。

② N_4 支路的走向和连接情况。N_4、N_5、N_6 三根相线，共用一根零线，加上一根 PE 线（接防爆灯外壳）共 5 根线，由配电箱沿③轴线引出。其中 N_4 在③轴线和⑧ⓒ轴线交叉处的开关盒处与 N_5、N_6 分开，转引向一层西部的走廊和房间，其连接情况如图 3-46 所示。

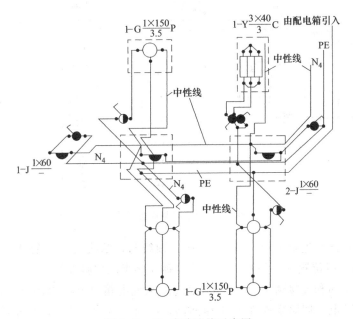

图 3-46 N_4 支路连接示意图

N_4 相线在③轴线与⑧ⓒ轴线交叉处接入一个暗装单极开关控制西部走廊内的两盏半圆球吸顶灯，同时往西引至西部走廊第一盏半圆球吸顶灯的灯头盒内，在此灯头盒内分成三路。第一路引至分析室门侧面的二联开关盒内，与两个开关相接，用这两个开关控制 3 管荧光灯的 3 支灯管：即 1 只开关控制 1 支灯管，1 个开关控制多支灯管于以实现开 1 支、2 支或 3 支灯管的任意选择。第二路引向化学实验室右边门侧防爆开关的开关盒内，这个开关控制化学实验室右边 2 盏隔爆灯。第三路向西引至走廊内第二盏半圆球吸顶灯的灯头盒内，在这个灯头盒内又分成三路，一路引向西头门灯；一路引向危险品仓库；一路引向化学实验室左侧门边防爆开关盒。

一零线在③轴线与⑧ⓒ轴线交叉处的开关盒内分支，其一路和 N_4 相线一起走，同时还有一根 PE 线，并和 N_4 相线同样在一层西部走廊两盏半圆球吸顶灯的灯头盒内分支；另一路随 N_5、N_6 引向东侧和引向二楼。

③ N$_5$ 支路的走向和连接情况。N$_5$ 相线在③轴线与⑧⑥轴线交叉处的开关盒内带一根零线转向东南引至一层走廊正中的半圆球吸顶灯，在灯头盒内分成三路：第一路引至楼梯口右侧开关盒，接开关；第二路引向门厅，直至大门右侧开关盒，作为门厅花灯及壁灯等的电源；第三路沿走廊引至男厕所门前半圆球吸顶灯灯头盒，再分支引向物理实验室、浴室和继续向东引至更衣室门前半圆球吸顶灯灯头盒；在此盒内再分支引向物理实验室、更衣室及东端门灯。N$_5$ 支路的走向和连接情况详见图 3-47。

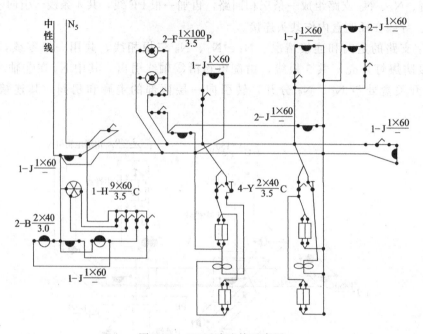

图 3-47　N$_5$ 回路连接示意图

④ N$_6$ 支路走向和连接情况。N$_6$ 相线在③轴线与⑧⑥轴线交叉处的开关盒内带一根零线垂直引向二楼相对应位置的开关盒，供二楼走廊 5 盏半圆球吸顶灯。

⑤ N$_7$ 支路走向和连接情况。N$_7$ 相线和零线从配电箱引出经 220/36V-500V·A 的干式变压器，将 220V 电压回路变成 36V 电压回路，该回路沿③轴线向南引至③轴线和⑧⑥轴线交叉处转引向下进入地下室。

⑥ N$_8$ 支路的走向和线路连接情况。N$_8$ 相线和零线，再加一根 PE 线，共三根线，穿 PVC 管由配电箱旁（③轴线和⑥轴线交叉处）引向二层，并穿墙进入西边图书资料室，向④轴线西部房间供电。N$_8$ 回路连接情况详见图 3-48。

⑦ N$_9$ 支路的走向和连接情况。N$_9$ 相线、零线和 PE 线共三根线同 N$_8$ 支路三根线一样引上二层后沿⑥轴线向东引至值班室门左侧开关盒，然后再引至办公室、接待室。具体连接情况见图 3-49。前面几条支路我们分析的顺序都是从开关到灯具，反过来也可以从灯具到开关阅读。例如图 3-45 接待室内标注着引向南边壁灯的是两根线，当然应该是开关线和零线。在暗装单相三孔插座至北边的一盏壁灯之间，线路上标注是 4 根线，因接插座必然有相线、零线、PE 线（三线接插座），另外一根则应是南边壁灯的开关线了。南边壁灯的零线则可从插座上的零线引一分支到壁灯就行了。北边壁灯与开关间标注的是 5 根线，这必定是相线、零线、PE 线（接插座）和两盏壁灯的两根开关线。

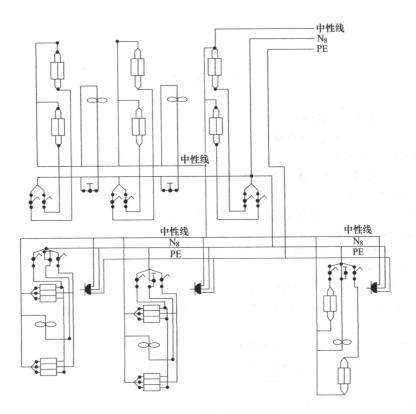

图 3-48 N_8 回路连接示意图

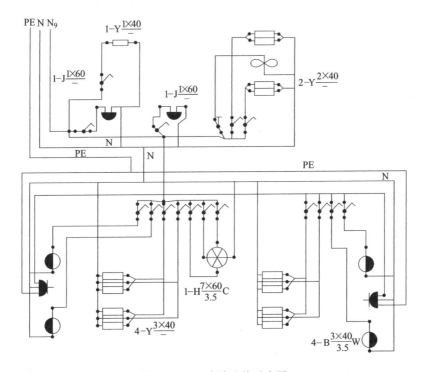

图 3-49 N_9 支路连接示意图

::: 思 考 题 :::

1. 动力、照明平面图的用途和特点是什么？

2. 阅读动力、照明平面图应注意哪些问题？

3. 常用电光源有哪些？

4. 灯具有哪些作用？按其安装方式划分有哪些类型？

5. 室内配线方式有哪些？

6. 何谓管子配线？何谓明配管和暗配管？其基本要求是什么？

7. 管子进行弯曲加工时，对弯曲半径是怎样要求的？

8. 配管时，设置接线盒的原则是什么？

9. 管内穿线有哪些要求和规定？

10. 动力、照明线路中插座有哪几种类型？它们的接线是怎样规定的？

11. 在照明工程中，当设计没有明确规定时，开关和插座的安装高度如何确定？

12. 电缆桥架安装及桥架内电缆敷设的要求。

13. 不间断电源装置安装应符合哪些要求？

14. 保护接零中，三孔插座的正确接法如何？

15. 在什么情况下应将电缆穿管保护？

16. 母线相序颜色是如何规定的？

17. 封闭插接母线安装有哪些要求？

18. 常用低压配电方式有几种？

第四章　建筑防雷接地工程

雷电是一种常见的自然现象，它能产生强烈的闪光、霹雳，有时落到地面上，击毁房屋、杀伤人畜，给人类带来极大危害。雷电灾害已被联合国列为"最严重的十种自然灾害之一"，被中国相关权威部门称作"电子时代的一大公害"。美国雷电安全协会统计，每年大约有 500 人遭雷击伤亡，雷电冲击导致计算机网络系统失效或损坏，平均每年约占全部故障的 70%，特别是随着我国建筑业的迅猛发展，高层建筑日益增多，如何防止雷电的危害，保证建筑物及设备、人身的安全，就显得更为重要了。

第一节　雷电的形成及雷击类型

一、雷电的形成

雷电是由"雷云"（带电的云层）之间或"雷云"对地面建筑物（包括大地）产生急剧放电的一种自然现象。雷电是发生在雷雨云中的电学现象，并且，也只有雷雨云才可能造成雷电。因此，雷雨云的存在就成了雷电发生的先决条件。在大多数情况下，雷雨云在产生雷电的同时，还伴随着降水，雷雨云在气象学里叫积雨云。只有发展成熟并伸展得很高的积雨云才有雷电现象出现。在发展成熟的积雨云里，正电荷集中在云的上部，负电荷集中在云的中下部，但在云的底部，还有一个范围不大的带正电荷的区域，这里上升气流有局部的极大值。云中电荷的产生和分布，与雷雨云形成的客观过程以及云中所发生的微物理过程有关。在雷雨云的不同部位，聚集了两种不同极性的电荷，当聚集的电荷达到一定的数量时，在云内不同部位之间或云与地面之间就形成了很强的电场。在上下气流的强烈撞击和摩擦下雷云中的电荷越聚越多，这样雷云与大地或建筑物之间也形成了强大的电场。这个电场的强度平均可以达到几千伏特/厘米，局部区域可以高达一万伏特/厘米。当雷云附近的电场强度达到足以使空气绝缘破坏时，空气便开始游离，变为导电的通道，不过这个导电的通道是由雷云逐步向地面发展的，这个过程叫先导放电。当先导放电的头部接近异性雷云电荷中心或地面感应电荷中心就开始进入放电的第二阶段，即主放电阶段。于是，在云与地面之间，或者云的不同部位之间，以及不同云块之间激发出耀眼的闪光，这就是闪电。人们经常看见的闪电形状是线状闪电或枝状闪电，它有耀眼的光线。整个闪电像横向或向下悬挂的枝杈纵横的树枝，又像地图上支流很多的河流。线状闪电多数是云对地的放电，它是对人类危害最大的一种闪电，雷电的产生如图 4-1 所示。

当雷电云层内部形成一个下行先导时，闪电电击便开始了。下行先导电荷以阶梯形式向地面移动。下行先导携带着的电荷使地面建立起来了电场，使地面上的建筑物或物体产生了一个上行的先导。此上行先导向上传播一直到与下行先导会合。此时，闪电电流便流过所形

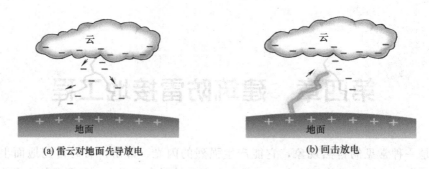

(a)雷云对地面先导放电　　　　　　(b)回击放电

图 4-1　雷电的产生

成的通道。地面上的其他建筑物可能会生成好几个上行先导。与下行先导会合的第一个上行先导决定了闪电电击的地点。雷云对地面建筑物的放电过程如图 4-2 所示。

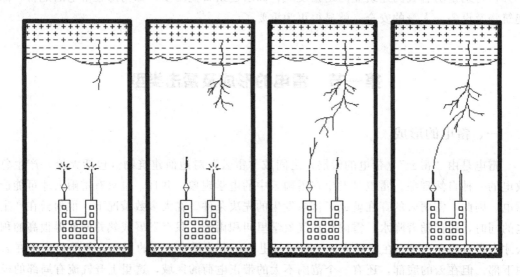

图 4-2　雷云对地面建筑物的放电过程

二、雷击类型

1. 直接雷击

雷云与大地之间直接通过建（构）筑物、电气设备或树木等放电称为直击雷。强大的雷电流通过被击物时产生大量的热量，而在短时内又不易散发出来，所以，凡雷电流流过的物体，金属被熔化，树木被烧焦，建筑物被炸裂。尤其是雷电流流过易燃易爆物体时，会引起火灾或爆炸，造成建筑物倒塌、设备毁坏及人身伤害的重大事故。直击雷的破坏作用最为严重。

2. 感应雷害

感应雷是由静电感应与电磁感应引起的。静电感应是当建筑物或电气设备上空有雷云时，这些物体上就会感应出与雷云等量而异性的束缚电荷。当雷云放电后或飘走后，虽然带电云层和建筑物之间的电场已经消失，但残留的电荷会形成很高的对地电位，这就是静电感应引起的过电压。电磁感应是雷电流在周围空间迅速形成强大而变化的电磁场，处在这电磁场中的物体，就会感应出较大的电动势和感应电流，这就是电磁感应引起的过电压。不论静电感应还是电磁感应所引起的过电压，都可能引起火花放电，造成火灾或爆炸，并危及人身安全。

3. 高电位引入

当雷云出现在架空线路上方时，线路上会因静电感应而聚集大量异性等量的束缚电荷，当雷云向其他地方放电后，线路上的束缚电荷被释放便成为自由电荷向线路两端行进，形成很高的过电压，在高压线路中，可高达几十万伏，在低压线路中也可达几万伏。这个高电压沿着架空线路、金属管道引入室内，均会造成室内用电设备或控制设备承受严重过电压而损坏，或引起火灾和人身伤害事故。

第二节　建筑物防雷等级划分及防雷措施

一、建筑物防雷等级划分

按《建筑物防雷设计规范》（GB 50057—2010）的规定，将建筑物防雷等级分为三类。

（1）在可能发生对地闪击的地区，遇下列情况之一时，应划为第一类防雷建筑物

① 凡制造、使用或储存火炸药及其制品的危险建筑物，因电火花而引起爆炸、爆轰，会造成巨大破坏和人身伤亡者。

② 具有 0 区或 20 区爆炸危险场所的建筑物。

③ 具有 1 区或 21 区爆炸危险场所的建筑物，因电火花而引起爆炸，会造成巨大破坏和人身伤亡者。

（2）在可能发生对地闪击的地区，遇下列情况之一时，应划为第二类防雷建筑物

① 国家级重点文物保护的建筑物。

② 国家级的会堂、办公建筑物、大型展览和博览建筑物、大型火车站和飞机场、国宾馆，国家级档案馆、大型城市的重要给水泵房等特别重要的建筑物。注：飞机场不含停放飞机的露天场所和跑道。

③ 国家级计算中心、国际通信枢纽等对国民经济有重要意义的建筑物。

④ 国家特级和甲级大型体育馆

⑤ 制造、使用或储存火炸药及其制品的危险建筑物，且电火花不易引起爆炸或不致造成巨大破坏和人身伤亡者。

⑥ 具有 1 区或 21 区爆炸危险场所的建筑物，且电火花不易引起爆炸或不致造成巨大破坏和人身伤亡者。

⑦ 具有 2 区或 22 区爆炸危险场所的建筑物。

⑧ 有爆炸危险的露天钢质封闭气罐。

⑨ 预计雷击次数大于 0.05 次/a 的部、省级办公建筑物和其他重要或人员密集的公共建筑物以及火灾危险场所。

⑩ 预计雷击次数大于 0.25 次/a 的住宅、办公楼等一般性民用建筑物或一般性工业建筑物。

（3）在可能发生对地闪击的地区，遇下列情况之一时，应划为第三类防雷建筑物

① 省级重点文物保护的建筑物及省级档案馆。

② 预计雷击次数大于或等于 0.01 次/a，且小于或等于 0.05 次/a 的部、省级办公建筑物和其他重要或人员密集的公共建筑物，以及火灾危险场所。

③ 预计雷击次数大于或等于 0.05 次/a，且小于或等于 0.25 次/a 的住宅、办公楼等一般性民用建筑物或一般性工业建筑物。

④ 在平均雷暴日大于 15d/a 的地区，高度在 15m 及以上的烟囱、水塔等孤立的高耸建筑物；在平均雷暴日小于或等于 15d/a 的地区，高度在 20m 及以上的烟囱、水塔等孤立的高耸建筑物。

按发生火灾爆炸危险程度及危险物品状态，将火灾爆炸危险区域划分为以下几种。

0 区爆炸危险场所：指正常运行时连续出现或长时间出现爆炸性气体混合物的环境。

1 区爆炸危险场所：在正常运行时可能偶然出现爆炸性气体混合物的场所。

2 区爆炸危险场所：在正常情况下不可能出现而在不正常情况下偶尔出现爆炸性气体混合物的环境。

10 区爆炸危险场所：指正常运行时连续或长时间或短时间连续出现爆炸性粉尘、纤维的环境。

11 区爆炸危险场所：指正常运行时不出现，仅在不正常运行时偶尔出现爆炸性粉尘、纤维的环境。

20 区爆炸危险场所：以空气中可燃性粉尘云持续地或长期地或频繁短时存在于爆炸性环境中的场所。个人理解，因为可燃性粉尘的浓度处于爆炸下限和爆炸上限之间时，出现点火源，才会形成爆炸，所以这里强调是处于"爆炸性环境中"。

21 区爆炸危险场所：正常运行时，很可能偶然地以空气中可燃性粉尘云形式存在于爆炸性环境中的场所。

22 区爆炸危险场所：具有悬浮、堆积状的可燃粉尘或可燃纤维，虽不能形成爆炸混合物，但在数量和配置上能引起火灾的环境。

23 区爆炸危险场所：存在固体可燃物质，并在数量和配置上能引起火灾的环境。

二、建筑物防雷分区及易受雷击部位

1. 防雷分区的定义

由外到内，防雷分区（LPZS）被定义如下：

LPZ 0A——在建筑物外部，不受外部保护装置保护的区域。可能遭受直击雷，对雷电磁脉冲没有任何屏蔽防护。

LPZ 0B——在建筑物外部受外部防雷装置保护的区域。对雷电磁脉冲没有任何屏蔽防护。

LPZ 1——建筑物内部区域。有小部分雷电能量进入的可能性。

LPZ 2——建筑物内部区域。有低的浪涌过电压进入的可能性。

LPZ 3——建筑物（也可能是设备的金属外壳）内部区域。没有雷电磁脉冲产生的干扰，也没有浪涌过电压。

分区防雷理论的必要条件是正确安装等电位连接系统，然后在各分区之间安装电涌保护器作为补充，因而对于防雷来说，建立等电位连接系统同样重要。建筑物防雷分区如图 4-3 所示。

图 4-3 建筑物防雷分区

2. 建筑物易受雷击部位

建筑物的性质、结构以及建筑物所处位置等都对落雷有着很大影响，特别是建筑物屋顶坡度与雷击部位关系较大，如图 4-4 所示。

① 平屋顶或坡度不大于 1/10 的屋顶——檐角、女儿墙、屋檐。

② 坡度大于 1/10 且小于 1/2 的屋顶——屋角、屋脊、檐角、屋檐。

③ 坡度不小于 1/2 的屋顶——屋角、屋脊、檐角。

知道了建筑物易受雷击的部位，设计时就可对这些部位重点保护。

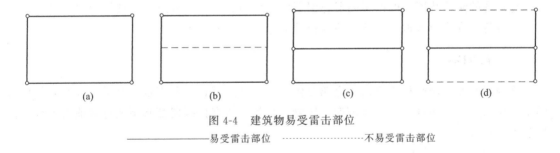

图 4-4 建筑物易受雷击部位

———————易受雷击部位 ·····················不易受雷击部位

三、建筑物防雷措施

1. 防直击雷的措施

防直击雷采取的措施是引导雷云对防雷装置放电，使雷电流迅速流入大地，从而保护建（构）筑物免受雷击。防直击雷的装置有避雷针、避雷带、避雷网、避雷线等。在建筑物屋顶易受雷击部位，应装设避雷针、避雷带、避雷网进行直击雷防护。如屋脊装有避雷带，而屋檐处于此避雷带的保护范围以内时，屋檐上可不装设避雷带。

2. **防雷电感应的措施**

防止由于雷电感应在建筑物上聚集电荷的方法是在建筑物上设置收集并泄放电荷的装置（如避雷带、网）。防止建筑物内金属物上雷电感应的方法是将金属设备、管道等金属物，通过接地装置与大地作可靠的连接，以便将雷电感应电荷迅即引入大地，避免雷害。

3. 防雷电波侵入的措施

防止雷电波沿供电线路侵入建筑物，行之有效的方法是安装避雷器将雷电波引入大地，以免危及电气设备。但对于有易燃易爆危险的建筑物，当避雷器放电时线路上仍有较高的残压要进入建筑物，还是不安全。对这种建筑物可采用地下电缆供电方式，这就根本上避免了过电压雷电波侵入的可能性，但这种供电方式费用较大。对于部分建筑物可以采用一段金属铠装电缆进线的保护方式，这种方式不能完全避免雷电波的侵入，但通过一段电缆后可以将雷电波的过电压限制到安全范围之内。

4. 防止雷电反击的措施

所谓反击，就是当防雷装置接受雷击时，在接闪器、引下线和接地体上都产生很高的电位，如果防雷装置与建筑物内外的电气设备、电线或其他金属管线之间的绝缘距离不够，它们之间就会发生放电，这种现象称为反击。反击也会造成电气设备绝缘破坏，金属管道烧穿，甚至引起火灾和爆炸。

防止反击的措施有两种。一种是将建筑物的金属物体（含钢筋）与防雷装置的接闪器、引下线分隔开，并且保持一定的距离。另一种是，当防雷装置不易与建筑物内的钢筋、金属管道分隔开时，则将建筑物内的金属管道系统，在其主干管道处与靠近的防雷装置相连接，有条件时，宜将建筑物每层的钢筋与所有的防雷引下线连接。

第三节　防雷装置的组成及安装

建筑物的防雷装置一般由接闪器、引下线和接地装置三部分组成，其作用原理是：将雷电引向自身并安全导入地中，从而使被保护的建筑物免遭雷击。

一、接闪器

接闪器是专门用来接受雷击的金属导体。通常有避雷针、避雷带、避雷网以及兼作接闪的金属屋面和金属构件（如金属烟囱，风管等）等。所有接闪器都必须经过接地引下线与接地装置相连接。

1. 避雷针

避雷针是安装在建筑物突出部位或独立装设的针形导体。它能对雷电场产生一个附加电场（这是由于雷云对避雷针产生静电感应引起的），使雷电场畸变，因而将雷云的放电通路吸引到避雷针本身，由它及与它相连的引下线和接地体将雷电流安全导入地中，从而保护了附近的建筑物和设备免受雷击。避雷针通常采用镀锌圆钢或镀锌钢管制成。当针长为 1m 以下时，圆钢直径≥12mm，钢管直径≥20mm；当针长为 1～2m 时，圆钢直径≥16mm，钢管直径≥25mm；烟囱顶上的避雷针，圆钢≥20mm。当避雷针较长时，针体则由针尖和不同直径的管段组成。针体的顶端均应加工成尖形，并用镀锌或搪锡等方法防止其锈蚀。它可以安装在电杆（支柱）、构架或建筑物上，下端经引下线与接地装置焊接，其安装注意事项如下。

① 建筑物上的避雷针和建筑物顶部的其他金属物体应连接成一个整体。

② 为了防止雷击避雷针时，雷电波沿电线传入室内，危及人身安全，所以不得在避雷

针构架上架设低压线路或通信线路。装有避雷针的构架上的照明灯电源线，必须采用直埋于地下的带金属护层的电缆或穿入金属管的导线。电缆护层或金属管必须接地，埋地长度应在10m以上，然后方可与配电装置的接地网相连或与电源线、低压配电装置相连。

③ 避雷针及其接地装置，应采取自下而上的施工程序。首先安装集中接地装置，后安装引下线，最后安装接闪器。

2. 避雷带和避雷网

避雷带就是用小截面圆钢或扁钢装于建筑物易遭雷击的部位，如屋脊、屋檐、屋角、女儿墙和山墙等的条形长带。避雷网相当于纵横交错的避雷带叠加在一起，形成多个网孔，既是接闪器，又是防感应雷的装置，因此是接近全部保护的方法，一般用于重要的建筑物。

明装避雷带（网）应采用镀锌圆钢或扁钢制成。圆钢直径不得小于8mm；扁钢截面积不得小于48mm²，厚度不得小于4mm；装设在烟囱顶端的避雷环，其截面积不得小于100mm²。圆钢或扁钢在使用前，应进行调直加工。将调直后的圆钢或扁钢，运到安装地点，提升到建筑物的顶部，顺直沿支座或支架的路径进行敷设，如图4-5所示是避雷带在屋面混凝土支座上的安装。沿女儿墙安装时，应使用支架固定；并应尽量随结构施工预埋支架。支架的支起高度不应小于150mm 。当条件受限制时，应在墙体施工时预留不小于100mm×100mm×100mm的孔洞，洞口的大小应里外一致。首先埋设直线段两端的支架，然后拉通线埋设中间支架，其转弯处支架应距转弯中点0.25～0.5m，直线段支架水平间距为1～1.5m，垂直间距为1.5～2m，且支架间距应平均分布。如图4-6所示是避雷带（网）在女儿墙上的安装。

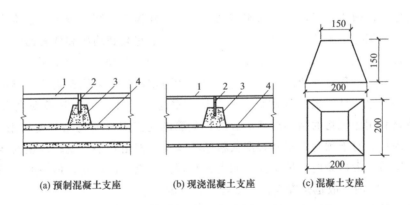

(a) 预制混凝土支座　　(b) 现浇混凝土支座　　(c) 混凝土支座

图4-5　避雷带在混凝土支座上安装

1—避雷带；2—支架；3—混凝土支座；4—屋面板

避雷带（网）在转角处应随建筑造型弯曲，一般不宜小于90°，弯曲半径不宜小于圆钢直径的10倍，或扁钢宽度的6倍，绝对不能弯成直角。避雷带通过建筑物伸缩沉降缝处，应将避雷带向侧面弯成半径为100mm的弧形，且支持卡子中心距建筑物边缘距离减至400mm，如图4-7所示。也可以将避雷带向下部弯曲，如图4-8所示。

暗装避雷网是利用建筑物内的钢筋作避雷网，暗装避雷网较明装避雷网美观，越来越被广泛利用，尤其是在工业厂房和高层建筑中应用较多。一种是用建筑物V形折板内钢筋作避雷网，一种是利用女儿墙压顶钢筋作暗装避雷带。

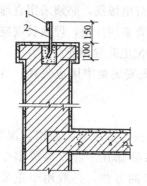

图 4-6 避雷带在女儿墙上安装
1—避雷带；2—支架

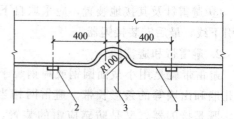

图 4-7 避雷带通过伸缩缝做法（一）
1—避雷带；2—支架；3—伸缩缝

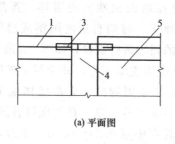

(a) 平面图

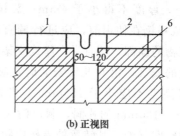

(b) 正视图

图 4-8 避雷带通过伸缩缝做法（二）
1—避雷带；2—支架；3—跨越扁钢；4—伸缩缝；5—屋面女儿墙；6—女儿墙

　　避雷网也可以做成笼式，即笼式避雷网，也可简称为避雷笼。避雷笼是笼罩着整个建筑物的金属笼。根据电学中的法拉第笼的原理，对于雷电它起到均压和屏蔽的作用，任凭接闪时笼网上出现高电压，笼内空间的电场强度为零，笼内各处电位相等，形成一个等电位体，因此笼内人身和设备都是安全的。我国高层建筑的防雷设计多采用避雷笼。避雷笼的特点是把整个建筑物的梁、柱、板、基础等主要结构钢筋连成一体，因此是最安全可靠的防雷措施。避雷笼是利用建筑物的结构配筋形成的，配筋的连接点只要按结构要求用钢丝绑扎的，就不必进行焊接。对于预制大板和现浇大板结构建筑，网格较小，是较理想的笼网；而框架结构建筑，则属于大格笼网，虽不如预制大板和现浇大板笼网严密，但一般民用建筑的柱间距离都在 7.5m 以内，故也是安全的，如图 4-9 所示。

　　对高层建筑物，一定要注意防备侧向雷击和采取等电位措施，应在建筑物首层起每三层设均压环一圈。当建筑物全部为钢筋混凝土结构时，即可将结构圈梁钢筋与柱内充当引下线的钢筋进行连接（绑扎或焊接）作为均压环。当建筑物为砖混结构但有钢筋混凝土组合柱和圈梁时，均压环做法同钢筋混凝土结构。没有组合柱和圈梁的建筑物，应每三层在建筑物外墙内敷设一圈 ϕ12mm 的镀锌圆钢作为均压环，并与防雷装置的所有引下线连接，如图 4-10 所示。

二、引下线

　　引下线是连接接闪器和接地装置的金属导体，将接闪器接收的雷电流引到接地装置。引下线有明敷设和暗敷设两种，一般采用圆钢或扁钢，宜优先采用圆钢。

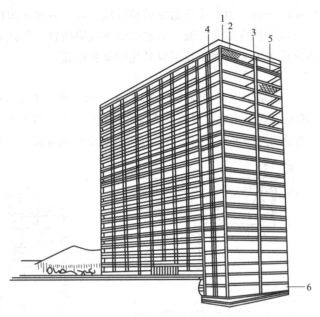

图 4-9 框架结构笼式避雷网示意图

1—女儿墙避雷带；2—屋面钢筋；3—柱内钢筋；

4—外墙板钢筋；5—楼板钢筋；6—基础钢筋

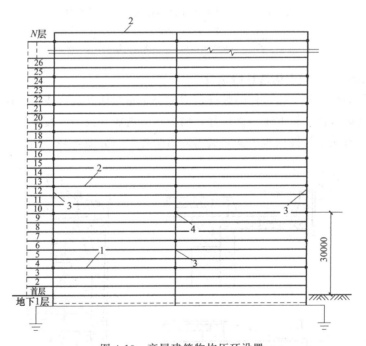

图 4-10 高层建筑物均压环设置

1—避雷带（均压环）；2—避雷带；3—引下线；4—引下线与均压环的连接处

1. 引下线的选择

采用圆钢时，直径不应小于 8mm；采用扁钢时，其截面积不应小于 48mm²，厚度不应小于 4mm。烟囱上安装的引下线，圆钢直径不应小于 12mm；扁钢截面积不应小于

$100mm^2$，厚度不应小于 $4mm$。引下线应沿建筑物外墙敷设，并经最短路径接地，建筑艺术要求较高者可暗敷，但截面积应加大一级。明敷的引下线应镀锌，焊接处应涂防腐漆，在腐蚀性较强的场所，还应适当加大截面积或采取其他的防腐措施。

2. 引下线明敷设

明敷引下线调直后，固定于埋设在墙体上的支持卡子内，固定方法可用螺栓、焊接或卡固等。引下线路径尽可能短而直，当通过屋面挑檐板等处，在不能直线引下而要拐弯时，不应构成锐角转折，应做成曲径较大的慢弯。引下线通过挑檐板和女儿墙做法，如图 4-11 所示。

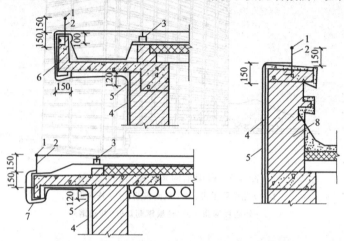

图 4-11 明装引下线经过挑檐板、女儿墙做法

1—避雷带；2—支架；3—混凝土支座；4—引下线；

5—固定卡子；6—现浇挑檐板；7—预制挑檐板；8—女儿墙

3. 引下线沿墙或混凝土构造柱暗敷设

引下线沿砖墙或混凝土构造柱暗敷设，应配合土建主体外墙（或构造柱）施工。将钢筋调直后先与接地体（或断接卡子）连接好，由下至上展放（或一段段连接）钢筋，敷设路径尽量短而直，可直接通过挑檐板或女儿墙与避雷带焊接，如图 4-12 所示。

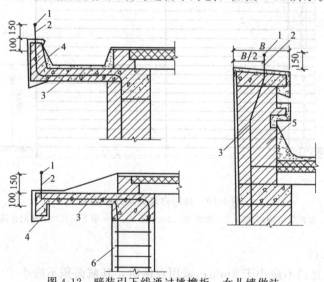

图 4-12 暗装引下线通过挑檐板、女儿墙做法

1—避雷带；2—支架；3—引下线；4—挑檐板；5—女儿墙；6—柱主筋

4. 利用建筑物钢筋作防雷引下线

防直击雷装置的引下线应优先利用建筑物钢筋混凝土中的钢筋，不仅可节约钢材，更重要的是比较安全。由于利用建筑物钢筋作引下线，是从上而下连成一体，因此不能设置断接卡子测试接地电阻值，需在柱（或剪力墙）内作为引下线的钢筋上，另焊一根圆钢引至柱（或墙）外侧的墙体上，在距护坡1.8m处，设置接地电阻测试箱。在建筑结构完成后，必须通过测试点测试接地电阻，若达不到设计要求，可在柱（或墙）外距地0.8~1m预留导体处加接外附人工接地体。

5. 断接卡子制作安装

断接卡子有明装和暗装两种，断接卡子可利用40mm×40mm或25mm×4mm的镀锌扁钢制作，断接卡子应用两根镀锌螺栓拧紧，如图4-13和图4-14所示。设置断接卡子是为了便于运行、维护和检测接地电阻。采用多根专设引下线时，为了便于测量接地电阻以及检查引下线、接地线的连接状况，宜在各引下线上于距地面0.3~1.8m之间设置断接卡。断接卡应有保护措施。

当利用混凝土内钢筋、钢柱等自然引下线并同时采用基础接地体时，可不设断接卡，但利用钢筋作引下线时应在室内外的适当地点设若干连接板，该连接板可供测量、接人工接地体和作等电位连接用。

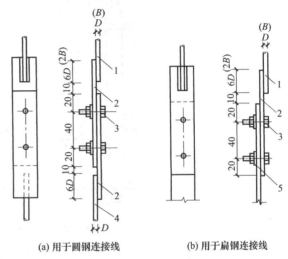

(a) 用于圆钢连接线　(b) 用于扁钢连接线

图 4-13　明装引下线断接卡子安装

D—圆钢直径；B—扁钢厚度；

1—圆钢引下线；2—连接板；3—镀锌螺栓；

4—圆钢接地极；5—扁钢接地极

当仅利用钢筋作引下线并采用埋于土壤中的人工接地体时，应在每根引下线上距地面不低于0.3m处设接地体连接板。

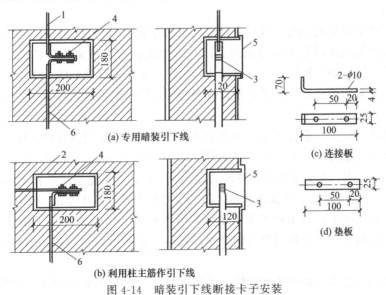

(a) 专用暗装引下线　(b) 利用柱主筋作引下线　(c) 连接板　(d) 垫板

图 4-14　暗装引下线断接卡子安装

1—专用引下线；2—引至柱主筋引下线；3—断接卡子；4—镀锌螺栓；5—断接卡子箱；6—接地线

6. 明装防雷引下线保护管敷设

明设引下线在断接卡子下部，应外套竹管、硬塑料管、角钢或开口钢管保护，以防止机械损伤。保护管深入地下不应小于300mm，如图4-15所示。防雷引下线不应套钢管，以免接闪时感应涡流和增加引下线的电感，影响雷电流的顺利导通，如必须外套钢管保护时，必须在钢保护管的上、下侧焊跨接线与引下线连接成一导电体。为避免接触电压，游人众多的建筑物，明装引下线的外围要加装饰护栏。

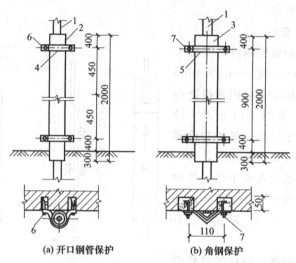

图 4-15　明装引下线保护管做法
1—明敷引下线；2—开口钢管；3—角钢；4—钢管卡子；5—卡子；6—塑料胀管；7—地脚螺栓

三、接地装置

接地装置是接地体（又称接地极）和接地线的总合。它的作用是把引下线引下的雷电流迅速流散到大地土壤中去。

1. 接地体

它是指埋入土壤中或混凝土基础中作散流用的金属导体。接地体分人工接地体和自然接地体两种。自然接地体即兼作接地用的直接与大地接触的各种金属构件，如建筑物的钢结构、行车钢轨、埋地的金属管道（可燃液体和可燃气体管道除外）等。人工接地体即是直接打入地下专作接地用的经加工的各种型钢或钢管等，按其敷设方式可分为垂直接地体和水平接地体。

（1）接地体的加工　垂直接地体多使用角钢或钢管，一般应按设计所提数量和规格进行加工。当设计无要求时，接地装置顶面埋设深度不应小于0.5m。角钢、钢管、铜棒、铜管等接地体应垂直配置。人工垂直接地体的长度为2.5m，人工垂直接地体之间的间距不宜小于5m。人工接地体与建筑物外墙或基础之间的水平距离不宜小于1m。为便于接地体垂直打入土中，应将打入地下的一端加工成尖形，其形状如图4-16所示。为了防止将钢管或角钢打劈，可用圆钢加工一种护管帽套入钢管端，或用一块短角钢（约长10cm）焊在接地角钢的一端，如图4-17所示。

（2）接地体的连接　接地体的连接应采用焊接，并宜采用放热焊接（热剂焊）。当采用通用的焊接方法时，应在焊接处做防腐处理。钢材、铜材的焊接应符合表4-1中的规定。

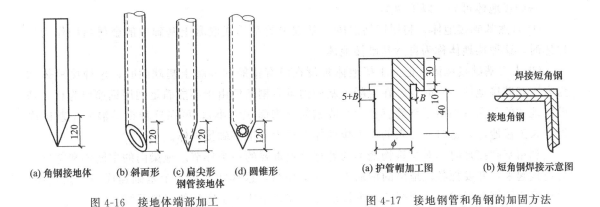

(a) 角钢接地体　　(b) 斜面形　(c) 扁尖形　(d) 圆锥形
　　　　　　　　　　　　钢管接地体

图 4-16　接地体端部加工

(a) 护管帽加工图　　(b) 短角钢焊接示意图

图 4-17　接地钢管和角钢的加固方法

表 4-1　防雷装置钢材焊接时的搭线长度及焊接方法

焊接材料	搭接长度	焊接方法
扁钢与扁钢	不应少于扁钢宽度的 2 倍	两个大面不应少 3 个棱边
圆钢与圆钢	不应少于圆钢直径的 6 倍	双面施焊
圆钢与扁钢	不应少于圆钢直径的 6 倍	双面施焊
扁钢与钢管 扁钢与角钢	紧贴角钢外侧两面或紧贴 3/4 钢管表面，上、下两侧施焊，应焊以由扁钢弯成的弧形（或直角形）卡子或直接由扁钢本身弯成弧形或直角形与钢管或角钢焊接	

（3）挖沟　装设接地体前，需沿接地体的线路先挖沟，以便打入接地体和敷设连接这些接地体的扁钢。接地装置需埋于地表层以下，一般接地体顶部距地面不应小于 0.6m。按设计规定的接地网的路线进行测量划线，然后依线开挖，一般沟深 0.8～1m，沟的上部宽 0.6m，底部宽 0.4m，沟要挖得平直，深浅一致，且要求沟底平整，如有石子应清除。挖沟时如附近有建筑物或构筑物，沟的中心线与建筑物或构筑物的距离不宜小于 2m，

（4）敷设接地体　沟挖好后应尽快敷设接地体，以防止塌方。接地体一般采用手锤打入地中，接地体与地面应保持垂直，防止接地体与土壤产生间隙，增加接地电阻影响散流效果。

2. 接地线

接地线是从引下线断接卡或换线处至接地体的连接导体。接地线分人工接地线和自然接地线。人工接地线在一般情况下均应采用扁钢或圆钢，并应敷设在易于检查的地方，且应有防止机械损伤及防止化学腐蚀的保护措施。从接地干线敷设到用电设备的接地支线的距离越短越好。当接地线与电缆或其他电线交叉时，其间距至少要维持 25mm。在接地线与管道、公路、铁路等交叉处及其他可能使接地线遭受机械损伤的地方，均应套钢管或角钢保护；当接地线跨越有振动的地方，如铁路轨道时，接地线应略加弯曲，以便振动时有伸缩的余地，避免断裂。

3. 基础接地体

高层建筑的接地装置大多以建筑物的深基础作为接地装置，此种接地体常称为基础接地体，国外称为 UFFER 接地，具有经济、美观和有利于雷电流流散以及不必维护和寿命长等优点。当利用钢筋混凝土基础内的钢筋作为接地装置时，敷设在钢筋混凝土中的单根钢筋或圆钢，其直径应不小于 10mm。被利用作为防雷装置的混凝土构件内有箍筋连接的钢筋，其截面积总和应不小于 1 根直径 10mm 钢筋的截面积。

基础接地体可分为以下两类：

① 自然基础接地体。利用钢筋混凝土基础中的钢筋或混凝土基础中的金属结构作为接地体时，这种接地体称为自然基础接地体。

② 人工基础接地体。把人工接地体敷设在没有钢筋的混凝土基础内时，这种接地体称为人工基础接地体。有时候，在混凝土基础内虽有钢筋但由于不能满足利用钢筋作为自然基础接地体的要求（如由于钢筋直径太小或钢筋总表面积太小），可在这种钢筋混凝土基础内加设人工接地体，这时所加入的人工接地体也称为人工基础接地体。

利用基础接地时，对建筑物地梁的处理是很重要的一个环节。地梁内的主筋要和基础主筋连接起来，并要把各段地梁的钢筋连成一个环路，这样才能将各个基础连成一个接地体，而且地梁的钢筋形成一个很好的水平接地环，综合组成一个完整的接地系统。

四、避雷器

避雷器用来防护雷电产生的过电压波沿线路侵入变电所或其他建（构）筑物内，以免危及被保护设备的绝缘。避雷器与被保护设备并联，装在被保护设备的电源侧。当线路上出现危及设备绝缘的过电压时，它就对大地放电。

1. 避雷器的类型

避雷器的类型有阀型、管型和氧化锌避雷器。

① 阀型避雷器。阀型避雷器是性能较好的一种避雷器，使用比较广泛。它的基本元件是火花间隙和阀片，装在密封的瓷套内。火花间隙用铜片冲制而成，每对间隙用 0.5～1mm 厚的云母垫圈隔开。在正常情况下，火花间隙阻止线路工频电流通过，但在雷电过电压作用下，火花间隙就被击穿放电。阀片是由陶料粘固起来的电工用金刚砂（碳化硅）颗粒制成的，它具有非线性特性。正常电压时，阀片的电阻很大；过电压时，阀片的电阻变得很小。因此阀型避雷器在线路上出现雷电过电压时，其火花间隙击穿，阀片能使雷电流迅速对大地泄放。但雷电过电压一消失，线路上恢复工频电压时，阀片便呈现很大的电阻，使火花间隙绝缘迅速恢复而切断工频续流，从而保证线路恢复正常运行。

② 管型避雷器。管型避雷器又称排气式避雷器，由产气管、内部间隙和外部间隙三部分组成。管型避雷器一般只用于线路上，在变配电所内一般都采用阀型避雷器。

③ 金属氧化物避雷器。金属氧化物避雷器是以微粒状的金属氧化锌晶体为基体，在其间充填氧化物和其他掺杂物制成的。这种非线性电阻有很好的伏安特性，在工频电压下呈现极大的电阻，因此工频续流很小，不需间隙熄灭由工频续流所产生的电弧。

2. 浪涌保护器和避雷器的区别

虽然二者都有防止过电压，特别是防止雷电过电压的功能，但在应用上还是有许多区别的。

① 避雷器有多个电压等级，从 0.38kV 低压到 500kV 特高压均有，而浪涌保护器一般只有低压产品；

② 避雷器多安装在一次系统上，防止雷电波的直接侵入，而浪涌保护器大多安装在二次系统上，是在避雷器消除了雷电波的直接侵入后，或避雷器没有将雷电波消除干净时的补充措施；

③ 避雷器是保护电气设备的，而浪涌保护器大多是为保护电子仪器或仪表的；

④ 避雷器由于接于电气一次系统上，要有足够的外绝缘性能，外观尺寸比较大，而浪

涌保护器由于接于低压，尺寸可以很小。

五、常用降阻措施

当防雷装置的接地电阻超过规定值时，应设法降低接地体附近的土壤电阻率，使接地电阻符合规定要求。降低接地电阻的方法主要有以下几种。

1. 换土法

换土法是用电阻率低的黏土、泥炭、黑土等替换接地体周围电阻率高的土壤。方法是：将接地体周围的土壤挖出，把预先准备好的低电阻率土壤填入，并分层夯实。必要时可在新填土中加入适量焦炭、木炭等易吸湿物质，以保持土中的含水量，改善土壤的导电性。

2. 深埋接地体

深埋接地体是在接地体所处地层电阻率大而在该处较深层的情况下采用的。方法是，将接地体挖出后，再把接地体坑深挖至低电阻率土层，然后放入接地体，并与引下线焊接可靠后填实并深埋接地体。

3. 保水法

保水法是采取把接地体埋在建筑物的背阳面比较潮湿的地点，在埋接地体的地表面栽种植物，将废水（无腐蚀）引向埋设接地体的地点；或采用钢管钻孔接地体使水渗入钢管内（每隔 20cm 钻一个直径 5mm 的孔）等方法，使接地体周围保持充分的水分，以降低接地电阻。

4. 化学处理法

化学处理法是在接地体周围加入一定量的化学物质，降低接地电阻，通常有以下几种方式：

（1）灌注电解液　在一根 1.5～2m 长的钢管上每隔 10～15cm 钻几个孔，然后将管子打入接地体附近的土壤中，并和引下线焊接牢固，将食盐或硫酸饱和溶液灌入管内，让电解液从管子的孔渗入土壤，从而降低土壤电阻率。

（2）分层加电解质　把接地体周围的土壤挖开，分层铺上土壤、焦炭（或木炭）、食盐共 6～8 层，每层土壤厚 10cm 左右，食盐 2～3cm，然后浇水夯实。每放 1kg 食盐，可浇 1～2L 水。

（3）填入低电阻率混合物　挖开接地体周围的土壤，将炉渣、废碱液、木炭、氮肥渣、电石渣、石灰、食盐等混合物，填入坑内夯实。

降低接地电阻的方法，应根据当地具体情况，因地制宜地选择应用。

5. 外引式接地

如接地体附近有导电良好的土壤及不冰冻的湖泊、河流时，也可采用外引式接地。

第四节　建筑物保护接地系统

保护接地是指保护建筑物内的人身免遭间接接触的电击（即在配电线路及设备在发生接地故障情况下的电击）和在发生接地故障的情况下避免因金属壳体间有电位差而产生打火引发火灾。当配电回路发生接地故障产生足够大的接地故障电流时，配电回路的保护开关迅速动作，从而及时切除故障回路电源达到保护目的。

我国建筑内配电普遍采用 380/220V 低压系统，中性点直接接地，而且引出有中性线（N）和保护线（PE），通常称为 TN 系统。根据中性线（N）和保护线（PE）引出方式的不同，TN 系统又可分为：TN-C 系统、TN-S 系统和 TN-C-S 系统。

T—Through（通过），表示电力网的中性点（发电机、变压器的星形连接的中间节点）是直接接地系统；

N—Nerutral（中性点），表示电气设备正常运行时不带电的金属外露部分与电力网的中性点采取直接的电气连接，即"保护接零"系统。

一、TN 系统

① TN-S 系统。S—Separate（分开，指 PE 与 N 分开），即五线制系统，三根相线分别是 L_1、L_2、L_3，一根中性线 N，一根保护线 PE，仅电力系统中性点一点接地，用电设备的外露可导电部分直接接到 PE 线上，如图 4-18 所示。

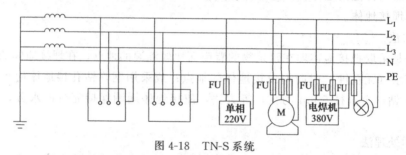

图 4-18　TN-S 系统

TN-S 系统中的 PE 线上在正常运行时无电流，电气设备的外露可导电部分无对地电压，当电气设备发生漏电或接地故障时，PE 线中有电流通过，使保护装置迅速动作，切断故障，从而保证操作人员的人身安全。一般规定 PE 线不允许断线和进入开关。N 线（工作零线）在接有单相负载时，可能有不平衡电流。TN-S 系统耗用的导电材料较多，投资较大。TN-S 系统适用于工业与民用建筑等低压供电系统，是目前我国在低压系统中普遍采取的接地方式。

② TN-C 系统。C—Common（公共，指 PE 与 N 合一），即四线制系统，三根相线分别为 L_1、L_2、L_3，一根中性线与保护地线合并的 PEN 线，用电设备的外露可导电部分接到 PEN 线上。在 TN-C 系统接线中，当存在三相负荷不平衡或有单相负荷时，PEN 线上呈现不平衡电流，电气设备的外露可导电部分有对地电压的存在。由于 N 线不得断线，故在进入建筑物前 N 或 PE 应加做重复接地。TN-C 系统适用于三相负荷基本平衡的情况，同时也适用于有单相 220V 的便携式、移动式的用电设备，如图 4-19 所示。

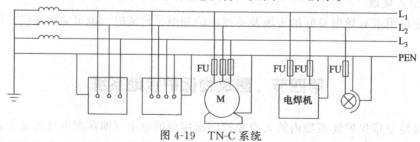

图 4-19　TN-C 系统

③ TN-C-S 系统。即四线半系统，在 TN-C 系统的末端将 PEN 分开为 PE 线和 N 线，分开后不允许再合并，如图 4-20 所示。

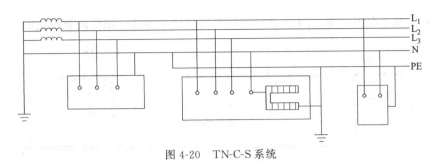

图 4-20　TN-C-S 系统

在该系统的前半部分具有 TN-C 系统的特点，在系统的后半部分却具有 TN-S 系统的特点。目前，一些民用建筑物的电源入户后，将 PEN 线分为 N 线和 PE 线。该系统适用于工业企业和一般民用建筑。当负荷端装有漏电保护装置，干线末端装有接零保护时，也可用于新建住宅小区。

二、TT 系统

第一个"T"表示电力网的中性点（发电机、变压器的星形连接的中间节点）是直接接地系统；第二个"T"表示电气设备正常运行时不带电的金属外露可导电部分对地做直接的电气连接，即"保护接地"系统。三根相线 L₁、L₂、L₃，一根中性线 N 线，用电设备的外露部分采用各自的 PE 线直接接地，如图 4-21所示。在 TT 系统中，当电气设备的金属外壳带电（相线碰壳或漏电）时，

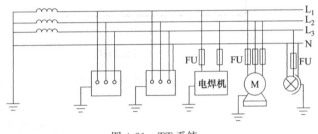

图 4-21　TT 系统

接地保护装置可以减少触电危险，但低压断路器不一定跳闸，设备的外壳对地电压可能超过安全电压。当漏电电流较小时，需加漏电保护装置。接地装置的接地电阻应满足单相接地故障时在规定的时间内切断供电线路的要求，或使接地电压限制在 50V 以下。

三、IT 系统

IT 系统即电力系统不接地或经过高阻抗接地的三线制系统。三根相线分别为 L₁、L₂、L₃，用电设备的外露可导电部分采用各自的 PE 线接地，如图 4-22所示。IT 系统适用于 3～35kV 供电系统，特殊情况（如煤矿、化工厂）下，也可用于低压（380/220V）供电系统。

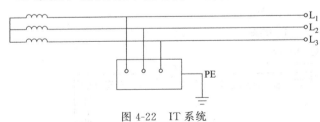

图 4-22　IT 系统

第五节　建筑防雷接地工程实例

建筑物防雷接地工程图一般包括防雷工程图和接地工程图两部分。图 4-23 为某住宅建

筑防雷平面图和立面图，图 4-24 为该住宅建筑的接地平面图，图纸附施工说明。

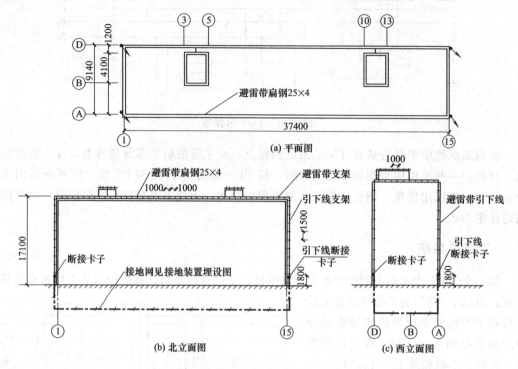

图 4-23　某住宅建筑防雷平面图、立面图

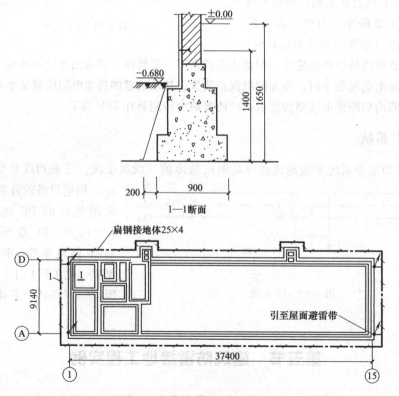

图 4-24　住宅建筑接地平面图

施工说明：

① 避雷带、引下线均采用 25mm×4mm 扁钢，镀锌或做防腐处理。

② 引下线在地面上 1.7m 至地面下 0.3m 一段，用 ϕ50mm 硬塑料管保护。

③ 本工程采用 25mm×4mm 扁钢作水平接地体，围建筑物一周埋设，其接地电阻不大于 10Ω。施工后达不到要求时，可增设接地极。

④ 施工采用国家标准图集 D562、D563，并应与土建密切配合。

1. 工程概况

由图 4-23 知，该住宅建筑避雷带沿屋面四周女儿墙敷设，支持卡子间距为 1m。在西面和东面墙上分别敷设 2 根引下线（25mm×4mm 扁钢），与埋于地下的接地体连接，引下线在距地面 1.8m 处设置引下线断接卡子。固定引下线支架间距为 1.5m。由图 4-24 知，接地体沿建筑物基础四周埋设，埋设深度为 0.97m，室外地坪以下距基础中心距离为 0.65m。

2. 避雷带及引下线的敷设

首先在女儿墙上埋设支架，间距 1m，转角处为 0.5m，然后将避雷带与扁钢支架焊为一体，如图 4-6 所示。引下线在墙上明敷设与避雷带敷设基本相同，也是在墙上埋好扁钢支架之后再与引下线焊接在一起。避雷带及引下线的连接均用搭接焊接，搭接长度为扁钢宽度的 2 倍。引下线断接卡子的安装如图 4-13（b）所示。

3. 接地装置安装

该住宅建筑接地体为水平接地体，一定要注意配合土建施工，在土建基础工程完工后，未进行回填土之前，将扁钢接地体敷设好。并在与引下线连接处，引出一根扁钢，做好与引下线连接的准备工作。扁钢连接应焊接牢固，形成一个环形闭合的电气通路，摇测接地电阻达到设计要求后，再进行回填土。

4. 避雷带、引下线和接地装置的计算

（1）避雷带　避雷带由女儿墙上的避雷带和楼梯间屋面阁楼上的避雷带组成，女儿墙上的避雷带的长度为（37.4m＋9.14m)×2＝93.08m。

楼梯间阁楼屋面上的避雷带沿其顶面敷设一周，并用 25mm×4mm 的扁钢与屋面避雷带连接。因楼梯间阁楼屋面尺寸没有标注全，实际尺寸为宽 4.1m、长 2.6m、高 2.8m。屋面上的避雷带的长度为（4.1m＋2.6m）×2＝13.4m，共有两楼梯间阁楼，为 13.4m×2＝26.8m。

因女儿墙的高度为 1m，阁楼上的避雷带要与女儿墙的避雷带连接，阁楼距女儿墙最近的距离为 1.2m。连接线长度为 1m＋1.2m＋2.8m＝5m，两条连接线共 10m。

因此，屋面上的避雷带总长度为（93.08m＋26.8m＋10m）×1.039＝134.95m。

（2）引下线　引下线共 4 根，分别沿建筑物四周敷设，在地面以上 1.8m 处用断接卡子与接地装置连接，引下线的长度为（17.1m＋1m－1.8m）×4＝65.2m。

（3）接地装置　接地装置由水平接地体和接地线组成。水平接地体沿建筑物一周埋设，距基础中心线为 0.65m，其长度为［（37.4m＋0.65m×2）＋（9.14m＋0.65m×2）］×2＝98.28m。因为该建筑物建有垃圾道，向外突出 1m，又增加 2×2×1m＝4m，水平接地体的长度为 98.28m＋4m＝102.28m。

接地线是连接水平接地体和引下线的导体，不考虑地基基础的坡度时，其长度约为（0.65m＋1.65m＋1.8m）×4＝16.4m。考虑地基基础的坡度时，需要另计算，此处略。

水平接地体和接地线长度为：（102.28m＋16.4m）×1.039＝123.3m。

（4）引下线的保护管　引下线保护管采用硬塑料管制成，其长度为（1.7m＋0.3m）×4＝8m。

================================= 思　考　题 =================================

1. 简述雷电的形成过程。

2. 人工接地体、人工接地极应怎样安装？

3. 重复接地有何意义？接地电阻值要求是多少？

4. 什么是接地装置？什么是接地网？它们的作用如何？

5. 为什么要设置断接卡子？

6. 简述避雷针（避雷带、避雷网）等接闪器的安装方法。

7. 简述利用建筑物基础内钢筋作接地装置的做法。

8. 降低接地电阻值有哪些方法？

9. 雷电的危害有哪些？相应的防雷措施有哪些？

第五章　火灾自动报警及消防联动系统

第一节　火灾自动报警系统组成及安装

　　火灾自动报警及联动控制是一项综合性消防技术，是现代电子工程和计算机技术在消防中的应用，也是消防系统的重要组成部分和新兴技术学科。火灾自动报警及联动控制的主要内容是：火灾参数的检测系统、火灾信息的处理与自动报警系统、消防设备联动与协调控制系统、消防系统的计算机管理等。火灾自动报警及联动控制系统能及时发现火灾、通报火情，并通过自动消防设施，将火灾消灭在萌发状态，最大限度地减少火灾的危害。随着高层、超高层现代建筑的兴起，对消防工作提出了越来越高的要求，消防设施和消防技术的现代化，是现代建筑必须设置和具备的。火灾自动报警及联动控制系统组成参见图5-1。

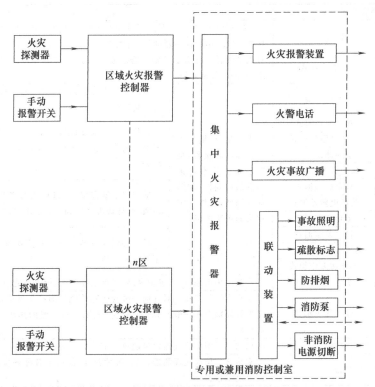

图 5-1　火灾自动报警及联动控制系统框图

　　火灾报警控制器是火灾自动报警系统的心脏，是分析、判断、记录和显示火灾的部件，它通过火灾探测器（感烟、感温）不断向监视现场发出巡测信号，监视现场的烟雾浓度、温度等。火灾探测器将烟雾浓度或温度转换成电信号，并反馈给火灾报警控制器，火灾报警控制器把收到的电信号与控制器内存储的整定值进行比较，判断确认是否火灾。当确认发生火灾时，在火灾报警控制器上发出声光报警，现场发出火灾报警，显示火灾区域或楼层房号的地址编码，并打印报警时间、地址。同时，通过消防广播向火灾现场发出火灾报警信号，指示疏散路线。

一、火灾探测器的选择与安装

火灾探测器的选用和设置，是构成火灾自动报警系统的重要环节，直接影响着火灾探测器性能的发挥和火灾自动报警系统的整体特性。因此，必须按照《火灾自动报警系统设计规范》和《火灾自动报警系统施工及验收规范》的有关要求和规定来执行。

1. 火灾探测器的种类与性能

火灾探测器是能对火灾参量做出有效响应，并转化为电信号，将报警信号送至火灾报警控制器的器件，是火灾自动报警系统最关键的部件之一。根据不同的火灾探测方法构成的火灾探测器，按其待测的火灾参数可以分为感烟式、感温式、感光式、可燃气体探测器，以及烟温、温光、烟温光等复合式火灾探测器。两种或两种以上探测方法组合使用的复合式火灾探测器一般为点型结构，同时具有两个或两个以上火灾参数的探测能力，目前较多使用的是烟温复合式火灾探测器。按其被测的火灾参量，探测器有多种类型，详见表 5-1。

表 5-1 火灾探测器的种类与性能

火灾探测器种类名称			探测器性能
感烟式探测器	定点型	离子感烟式	及时探测火灾初期烟雾，报警功能较好。可探测微小颗粒(油漆味、烤焦味，均能反应并引起探测器动作)；当风速大于10m/s时不稳定，甚至引起误动作)。
		光电感烟式	对光电敏感。宜用于特定场合。附近有过强红外光源时可导致探测器不稳定；其寿命较前者短
感温式探测器	缆式线型感温电缆		不以明火或温升速率报警，而是以被测物体温度升高到某定值时报警
	定温式	双金属定温式	它只以固定限度的温度值发出火警信号，允许环境温度有较大变化而工作比较稳定，但火灾引起的损失较大
		热敏电阻定温式	
		半导体定温式	火灾早、中期产生一定温度时报警，且较稳定。凡不可采用感烟探测器，非爆炸性场所，允许一定损失的场所选用
		易熔合金定温式	
	差温式	双金属差温式	适用于早期报警，它以环境温度升高率为动作报警参数，当环境温度达到一定要求时，发出报警信号
		热敏电阻差温式	
		半导体差温式	
	差定温式	膜盒差定温式	具有感温探测器的一切优点而又比较稳定，允许一定爆炸的场所
		热敏电阻差定温式	
		半导体差定温式	
感光式探测器	紫外线火焰式		监测微小火焰发生，灵敏度高，对火灾反应快，抗干扰能力强
	红外线火焰式		能在常温下工作。对任何一种含碳物质燃烧时产生的火焰都能反应。对恒定的红外辐射和一般光源(如:灯泡、太阳光和一般的热辐射,X、γ射线)都不起反应
可燃气体探测器			探测空气中可燃气体含量超过一定数值时报警
复合式探测器			它是全方位火灾探测器，综合各种长处，使用于各种场合，能实现早期火情的全范围报警

2. 探测器的选择

火灾发生发展过程一般经历4个阶段，即早期阶段、阴燃阶段、火焰放热阶段和衰减阶段。不同阶段产生的燃烧气体、烟雾、热和光等火灾参量有其特定的规律，因此要针对不同的火灾参量选取相应的探测器。

① 早期阶段。这一阶段由于物质燃烧开始的预热和气化作用，主要产生燃烧气体和不可见的气溶胶粒子，没有可见的烟雾和火焰，热量也相当少，环境温升不易鉴别出来。

② 阴燃阶段。此阶段以引燃为起始标志，此时热解作用充分发展，产生大量的肉眼可见和不可见的烟雾，烟雾粒子通过对流运动和背景的空气运动向四周扩散，充满建筑物的内部空间，但此阶段仍没有产生火焰，热量也较小，环境温度并不高，火情尚未达到蔓延发展的程度。此阶段是探测火情实现早期报警的重要阶段，探测对象是烟雾粒子，应选用感烟探测器。

③ 火焰放热阶段。这是物质燃烧的快速反应阶段，从着火（火焰初起）开始到燃烧充分发展成全燃阶段，由于物质内能的快速释放和转化，以火焰热辐射的形式呈球形波向外传播热量，再加上强烈的对流运动，环境温度迅速上升，直到室内由于燃烧产生的热与通过外围护结构散失的热相平衡，此时室内温度维持平衡。同时火情得以逐步蔓延扩散，且蔓延速度愈来愈快，范围愈来愈大。探测对象为热与光。可选用感烟探测器、感光探测器或者复合型探测器。

④ 衰减阶段。这是火灾发展的末期，是物质经全面着火燃烧后逐步衰弱至熄灭的阶段。

3. 探测报警区域的划分

（1）防火和防烟分区

① 高层建筑内应采用防火墙、防火卷帘等划分防火分区，每个防火区允许最大建筑面积不应超过表 5-2 中的规定。

表 5-2　防火分区允许最大建筑面积

建筑类别	每个防火分区允许最大建筑面积/m²
一类建筑	1000
二类建筑	1500
地下室	500

注：设有自动喷水灭火系统的防火分区，其允许最大建筑面积可按本表增加 1 倍；当局部设置灭火系统时，增加面积可按局部面积的 1 倍计算。

② 对于高层建筑内的商业营业厅、展览厅等，当设有火灾自动报警系统和自动喷水灭火系统，且采用不燃烧材料或难燃烧材料装修时，地上部分防火分区允许最大建筑面积为 4000m²，地下部分防火分区允许最大建筑面积为 2000m²。

③ 当高层建筑与其裙房之间设有防火墙等防火分割措施时，其裙房的防火分区允许最大建筑面积不应大于 2500m²，当设有自动喷水灭火系统时，防火分区最大建筑面积可增加 1 倍。

④ 当高层建筑内设有上下层相连通的走廊、敞开楼梯、自动扶梯、传送带等开口部位时，应将上下连通层作为一个防火分区，其允许最大建筑面积之和不应超过表 5-2 中的规定。当上下开口部位设有耐火极限大于 3.0h 的防火卷帘或水幕等分割时，其面积可不叠加计算。

⑤ 高层建筑中的防火分区面积应按上下层连通的面积叠加计算，当超过一个防火分区面积时，应符合下列规定：

a. 房间与中厅回廊相通的门、窗，应设自行关闭的一级防火门、窗；

b. 与中厅相通的过厅、通道等，应设一级防火门或耐火极限大于 3.0h 的防火卷帘分割；

c. 中厅每层回廊应设有自动灭火系统；

d. 中厅每层回廊应设火灾报警系统。

⑥ 设排烟设施的走道，净高不超过 6.0m 的房间，应采用挡烟垂壁、隔墙或从顶棚下突出不小于 0.5m 的梁划分防烟分区。

⑦ 每个防烟分区的建筑面积不应超过 500m²，且防烟分区不应跨越防火分区。

（2）报警区域　报警区域，系将火灾自动报警系统所监视的范围按防火分区或楼层布局划分的单元。一个报警区域一般是由一个或相邻几个防火分区组成的。对于高层建筑来说，一个报警区域监视的范围一般不宜超出一个楼层。视具体情况和建筑物的特点，可按防火分区或按楼层划分报警区域。一般保护对象的主楼以楼层划分比较合理，而裙房按防火分区划分为宜。有时将独立于主楼的建筑物单独划分报警区域。对于总线制或智能型火灾自动报警控制系统，一个报警区域一般可设置一台区域显示器。

（3）探测区域　探测区域是指将报警区域按部位划分的单元。一个报警区域通常面积比较大，为了快速、准确、可靠地探测出被探测范围的哪个部位发生火灾，有必要将被探测范围划分成若干区域，这就是探测区域。探测区域也是火灾探测器探测部位编号的基本单元。探测区域可是一个或多个火灾探测器所组成的保护区域。

① 通常探测区域是按独立房（套）间划分的，一个探测区域的面积不宜超过 500m²。在一个面积比较大的房间内，如果从主要入口能看清其内部，且面积不超过 1000m²，也可划分为一个探测区域。

② 符合下列条件之一的非重点保护建筑，可将整个房间划分成一个探测区域：

a. 相邻房间不超过 5 个，总面积不超过 400m²，并在每个门口设有灯光显示装置；

b. 相邻房间不超过 10 个，总面积不超过 1000m²，在每个房间门口均能看清其内部，并在门口设有灯光显示装置。

③ 下列场所应分别单独划分探测区域：

a. 敞开和封闭楼梯间；

b. 防烟楼梯间前室、消防电梯间前室、消防电梯与防烟楼梯间合用的前室；

c. 走道、坡道、管道井、电缆隧道；

d. 建筑物闷顶、夹层。

④ 较好的显示火灾自动报警部位，一般以探测区域作为报警单元，但对非重点建筑当采用非总线制时，也可考虑以分路为报警显示单元。合理、正确地划分报警区域和探测区域，常能使火灾发生时，有效可靠地发挥防火系统报警装置的作用，在着火初期快速发现火情部位，及早投入消防灭火设施。

4. 火灾自动报警系统的线制

所谓火灾自动报警系统的线制，主要是指探测器和控制器间的传输线的线数。更确切地说，线制是火灾自动报警系统运行机制的体现。按线制分，火灾自动报警系统有多线制和总线制之分。多线制目前基本不用，所以下面只简单介绍总线制。

总线制系统采用地址编码技术，整个系统只用几根总线，和多线制相比用线量明显减少，给设计、施工及维护带来了极大的方便，因此被广泛采用。值得注意的是：一旦总线回路中出现短路问题，则整个回路失效，甚至损坏部分控制器和探测器。因此，为了保证系统正常运行和免受损失，必须采取短路隔离措施，如分段加装短路隔离器。

总线制有二总线制和四总线制。目前使用最广泛的是二总线制。二总线制是一种最简单的接线方法，用线量最少，但技术的复杂性和难度也提高了。二总线中的 G 线为公共地线，P 线则完成供电、选址、自检、获取信息等功能。新型智能火灾报警系统也建立在二总线的运行机制上，二总线系统有树枝和环形两种接线。

① 树枝形接线，如图 5-2 所示。这种方式应用广泛，若接线发生断线，可以报出断线故障点，但断点之后的探测器不能工作。

② 环形接线，如图 5-3 所示。这种系统要求输出的两根总线再返回控制器另两个输出端子，构成环形。这种接线方式若中间发生断线，不影响系统正常工作。

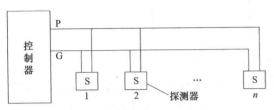

图 5-2 树枝形接线（二总线制）

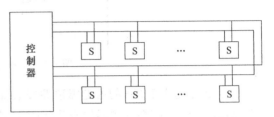

图 5-3 环形接线（二总线制）

5. 火灾探测器的安装

探测器的外形结构随制造厂家不同而略有差异，但总体形状大致相同。一般随使用场所不同，在安装方式上主要有嵌入式和露出式两种。为了方便用户辨认探测器是否动作，探测器有带（动作）确认灯和不带确认灯之分。探测器的确认灯应面向便于人员观察的主要入口方向。

探测器安装一般应在穿线完毕、线路检验合格之后即将调试时进行。安装时，要按照施工图选定的位置，现场定位划线。在吊顶上安装时，要注意纵横成排对称，内部接线紧密，固定牢固美观，并应注意参考探测器的安装高度限制及其保护半径。

探测器的安装高度是指探测器安装位置（点）距该保护区域地面的高度。为了保证探测器在监测中的可靠性，不同类型的探测器其安装高度都有一定的范围限制。

探测器安装前应进行下列检验：①探测器的型号、规格是否与设计相符合；②改变或代用探测器是否具备审查手续和依据；③探测器的接线方式、采用线制、电源电压同设计选型设备、施工线路敷线是否相符合，配套使用是否吻合；④探测器的出厂时间、购置到货的库存时间是否超过规定期限。对于保管条件良好，在出厂保修期内的探测器可采取 5% 的抽样检查试验。对于保管条件较差和已经过期的探测器必须逐个进行模拟试验检查，不合格者不得使用。

点型火灾探测器安装位置应符合下列要求：

① 探测器距墙或梁边的水平距离应大于 0.5m，且在探测器周围 0.5m 内不应有遮挡物。

② 在有空调的房间内，探测器要安装在距空调送风口 1.5m 以外的地方，至多孔送风顶棚孔口的水平距离，不应小于 0.5m。

③ 如果探测区域内有隔梁，探测器安装在梁上时（一般不安装在梁上），其探测器下端到安装面必须在 0.3m 以内，如图 5-4 所示。

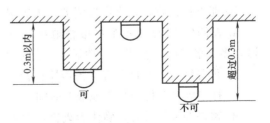

图 5-4 探测器在梁上安装示意图

④ 探测器宜水平安装，如必须倾斜安装时，其安装倾斜角不应大于 45°，否则应加装平台安装探测器。所谓"安装倾斜角"是指探测器安装面的法线与房间垂线间的夹角。显然，安装倾斜角等于屋顶坡度，如图 5-5 所示。

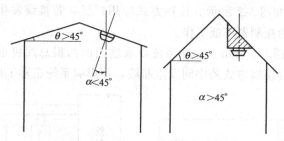

图 5-5　探测器安装倾斜角示意图

⑤ 在宽度小于 3m 的内走廊顶棚安装探测器时，宜居中布置。感温探测器的安装间距不应超过 10m，感烟探测器的安装间距不应超过 15m，探测器至端墙的距离不应大于探测器安装间距的一半。

⑥ 探测器的底座应固定牢靠。底座的外接导线，应留有不小于 15cm 的余量，入端处应有明显标志。探测器的"＋"线应为红色，"－"线应为蓝色，其余线应根据不同用途采用其他颜色区分，但同一工程中相同用途的导线颜色应一致。导线的连接必须可靠压接或焊接。当采用焊接时，不得使用带腐蚀性的助焊剂。探测器底座的穿线孔宜封堵，安装完毕后的探测器底座应采取保护措施。

二、火灾报警控制器

火灾报警控制器，可通过两总线对在线的所有探测部位进行巡回检测，接收离子感烟探测器、感温探测器、线型空气管探测器、热电偶火灾探测器、线型感温电缆线及手动报警按钮等各类探测部件输入的火灾或故障信号。一旦某个探测器有火灾或故障信号，火灾报警控制器立即响应，发出声光报警，显示时间、地点、报警性质，并打印记录。可将火灾信号输出至楼层报警显示盘，也可通过输出接口将火警信号送到消防联动控制系统及 CRT 显示系统。如作为区域报警器，则通过串行通信接口将收集的火灾或故障信息传送到集中报警控制器。

1. 1501 系列火灾报警控制器

本控制器为二总线通用型火灾报警控制器，该产品采用 80C31 单片机 CMOS 电路组成微机自动报警系统，既可作中央机，也可作区域机使用。整个系统监控电流小，抗干扰能力强，可现场编程，功能齐全，设计、安装、调试、使用、维修均十分方便。

（1）基本功能

① 能直接接收来自火灾探测器的火灾报警信号：

a. 左四位 LED 显示第一报警地址（层房号），右四位 LED 显示后续报警地址（房屋号），多点报警时，右四位交替显示报警地址。

b. 预警灯亮，发预警音（扬声器长音）。

c. 打印机自动打印预警地址及时间。

d. 预警 30s 延时时，确认为火警，发火警音（扬声器变调音），可消音（但消音指示灯不亮）。

e. 打印机自动打印火警地址及时间。

f. 可通过输出回路上的火灾显示盘，重复显示火警发生部位。

② 能发出探测点的断线故障信号（短路故障时由短路隔离器转化为断线故障）：

a. 故障灯亮。

b. 右四位 LED 显示故障地址（房屋号）。

c. 蜂鸣器发出故障音，可消音，同时消音指示灯亮。

d. 打印机自动打印故障发生的地址及时间。

e. 故障期间，非故障探测点有火警信号输入时，仍能报警。

③ 有本机自检功能：右四位 LED 能显示故障类别和发生部位。键盘操作功能如下。

a. 对探测点的编码地址与对应的层房号可现场编程。

b. 对探测点的编码地址与对应的火灾显示盘的灯序号可现场编程。

c. 可进行系统复位，重新进入正常监控状态操作。

d. 可调看报警地址（编码地址）和时间：断线故障地址（编码地址）；调整日期和时间。

e. 可进行打印机自检：查看内部软件时钟；对各回路探测点运行状态进行单步检查和声、光显示自检。

f. 可对发生故障的探测点封闭以及被封闭探测点修复后释放的操作。

（2）有专用的电源部件，为自身以及所连接的探测器和火灾显示盘供电，主备电装置能自动切换，主备电均有工作状态指示，主电有过电流保护，备电有欠电压保护，电源发生欠电压故障时，有声、光故障指示。

2. 火灾报警控制器的安装

区域报警控制器和集中报警控制器分为台式、壁挂式和落地式 3 种。火灾报警控制器安装，一般应满足下列要求：

① 火灾报警控制器宜安装在专用房间或楼层值班室，也可设在经常有人值班的房间或场所，如确因建筑面积限制而不可能时，也可在过厅、门厅、走道的墙上安装，但安装位置应能确保设备的安全。

② 火灾报警控制器安装在墙上时，其底边距地（楼）面一般不应小于 1.5m，距门、窗、柜边的距离不应小于 250mm；控制器安装应横平竖直，固定牢固。安装在轻质墙上时，应采取加固措施。落地安装时，其底座应高出地坪 100～200mm。

③ 引入火灾报警控制器的电缆或导线，应符合下列要求：配线应整齐，避免交叉，并应固定牢靠；电缆芯线和所配导线的端部，均应标明编号，并与图纸一致，字迹清晰不易褪色；端子板的每个接线端上，接线不得超过 2 根；电缆芯和导线，应留有不小于 20cm 的余量；导线应绑扎成束；导线引入线穿线后，进线管口处应封堵；控制器的主电源引入线，应直接与消防电源连接，严禁使用电源插头。主电源应有明显标志。

④ 控制器的接地应牢固，并有明显标志。

⑤ 消防控制设备的外接导线，当采用金属软管作套管时，其长度不宜大于 2m，且应采用管卡固定，其固定点间距应不大于 0.5m。金属软管与消防控制设备的接线盒应采用锁母固定，并应根据配管规定接地。

三、火灾显示盘

火灾显示盘设置在每个楼层或消防分区内，用以显示本区域内各探测点的报警和故障情况。在火灾发生时，指示人员疏散方向、火灾所处位置、范围等。JB-BL-3/64 火灾显示盘（重复显示屏）是 1501 系列火灾报警控制器的配套产品，显示盘设置在整个楼层或消防分区内，用于显示本区域内各探测点的报警和故障情况。盘内配备了 2 个继电器，用于控制本区域中的外控设备。但是，本产品不能独立构成报警控制器。

1. 基本功能

（1）通过对 1501 火灾报警控制的现场编程，可将整个系统的任意探测点的编码地址与对应火灾显示盘的灯序号设置——对应。

（2）能接收来自 1501 火灾报警控制器发出的探测点编码模块运行状态的数据，如火警、预警、断线故障等数据。

① 对应的显示灯发红光。

② 预警时，预警总灯亮，扬声器发单调音；火警时，火警总灯亮，扬声器发变调音。

③ 故障时，故障总灯亮，蜂鸣器发出单调音，但火警时，所有故障信号让位于火警信号。

④ 声信号能手动消音。

（3）有本机自检功能：能对显示灯和故障、预警、火警声信号自检，自检过程中，有火警时，转向处理报警信号。

（4）通过复位按钮使火灾显示盘重新处于正常监控状态。

（5）配备 2 个用于自动控制外设备的总报继电器，每个有两对常开闭无源触点，触点容量：AC220V/3A，DC24V/5A。

火警后 30s，两个继电器同时吸合，其中第一个 3s 后释放，第二个为持续吸合。

（6）可以将 1801 联动控制器的配套产品 1802 远程控制器装入其中，这时，火灾显示盘原配备的两个继电器取消，外控由 1801 联动控制器通过 1802 远程控制器来实现，继电器板上配备 4 个控制用继电器。

2. 基本原理

火灾显示盘机号、点数设置：前 5 位（$D_0 \sim D_4$）设置机号，后 3 位决定点数，如图 5-6 所示。

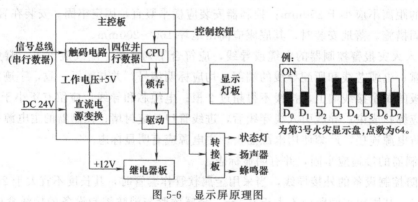

图 5-6　显示屏原理图

四、联动探测器

与火灾报警控制器配合，接受并处理来自报警点的数据，然后对其配套执行器件发出控制信号，实现对各类消防设备的控制。

1．基本功能

（1）为与其直接相连的部件供电。

（2）直接或间接启动受其控制的设备。

（3）直接或间接接收报警信号，发出声光报警信号。

（4）在收到火灾报警信号后，能完成下列功能：

① 切断火灾发生区域的正常供电电源，接通消防电源；

② 能启动消火栓灭火系统的消防泵，并显示状态；

③ 能启动自动喷淋灭火系统的喷淋泵，并显示状态；

④ 能打开雨淋灭火系统的控制阀，启动雨淋泵并显示状态；

⑤ 能打开气体或化学灭火系统的容器阀，能在容器阀动作之前手动急停，并显示状态；

⑥ 能控制防火卷帘门的半降、全降，并显示其状态；

⑦ 能控制平开防火门，显示其所处的状态；

⑧ 能关闭空调送风系统的送风机、送风口，并显示状态；

⑨ 能打开并关闭防排烟系统的排烟机、正压送风机及排烟口、送风口，并显示状态；

⑩ 能控制常用电梯，使其自动降至首层；

⑪ 能使受其控制的火灾应急广播投入使用；

⑫ 能使受其控制的应急照明系统投入工作；

⑬ 能使受其控制的疏散、诱导指示设备投入工作；

⑭ 能使与其连接的警报装置进入工作状态。

对于以上各功能，应能以手动或自动两种方式进行操作。

（5）当联动控制器设备内部、外部发生下述故障时，应能在100s内发出与火灾报警信号有明显区别的声光故障信号。

① 与火灾报警控制器或火灾触发器件之间的连接线断路（断路报火警除外）；

② 与接口部件间的连线断路、短路；

③ 主电源欠压；

④ 给备用电源充电的充电器与备用电源之间的连接线断路、短路；

⑤ 在备用电源单独供电时，其电压不足以保证设备正常工作时。

对于以上各类故障，应能指示出类型，声故障信号应能手动消除（如消除后再来故障不能启动，应有消声指示），光故障信号在故障排除之前应能保持。故障期间，非故障回路的正常工作不受影响。

（6）联动控制器设备应能对本机及其面板上的所有指示灯、显示器进行功能检查。

（7）联动控制器设备处于手动操作状态时，如要进行操作，必须用密码或钥匙才能进入操作状态。

（8）具有隔离功能的联动控制器设备，应设有隔离状态指示，并能查寻和显示被隔离的部位。

（9）联动控制设备应具有电源转换功能。当主电源断电时，能自动转换到备用电源；当主电源恢复时，能自动转回到主电源；主、备电源应有工作状态指示。主电源容量应能保证联动控制器设备在最大负载条件下，连续工作4h以上。

2．HJ-1811 联动控制器

1811可编程联动控制器与1801系列火灾报警控制器配合，可联动控制各种外控消防设备，其控制点有两类：128 个总线制控制模块，用于控制层外控设备；16 组多线制输出，用于控制中央外控设备。与 1801 系列相比，其优点为：以控制模块取代远程控制器，取消返回信号总线，实现真正的总线制（控制，返回集中在一对总线上）；增加 16 组多线制可编程输出；增加"二次编程逻辑"，把被控制对象的启停状态也作为特殊的报警数据处理。结构形式有柜式（标准功能抽屉）和台式（非标）。工作原理如图 5-7 所示。

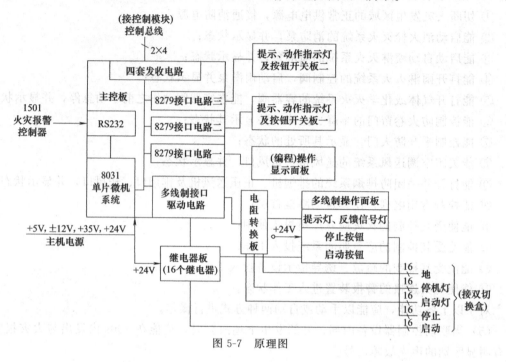

图 5-7　原理图

五、模块的安装与接线

1. 输入模块

输入模块是二总线制火灾报警系统中开关量探测器或触点型装置与输入总线连接的专用器件，其主要作用和编码底座类似。与火灾报警控制器之间完成地址编码及状态信息的通信。根据不同的用途，输入模块根据不同的报警信号分为以下几种：

① 配接消火栓按钮、手动报警按钮、监视阀开/关状态的触点型装置的输入模块。
② 配缆式线型定温电缆的输入模块。
③ 配水流指示器的输入模块。
④ 配光束对射探测器的输入模块。

输入模块的作用类似于编码底座，它可将所配接的触点型探测器装置的开关量信号转换成二总线报警控制器能识别的串行码信号，其种类有：普通型（H1750），配定温电缆（HJ-1750A），配水流指示器（HJ-1750B），配能美、日琛公司探测器（HJ-1750C）。

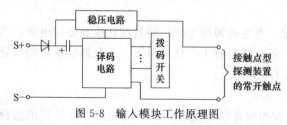

图 5-8　输入模块工作原理图

HJ-1750 输入模块工作原理如图 5-8 所示。二进制拨码开关设置输入模块的地址码 1～127。稳压电路提供译码电路的工作电压。译码电路对来自总线的串行码作译码比较，对来自探测装置的状态信号作判断，而后经总线向报警控制器返回线的串行码作译码比较，对来自探测状态信号作判断，而后经总线向报警控制器返回回答信号。

2. 输出模块

输出模块是总线制可编程联动控制器的执行器件，与输出总线相连。提供两对无源动合动断转换触点和一对无源动合触点，来控制外控消防设备（如：警铃、警笛、声光报警器、各类控制阀门、卷帘门、关闭室内空调、切断非消防电源、火灾事故广播喇叭切换等）的工作状态。外控消防设备（除警铃、警笛、声光报警器、火灾事故广播喇叭等以外）应提供一对无源动合触点，接至联动控制器的返回信号线，当外控消防设备动作后，动合触点闭合，设备状态通过信号返回端口送回控制主机，主机上状态指示灯点亮。

（1）HJ-1802 返回信号模块　返回信号模块是联动控制器的配套产品，其功能是将联动外控设备的动作状态信号，经返回信号总线反馈给联动控制器主机。

工作原理如图 5-9 所示。二进制拨码开关设置返回信号模块地址码 0～255。稳压电路提供译码电路的工作电压。译码电路将

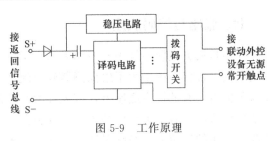

图 5-9　工作原理

来自总线的串行码作译码比较，将来自外控设备的动作状态信号作判别，而后由返回信号总线反馈给联动控制器主机。

（2）HJ-1825 控制模块　1825 控制模块是总线联动控制的执行器件，直接与 1811 联动控制器的控制总线或 1502/96 火灾报警控制器的总线连接，其基本功能是：①火警时，经逻辑控制关系，由模块内的继电器触点的动作来启动或关闭外控设备。②外控设备动作状态信号，可通过无源常开触点连接 1825 的直流反馈端，或通过辅助触点将 AC200V 加至 1825 的交流反馈端，经总线返回反馈信号。

工作原理如图 5-10 所示。二进制拨码开关设置模块编码 0～127（不准有重号）。"AC/DC"开关设置反馈信号方式，当置于"DC"位置时，接受无源触点的返回信号，当置于"AC"位置时，接受 AC200V 返回信号。继电器输出提供两对常开常闭转换触点。

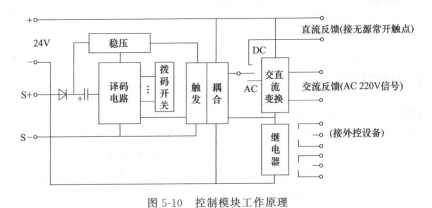

图 5-10　控制模块工作原理

六、短路隔离器

短路隔离器用于二总线火灾报警控制器的输入总线回路中，安置在每一个分支回路

图 5-11　短路隔离器

（20～30 个探测器）的前端。当回路中某处发生短路故障时，短路隔离器可让部分回路与总线隔离，保证总线回路其他部分能正常工作。

HJ-1751 短路隔离器工作原理如图 5-11 所示。当报警控制总线输入回路中某处发生短路故障时，该处前端的短路隔离器动作，自动断开输出端总线回路，保证整个总线输入回路中其他部分能正常工作。受控于该短路隔离器的全部探测点在报警控制器上均呈现断线故障信号。当短路故障排除后，主机复位，短路隔离器自动恢复接通输出端总线回路。

七、底座与编码底座

底座是火灾报警系统中专门用来与离子感烟探测器、感温探测器配套使用的器件。在二总线制火灾报警系统中为了给探测器确定地址，通常由地址编码器完成，有的地址编码器设在探测器内，有的设在底座上，有地址编码器的底座称为编码底座。通常一个编码底座配装一个探测器，设置一个地址编码。特殊情况下，一个编码底座上也可带 1～4 个并联子底座。并联子底座的安装方法与编码底座相同，如图 5-12 所示。

工作原理如图 5-13 所示。二进制拨码开关设置底座的地址码 1～127。稳压电路分别提供探测器和译码电路的工作电压。译码电路对来自总线的串行码作译码比较，对来自探测器的状态信号进行判别，而后经总线向报警控制器返回回答信号。

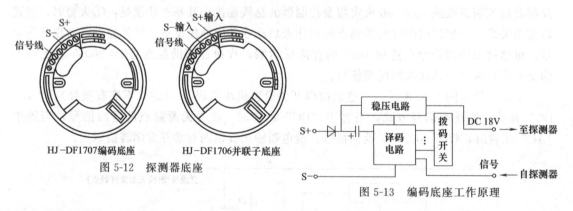

HJ-DF1707编码底座　　　HJ-DF1706并联子底座

图 5-12　探测器底座

图 5-13　编码底座工作原理

八、手动报警按钮

手动报警按钮，应安装在明显和便于操作的部位，当安装在墙上时，其底边距地（楼）面高度宜为 1.3～1.5m，且应有明显标志。安装应牢固，不得倾斜。其他设备，如输入、输出模块，声、光报警装置等的安装方法和要求与手动报警按钮安装相似。

工作原理如图 5-14 所示。手动输入模块板工作原理基本等同于 1750 输入模块，仅增加报警确认线路，手动报警点地址码由模块板上的二进制拨码开关设置（1～127）。

九、火灾自动报警控制系统调试

火灾自动报警控制系统的调试应在建筑

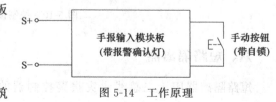

图 5-14　工作原理

内部装修和系统施工结束后进行。

调试时，应先分别对探测器、区域报警控制器、集中报警控制器、火灾报警装置和消防控制设备等逐个进行单机通电检查，正常后方可进行系统调试。整个系统调试运行正常后，即可按规定进行验收交工。

第二节　火灾报警系统线路敷设及施工图

火灾实例证明，电源可靠，而火灾自动报警及消防联动控制系统用电设备的配电线路不可靠，仍不能保证火灾时消防用电设备可靠用电。因此，为了提高消防系统的可靠性，除对电源种类、供配电方式采取一定的可靠性措施外，还应考虑火灾高温对配电线路的影响，采取措施防止发生短路、接地故障，从而保护消防系统的安全运行，使安全疏散和扑救火灾的工作顺利进行。

一、火灾自动报警系统配线

火灾自动报警系统利用全总线计算机通信技术，既完成了总线报警，又实现了总线联动控制，彻底避免了控制输出与执行机构之间的长距离穿管布线，大大方便了系统布线设计和现场施工。

1. 系统总线

（1）回路总线　指主机到各编址单元之间的联动总线。导线规格为 RVS-2×1.5mm^2 多股双色双绞塑料软线。要求回路电阻小于 40Ω，是指从主机到最远编址单元的环线电阻值（两根导线）。

（2）电源总线　指主机或从机对编址控制模块和显示器提供的 DC 4V 电源。电源总线采用多股双色塑料软线，型号为 RVS-2×1.5mm^2。接模块的电源线型号为 RVS-2×1.5mm^2。

（3）通信总线　指主机与从机之间的连接总线，或者主机-从机-显示器之间的连接总线。通信总线采用多股双色塑料屏蔽导线，型号为 RVVP-2×1.5mm^2。

2. 系统配线

（1）布线要求　三种总线应单独穿入金属管中，严禁与动力、照明、交流线、视频线或广播线等穿入同一线管内。总线在竖井或电缆沟中也应经金属线槽敷设，要求尽量远离动力、照明、强电及视频线，其平行间距应大于 500mm。火灾自动报警系统传输线路采用屏蔽电缆时，应采取穿金属管或封闭线槽保护方式布线。当采用 RVVP 型双色双绞屏蔽线时，如遇有断点，屏蔽层必须相互焊接成整体，最终接到机器外壳上。导线在线管中应尽量避免有接头，如难于避免时，要求接头一定要焊接牢靠，并用套管套紧，防止线间及导线与管壁短路。横向敷设的报警系统传输线路如采用穿管布线时，不同防火分区的线路不宜穿入同一根管内，如探测器报警线路采用总线制（二线）时可不受此限。从接线盒、线槽等处引至探测器底座盒、控制设备接线盒、扬声器箱等的线路应加金属软管保护，但其长度不宜超过1.5m。建筑物内横向布放暗埋管的管径，在混凝土楼板内暗埋管径不宜大于25mm，在顶棚内或墙内水平或垂直敷设的管路，管径不宜大于40mm。不宜在管路内穿太多的导线，同时还要顾及到结构安全性的要求。上述要求主要是为了便于管理和维修。

（2）配线规格　在各总线回路中，如果需连接楼层显示器、编址控制盒、编址音响时，需要另加两根电源线，即电源总线。电源总线的要求：选用普通多股铜芯塑料软线，导线的截面积≥2.5mm²。其他用线的要求：用普通多股铜芯塑料软线即可，导线截面积≥1.0mm²。在具有强电磁干扰的场所，如发电厂、变电站、通信楼等，对于回路总线、通信总线等，建议采用多股铜芯塑料屏蔽线，型号为RVVP。所用双股屏蔽线长度距离小于500m，选用RVVP-2×1.5型，如果长度距离小于750m，而大于500m时，需要用型号为RVVP-2×1.5的双股屏蔽线。长度距离指由火灾报警控制器输出端子算起到最远的一个编址单元的布线距离。火灾自动报警系统传输线路其芯线截面积的选择，除满足自动报警装置技术条件要求外，尚应满足机械强度的要求，导线的最小截面积不应小于表5-3中的规定。

表5-3　线芯最小截面积

类别	线芯最小截面积/mm²	备注
穿管敷设的绝缘导线	1.00	
线槽内敷设的绝缘导线	0.75	
多芯电缆	0.50	
由探测器到区域报警器	0.75	多股铜芯耐热线
由区域报警器到集中报警器	1.00	单股铜芯线
水流指示器控制线	1.00	
湿式报警阀及信号阀	1.00	
排烟防火电源线	1.00	控制线>1.00mm²
电动卷帘门电源线	2.50	控制线>1.50mm²
消火栓箱控制按钮线	1.50	

（3）导线的选用与接地要求

① 导线选型要求：报警系统需选用RVS双色双绞线；总线联动系统控制需选用RVS双色双绞线；多线联动（PLC）系统选用KVV电缆线；其余选用BVR线或BV线。

② 导线必须穿管敷设，一般选用镀锌钢管。

③ 各火灾探测器布置点与火灾报警控制器之间可采用树枝形布线，也可采用环形布线。

④ 在各层楼面总线引出端或防火分区总线引出端应设置接线端子箱。

⑤ 报警系统总线、联动系统总线需单独穿管，不得与其他设备线、电源线同穿一根铁管。

⑥ 消防控制室接地电阻值应符合以下要求：工作接地电阻值小于4Ω；用联合接地时，接地电阻值应小于1Ω。

⑦ 在安装设备的现场（或中控室），建筑物一定要做专供该系统使用的"大地"，该"大地"的技术要求同一般计算机房的"大地"一样。

⑧ 该系统的走线金属管路或槽架要求有良好的接地。

二、消防设备系统配线

消防设备系统配线的防火安全的关键，是按具体消防设备或自动消防系统确定其耐火耐热配线。在建筑消防电气设计中，原则上从建筑变电所主电源低压母线或应急母线到具体消防设备最末级配电箱的所有配电线路都是耐火耐热配线的考虑范围。

消防用电设备必须采用单独回路，电源直接取自配电室的母线，当切断工作电源时，消防电源不受影响，保证扑救工作的正常进行。火灾自动报警系统的传输线路，耐压不低于交流250V。导线采用铜芯绝缘导线或电缆，而并不规定选用耐热导线或耐火导线。所以这样规定，是因为火灾报警探测器传输线路主要是作早期报警用。在火灾初期阴燃阶段，是以烟雾为主，不会出现火焰。探测器一旦早期进行报警就完成了使命。火灾要发展到燃烧阶段时，火灾自动报警系统传输线路也就失去了作用。此时若有线路损坏，火灾报警控制器因有火警记忆功能，故也不影响其火警部位显示。因此，火灾报警探测器传输线路规定耐压即可。重要消防设备（如消防水泵、消防电梯、防烟排烟风机等）的供电回路，有条件时可采用耐火型电缆或采用其他防火措施以达到防火配线要求。二类高低层建筑内的消防用电设备，宜采用阻燃型电线和电缆。

消防联动控制，自动灭火控制，通信，应急照明，紧急广播等线路，应采取金属管保护，并宜暗敷在非燃烧体结构内，其保护层厚度不应小于3cm。消防联动控制系统的电力线路，考虑到它的重要性和安全性，其导线截面积的选择应适当放宽，一般可加大一级为宜。整个系统线路的敷设施工应严格遵守现行施工及验收规范的有关规定。

三、火灾自动报警系统施工图

火灾自动报警系统工程是智能建筑工程的重要组成之一，其施工图的主要内容是：系统图、平面图以及所联动控制的相关设备的控制电路图。所有这些图都是以简图的形式绘制的。系统图主要反映报警系统的组成以及系统中各设备间的连接关系。报警控制器类型和性能不同，系统图也就有所不同。平面图和建筑电气电力、照明平面图类似，主要反映系统设备安装平面位置、线路敷设部位、敷设方式、线路走向以及导线规格、型号等。

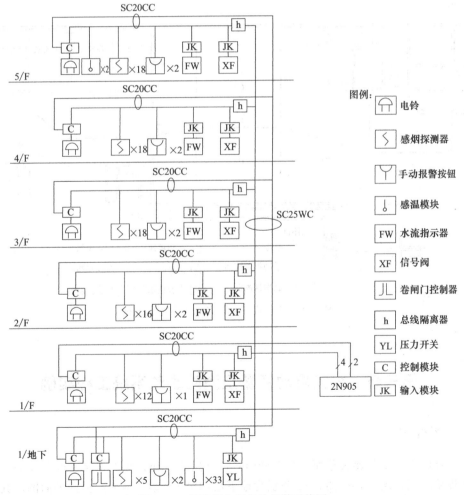

图 5-15 某建筑火灾自动报警系统图

图 5-15 为某建筑火灾自动报警系统图，该火灾报警系统在首层设有报警控制器，联动控制、各层装有感烟探测器、手动报警按钮、防火卷帘、控制模块、水流指示器和信号阀，地下还装有防火卷帘。火灾报警控制器采用 2N905 型。在每层信号线进线都采用总线隔离器，系统信号两总线采用 RV-2×1.5 导线；电源线为 BV-2×2.5；信号线为两个回路；地下室及一、二层为一个回路；三层至五层为一个回路。当火灾发生时，2N905 控制器收到感烟探测器、手动报警按钮的报警后，联动部分动作，通过电铃报警并启动消防灭火。

消防电气平面图除有各层的消防电气平面图外，还需要有消防控制中心电气设备布置图。图上应标注各层分线箱、层显示器、声光报警器、感烟或感温探测器、手动报警按钮、消火栓报警按钮、消防通信出线口、消防广播箱、扬声器的位置、距地高度、编号等，以及配线型号、根数、穿管管径、敷设方式等。

图 5-16 为某建筑一层火灾自动报警平面图。火灾报警控制器和一层总线隔离器安装在过厅控制室内，采用壁挂式安装，线路在墙内采用穿管垂直通过配线进入控制器。系统信号两总线采用 RV-2×1.5 导线穿管顶板内敷设，在走廊和过厅、商店等地方的吊顶安装感烟探测器，采用吸顶安装，控制模块距顶 0.2m 安装；手动报警按钮距地 1.5m 安装在楼梯墙上。该平面图表示了火灾探测器、手动报警按钮等电器平面布置以及线路走向、敷设部位和敷设方式。

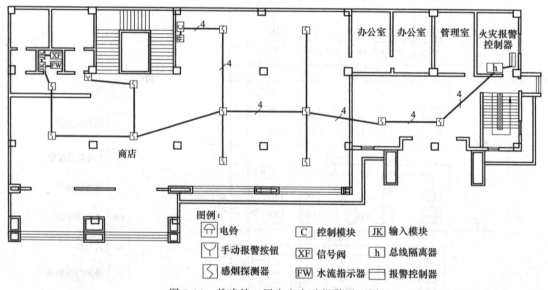

图 5-16　某建筑一层火灾自动报警平面图

第三节　火灾自动报警及消防联动系统工程实例

一、工程概况

某综合楼工程，其建筑总面积为 7000 m²，总高度 30m；地下 1 层，地上 8 层。图 5-17 为该工程系统图，图 5-18～图 5-22 分别为地下层和第 1～第 3 层火灾报警平面图，其余各层在此不再给出。有关设计说明如下：

① 保护等级。本建筑火灾自动报警系统保护对象为二级。

② 消防控制室与广播音响控制室合用，位于第1层，并有直通室外的门。

③ 设备选择。设置地下层的汽车库、泵房和顶楼冷冻机房选用感温探测器，其他场所选用感烟探测器。

④ 联动控制要求。消防泵、喷淋泵和消防电梯为多线联动，其余设备为总线联动。

⑤ 火灾应急广播与消防电话。火灾应急广播与背景音乐系统共用，火灾时强迫切换至消防广播状态，平面图中竖井内1825模块即为扬声器切换模块。

消防控制室设消防专用电话，消防泵房、配电室、电梯机房设固定消防对讲电话、手动报警按钮带电话塞孔。

⑥ 设备安装。火灾报警控制器为柜式结构。火灾显示盘底边距地1.5m挂墙安装，探测器吸顶安装，消防电话和手动报警按钮中心距地1.4m暗装，消火栓按钮设置在消火栓箱内，控制模块安装在被控设备控制柜内或与其上边平行的近旁。火灾应急扬声器与背景音乐系统共用，火灾时强切。

⑦ 线路选择与敷设。消防用电设备的供电线路采用阻燃电线电缆沿阻燃桥架敷设，火灾自动报警系统与线路、联动控制线路、通信线路和应急照明线路为BV线穿钢管沿墙、地和楼板暗敷。

二、系统图阅读

从系统图可以知道，火灾报警与消防联动设备是安装在第1层的，查看图5-19，知是安装在消防及广播值班室。火灾报警与消防联动控制设备的型号为JB 1501A/G 508-64，JB为国家标准中的火灾报警控制器，其他多为产品开发商的系列产品编号；消防电话设备的型号为HJ-1756/2，消防广播设备型号为HJ-1757；外控电源设备型号为HJ-1752。这些设备一般都是产品开发商配套的。JB共有四条回路总线，可设JN1～JN4，JN1用于地下层，JN2用于第1层～第3层，JN3用于第4层～第6层，JN4用于第7层、第8层。

1. 配线标注情况

报警总线FS标注为RVS-2×1.0 SC15-CEC/WC。

对应的含义如下：软导线（多股）、塑料绝缘、双绞线，2根，截面积为$1mm^2$；保护管为水煤气钢管、直径为15mm；沿顶棚、暗敷设及有一段沿墙、暗敷设的线路。

消防电话线FF标注为：BVR-2×0.5SC15-FC/WC。BVR为布线和塑料绝缘软导线，其他报警总线类似。火灾报警控制器的右手面也有五个回路标注，依次为C、FP、FC1、FC2、S。对应图的依次说明如下。

C：RS-485通信总线，RVS-2×1.0-SC15-WC/FC/CEC；

FP：DC24V主机电源总线，BV-2×4-SC15-WC/FC/CEC；

FC1：联动控制总线，BV-2×1.0-SC15-WC/FC/CEC；

FC2：多线联动控制线，BV-1.5-SC20-WC/FC/CEC；

S：消防广播线，BV-2×1.5-SC15-WC/CEC。

在火灾自动报警及消防联动控制系统中，最难懂的是多线联动控制线。所谓消防联动主要指这部分，而这部分的设备是跨专业的，比如消防水泵、喷淋泵的启动，防烟设备的关闭、排烟设备的打开，工作电梯轿厢下降到底层后停止运行，消防电梯投入运行等，究竟有多少需要联动的设备，在火灾报警及消防联动的平面图上是不进行表示的，只有在动力平面

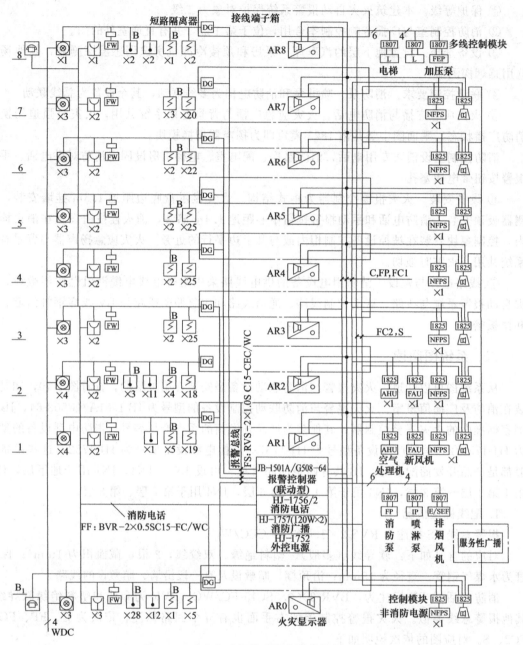

图 5-17　火灾自动报警及消防联动控制系统图

图中才能表示出来。

　　在图 5-17 所示系统图中，多线联动控制线的标注为 BV-1.5-SC2-WC/FC/CEC，多线，即不是一根线，究竟为几根线就要看被控制设备的点数了。从系统图中可以看出，多线联动控制线主要是控制在第 1 层的消防泵、喷淋泵、排烟风机（消防泵、喷淋泵、排烟风机实际是安装在地下层的）等，其标注为 6 根线；在第 8 层有两台电梯和加压泵，其标注也是 6 根线，但实际长度究竟为多长，只有在动力平面图中才能找到各个设备的位置。

　　2. 接线端子箱

　　从图 5-17 所示系统图中可以知道，每层楼安装一个接线端子箱。端子箱中安装有短路隔离器 DG，其作用是当某一层的报警总线发生短路故障时，将发生短路故障的楼层报警总线断开，就不会影响其他楼层的报警设备正常工作了。

3. 火灾显示盘

每层楼安装一个火灾显示盘 AR，可以显示各个楼层。显示盘接有 RS-485 通信总线，火灾报警与消防联动设备可以将信息传送到火灾显示盘 AR 上进行显示。显示盘因为有灯光显示，所以还要接主机电源总线 FP。

4. 消火栓箱报警按钮

消火栓箱报警按钮也是消防泵的启动按钮。消火栓箱是人工用喷水枪灭火最常用的方式，当人工用喷水枪灭火时，如果给水管网压力低，就必须启动消防泵。消火栓箱报警按钮是击碎玻璃式（或有机玻璃），将玻璃击碎，按钮将自动动作，接通消防泵的控制电路，使消防泵启动；同时也通过报警、总线向消防报警中心传递信息。因此，每个消火栓箱报警按钮也占一个地址码。在图 5-17 所示系统图中，纵向第 2 列图形符号为消火栓箱报警按钮，×3 代表地下层有 3 个消火栓箱（见图 5-18）。消火栓箱报警按钮的编号为 SF01、SF02、SF03。消火栓箱报警按钮的连接线为 4 根线。为什么是 4 根线？这是因为消火栓箱的位置不同，而形成了两个回路，每个回路仍然是 2 根线。线的标注是 WDC：去直接启动泵。同时，每个消火栓箱报警按钮也与报警总线相接。

5. 火灾报警按钮

火灾报警按钮是人工向消防报警中心传递信息的一种方式，一般要求在防火区的任何地方至火灾报警按钮的距离不超过 30m。图 5-18 中纵向第 3 列图形符号是火灾报警按钮。火灾报警按钮也是击碎玻璃式，发生火灾而需要向消防报警中心报警时，击碎火灾报警按钮玻璃就可以通过报警总线向消防报警中心传递信息。每一个火灾报警按钮也占一个地址码。×3 代表地下层有 3 个火灾报警按钮（见图 5-18）。火灾报警按钮的编号为 SB01、SB02、SB03。同时，火灾报警按钮也与消防电话线 FF 连接，每个火灾报警按钮板上都设置有电话插孔，插上消防电话就可以用。第 8 层纵向第 1 个图形符号就是电话符号。

6. 水流指示器

图 5-18 中纵向第 4 列图形符号是水流指示器 FW，每层楼一个。由此可以推断出，该建筑每层楼都安装有自动喷淋灭火系统。火灾发生超过一定温度时，自动喷淋灭火的闭式喷头感温元件熔化或炸裂，系统将自动喷水灭火，此时需要启动喷淋泵加压。水流指示器安装在喷淋灭火给水的支干管上，当支干管有水流动时，其水流指示器的电触点闭合，接通喷淋泵的控制电路，使喷淋泵电动机启动加压。同时，水流指示器的电触点也通过控制模块接入报警总线，向消防报警中心传递信息。每一个水流指示器也占一个地址码。

7. 感温火灾探测器

在地下层、第 1 层、第 2 层、第 8 层安装有感温火灾探测器。感温火灾探测器主要应用在火灾发生时很少产生烟或平时可能有烟的场所，例如车库、餐厅等地方。图 5-18 中纵向第 5 列图形符号上标注 B 的为子座，第 6 列没有标注 B 的为母座。例如编码为 ST012 的母座带动三个子座（见图 5-21），分别编码为 ST012-1、ST012-2、ST012-3，此 4 个探测器只有一个地址码。子座接到母座是另外接的 3 根线。ST 是感温火灾探测器的文字符号。

8. 感烟火灾探测器

该建筑应用的感烟火灾探测器数量比较多，图 5-18 中纵向第 7 列图形符号上标注 B 的为子座，图 5-18 中纵向第 8 列没有标注 B 的为母座。SS 是感烟火灾探测器的文字符号。

9. 其他消防设备

图 5-17 所示系统图的右面基本上是联动设备。其中，1807、1825 是控制模块，该控制模块是对火灾报警控制器送出的控制信号放大，再控制需要动作的消防设备。空气处理机 AHU 是对电梯前厅的楼梯空气进行处理的。新风机 PAU 共有两台，在第 1 层安装在右侧楼梯走廊处，在第 2 层安装在左侧楼梯前厅，是送新风的，发生火灾时都要求其开启而换空气。非消防电源配电箱安装在电梯井道的后面电气井中，火灾发生时需要切换消防电源。广播有服务性广播和消防广播，两者的扬声器合用，发生火灾时需要切换成消防广播。

三、平面图分析

1. 配线基本情况

在图 5-17 所示系统图中已经了解了该建筑火灾报警及消防联动系统的报警设备的种类、数量和连接导线的功能、数量、规格及敷设方式。但系统图中只反映了某层有哪些设备，没有反映设备的具体位置，其连接导线的走向也没有反映，这些情况，需要结合系统图，通过阅读平面图分析得到。

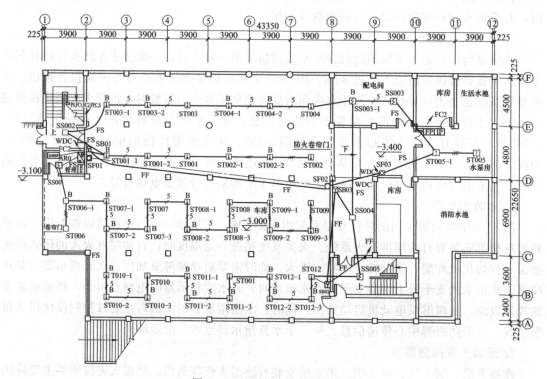

图 5-18　地下层火灾报警平面图

阅读平面图时，要从消防报警中心开始。消防报警中心设在第 1 层，将其与本层及上、下层之间的连接导线走向关系搞清楚，就容易理解工程情况了。在系统图中，已经知道连接导线按功能分共有 8 种，即 FS、FF、FC1、FC2、FP、C、S 和 WDC。分别说明如下：来自消防报警中心的报警总线 FS：必须先进各楼层的接线端子箱（火灾显示盘 AR）后，再向其编址单元配线；消防电话 FF：只与火灾报警按钮有连接关系；联动控制总线 FC1：只与控制模块 1825 所控制的设备有连接关系；联动控制线 FC2：只与控制模块 1807 所控制的设备有连接关系；通信总线 C：只与火灾显示盘 AR 有连接关系；主机电源总线 FP：与火灾显示盘 AR 和控制模块 1825 所控制的设备有连接关系；消防广播线 S：只与控制模块 1825 中的扬声器有连接关系；控制线 WDC：只与消火栓箱报警按钮有连接关系，再配到消防泵，与消防报警中心无关系。从图 5-18 所示的消防报警中心可以知道，在控制柜的图形符号中，共有 4 条线路向外配线，这 4 条线路都可以沿地面暗敷设。

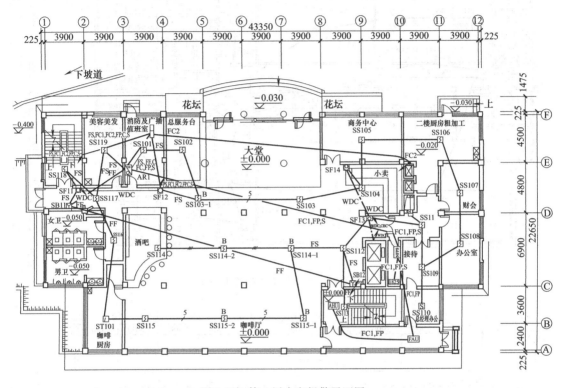

图 5-19　第 1 层火灾报警平面图

2. 第 1 层平面图分析

③轴的接线端子箱（火灾显示盘）共有 4 条出线，即配向②轴 SB11 处的 FF 线；配向⑩轴的电源配电间的 NFPS 处，有 FC1、FP、S 功能线；配向 SS101 的 FS 线；配向 SS115 的 FS 线。该建筑设置的文字符号标注：感烟火灾探测器为 SS，感温火灾探测器为 ST，火灾报警按钮为 SB，消火栓箱报警按钮为 SF，其数字排序按种类各自排。例如，SS115 为第 1 层第 1 号地址码的感烟火灾探测器，ST101 为第 1 层第 1 号地址码的感温火灾探测器。有母座带子座的，子座又编为 SS115-1、SS115-2 等。

先分析配向 SS101 的 FS 线，用钢管沿墙暗配到顶棚，进入 SS101 接线底座进行接线，再配到 SS102，依此类推，直到 SS119 而回到火灾显示盘，形成了一个环路。如果该系统的火灾显示盘具有环形接线报警器的功能，这个环路就是环形接线，否则仍然是树枝形接线。在这个环路中也有分支，例如 SS110、SB12、SF14 等，其目的是减少配线路径。在 SS115-1、SS115-2、SS115 之间配 5 根线的原因是母座与子座之间的连接线又增加了 3 根线（有的火灾报警设备的母座与子座之间连接线为 2 根线）。在 SS114-1、SS114-2、SS114 之间配 3 根线的原因也是一样的，说明该火灾报警设备中作为母底座的并联底座一定要安装在并联的末端。

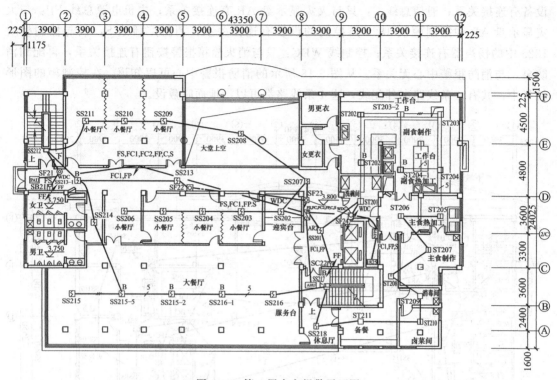

图 5-20　第 2 层火灾报警平面图

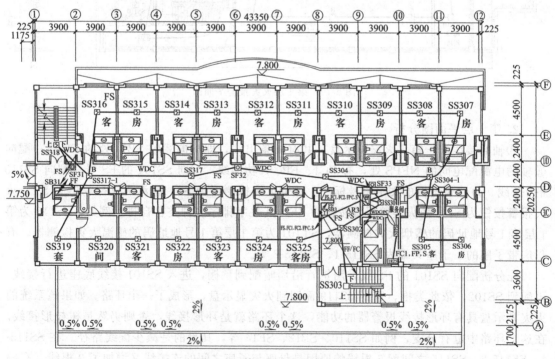

图 5-21　第 3 层火灾报警平面图

　　有的火灾报警设备中作为母底座的并联底座不要求安装在末端,其报警总线只与母底座连接,母底座与子底座之间不需要连接报警总线。因此 SS115-1、SS115-2、SS115 的编号就要换位了，它们之间的连接线也就可以减少了。

火灾显示盘配向②轴 SB11 处的消防电话线 FF，FF 与 SB11 连接后，在此处又分别到第 2 层的 SB21（实际中也可以在此处再向下引到 SB01 处，就可以去掉 SB03 处到 SB01 处的保护管及配线了）和本层的⑨轴 SB12 处，在 SB12 处又向上到 SC22 和向下再引到⑧轴 SB02 处。SF11 的连接线 WDC（2 根）来至地下层 SF01 处，SF11 与 SF12 之间有 WDC 连接线，SF11 的连接线 WDC 又配到第 2 层的 SF21 处。SF13 处的连接线 WDC（2 线）来至地下层 SF03 处，又配到 2 层的 SF24 处（不在同一垂直轴线）。在系统图中标注的 WDC 为 4 根线就是这两处的线相加。

火灾显示盘配向⑩轴电源配电的 NFPS 处，有 FC1、FP、S 功能线。NFPS 接 FC1、FP 线。电源配电间有 1825 控制模块，是扬声器的切换控制接口，接 FC1、FP、S 线。NFPS 又接到 PAU（新风机控制接口）和 AHU（空气处理机控制接口），接 FC1、FP 线。

报警总线 FS 在 SS111 与 SS112 之间连接 SF13 是不合理的，因为 SF13 是安装在消火栓箱里，距地一般是 1.5m 左右，而火灾探测器 S 是安装在顶棚上，将 SF13 放在中间，安装时，报警总线就会出现上、下返的配线。其一是不经济，其二是使用报警总线的环路变长，信号损失大。应该将 SF13 放在支路，即 SS111 直接连到 SS112 与 SS113 连接，此时的 SF13 就是支线了。

3. 地下层平面图分析

地下层的接线端子箱（火灾显示盘）布置在车库管理室②轴，在②轴与Ⓔ轴交汇处有引上线符号，再配至①轴。其中，FC2（2 线）配到 E/SEF 排烟风机控制柜；在车库管理室布置有 NFPS 非消防电源切换装置，FC1 就是其信号控制线，还需要连接 FP；在车库管理室还应布置有 1825 控制模块，是扬声器的切换控制接口，接 FP、S 线。FS 也同样形成一个环路，也有不在环路之内的分支配线，如 ST002、ST008、ST009 等。另外，如果 SB01 的 FF 线从第 1 层 SB11 处配来，就不需要 SB01 与 SB03 之间的 FF 线了，两者的距离相差近 24m，不仅节约配管和导线，而且节约工程量，经济效益是非常显著的。

SF01、SF02、SF03，它们各自都要与报警总线 FS 连接，而且它们之间还要连接 WDC 线；在 SF01 处还要配到第 1 层 SF11 处；在 SF03 处也要配到第 1 层 SF13 处；两条线路（共 4 根线）在 SF03 处合并为 2 根线，再配到水泵房的 FP（消防泵）控制柜中。在 FP 控制柜处，有来自工层的 FC2，FC2 为 4 根线，2 根线直接进入 FP 控制柜，另 2 根线配到 IP（喷淋泵）控制柜。FC2 是来自火灾自动报警与消防联动控制的控制线，而 WDC 是来自消火栓箱按钮的控制线，按钮是人工操作，而 FC2 是自动的，但两者的作用是相同的，都是发出启动消防泵的控制信号。

4. 第 2 层平面图分析

第 2 层线路由消防报警中心在第 1 层配向④轴，再向第 2 层配线，有 FS、FC1、FC2、FP、S、C 等六种功能线。其中，FS 应该是三条回路的报警总线，因为第 4 层～第 6 层为一条总线，第 7 层、第 8 层为一条总线，第 1 层～第 3 层为一条总线，都要经过这里；而 FC2 联动控制线（6 根线）也要经过这里，再配第 8 层的。可以在第 2 层的墙上 0.3m 处（或吊顶内）安装一个接线端子箱，在接线端子箱中分线，其中 FC1、FP 分成两路，一路配到①轴的 PAU（新风机）处，另一路与 FS、FC2、S、C 一起配到⑧轴的火灾显示盘 AR2 处。火灾显示盘 AR2 有 5 条线路配出：两条是报警总线的环形配线；一条有 FC1、FP 线，配到 AHU（空气处理机）；一条有 FC1、FP、S 线，配到电源配电箱间的 NFPS 处，其中，

FC1、FP 与 NFPS 连接，而 FC1、FP、S 线再配到 1825 控制模块，是扬声器的切换控制接口；还有一条是向第 3 层配线的，有 PS、FC1、FC2、FP、C、S。由此可以知道，FC2 是在这里向上配线的，其好处是每经过一层楼，都有接线箱，可以使 FC2 的拉线距离不会太长。而 FS 还是三条回路的总线。在 2 层的 SF24 处有 WDC 的上、下配线，还有 SF24、SF23、SF22 之间的 WDC 连接线，它们都应该沿墙和顶棚配线，而 SF21 处也有 WDC 的上、下配线。在这层 SF21 与 SF22 等是没有连接关系的。它们各自都要与报警总线 FS 连接，都有独立的地址码。SB21 处有 FF 的上、下配线，SB21 的报警总线 FS 来自 SF21 处；SB22 处也有 FF 的上、下配线。

5. 第 3 层平面图分析

第 3 层的火灾显示盘 AR3 在⑨轴，虽然与第 2 层的火灾显示盘 AR2 不在同一轴线，但因为有吊顶，是比较好配线的，但配管要有两个弯。火灾显示盘 AR3 进线来自第 2 层，有 FS、FC1、FC2、FP、S、C 等六种功能线。再向第 4 层配线时，还是这六种功能线，但报警总线 FS 只有两条回路了。第 3 层的报警总线也是环形配线。在 SF32 与 SF33 之间有 WDC 连接线，在 SF32 处也向上配，说明第 4 层以上的消火栓箱都在这个位置了。在 SF32 处，因为第 2 层的消火栓箱与其不在同一个轴线，所以有跨服务间的情况。SB32、SB31 都分别接有 FF 线及上、下配线的标注等，其他分析与第 2 层基本相同。

思 考 题

1. 火灾自动报警系统由哪几部分组成？ 各部分的作用是什么？
2. 如何选择火灾探测器？
3. 火灾探测器安装时应该注意哪些问题？
4. 模块、总线隔离器、手动报警开关应安装在什么位置？
5. 简述火灾报警系统的线制。

第六章　通信网络及综合布线

智能建筑内通信网络系统一般包括电话通信系统、卫星电视及有线电视系统、广播系统等。本章对上述系统的工作原理、安装部件做了介绍，并通过工程图纸对这几个系统进行分析。

第一节　有线电视系统

有线电视系统，简称为 CATV 系统。由于系统各部件之间采用了大量的同轴电缆作为信号传输线，因而 CATV 系统又叫电缆电视，也就是有线电视。由于通信技术的迅速发展，CATV 系统不但能接收电视塔发射的电视节目，还可以通过卫星地面站接收卫星传播的电视节目。

一、有线电视系统组成

有线电视系统主要由信号源、前端、干线传输和用户分配网络组成（图 6-1）。信号源接收部分的主要任务是向前端提供系统欲传输的各种信号。它一般包括开路电视接收信号、调频广播、地面卫星、微波以及有线电视台自办节目等信号。系统的前端部分的主要任务是将信号源送来的各种信号进行滤波、变频、放大、调制、混合等，使其适用于在干线传输系统中进行传输。

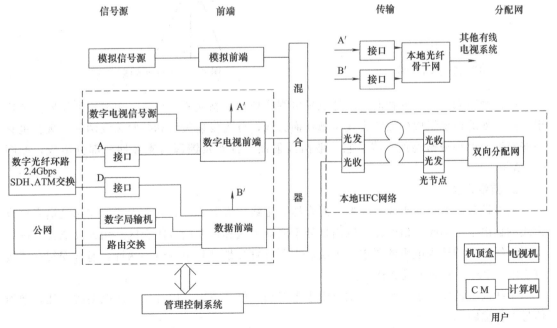

图 6-1　现代有线电视网络的基本组成

1. 接收天线

接收天线为获得地面无线电视信号、调频广播信号、微波传输电视信号和卫星电视信号而设立，对 C 波段微波和卫星电视信号大多采用抛物面天线；对 VHF、UHF 电视信号和调频信号大多采用引向天线（八木天线）。天线性能的高低对系统传送的信号质量起着重要的作用，因此常选用方向性强、增益高的天线，并将其架设在易于接收、干扰少、反射波少的高处。

（1）引向天线　引向天线为有线电视系统中最常用的天线，它由一个辐射器（即有源振子或称馈电振子）和多个无源振子组成，所有振子互相平行并在同一平面上，如图 6-2 所示。在 20 世纪 20 年代，由日本东北大学的八木秀次和宇田太郎两人发明了这种天线，被称为"八木宇田天线"，简称"八木天线"。八木天线是由一个有源振子（一般用折合振子）、一个无源反射器和若干个无源引向器平行排列而成的端射式天线。引向器的作用是增大对前方电波的灵敏度，其数量愈多愈能提高增益。但数目也不宜过多，数目过多对天线增益的继续增加作用不大，反而使天线通频带变窄，输入阻抗降低，造成匹配困难。反射器的功能是减弱来自天线后方的干扰波，而提高前方的灵敏度。

引向天线具有结构简单、重量轻、架设容易、方向性好、增益高等优点，因此得到了广泛的、大量的应用。引向天线可以做成单频道的，也可以做成多频道或全频道的。

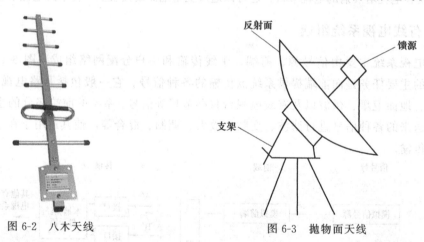

图 6-2　八木天线　　　　　　　　　　图 6-3　抛物面天线

（2）抛物面天线　抛物面天线是卫星电视广播地面站使用的设备。由抛物面反射器和位于其焦点处的馈源组成的面状天线叫抛物面天线，分为发射天线和接收天线两种。现在也有一些家庭使用小型抛物面天线。它一般由反射面、背架及馈源与支撑件三部分组成，如图 6-3 所示。

2. 前端设备

前端设备主要包括天线放大器、混合器、干线放大器等。天线放大器的作用是提高接收天线的输出电平和改善信噪比，以满足处于弱场强区和电视信号阴影区共用天线电视传输系统主干线放大器输入电平的要求。天线放大器有宽频带型和单频道型两种，通常安装在离接收天线 1.2m 左右的天线竖杆上。

干线放大器安装于干线上，主要用于干线信号电平放大，以补偿干线电缆的损耗，增加信号的传输距离。

混合器是将所接收的多路信号混合在一起，合成一路输送出去，而又不互相干扰的一种设备。使用它可以消除因不同天线接收同一信号而互相叠加所产生的重影现象。

3. 传输分配网络

分配网络分为有源及无源两类。无源分配网络只有分配器、分支器和传输电缆等无源器件，其可连接的用户较少。有源分配网络增加了线路放大器，因而其所接的用户数可以增多。

分配器用于分配信号，将一路信号等分成几路，常见的有二分配器、三分配器、四分配器。分配器的输出端不能开路或短路，否则会造成输入端严重失配，同时还会影响到其他输出端。

分支器用于把干线信号取出一部分送到支线里去，它与分配器配合使用可组成形形色色的传输分配网络。因在输入端加入信号时，主路输出端加上反向干扰信号，对主路输出则无影响，所以分支器又称定向耦合器。

线路放大器是用于补偿传输过程中因用户增多、线路增长后信号损失的放大器，多采用全频道放大器。

在分配网络中各元件之间均用馈线连接，它是信号传输的通路，分为主干线、干线、分支线等。主干线接在前端与传输分配网络之间；干线用于分配网络中信号的传输；分支线用于分配网络与用户终端的连接。现在馈线一般采用同轴电缆，同轴电缆由一根导线作芯线和外层屏蔽铜网组成，内外导体间填充绝缘材料，外包塑料套，结构如图 6-4 所示。同轴电缆不能与有强电流的线路并行敷设，也不能靠近低频信号线路，如广播线和载波电话线。

在有线电视系统中均使用特性阻抗为 75V 的同轴电缆，最常使用的有 SYV 型、SY-FV 型、SDV 型、SYKV 型、SYDY 型等。

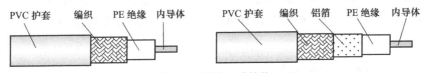

图 6-4　同轴电缆结构

分配网络的形式应根据系统用户终端的分布情况和总数确定，形式也是多种多样的。在系统的工程设计中，分配网络的设计最灵活多变，在保证用户终端能获得规定电平值的前提下，使用的元器件应越少越好。分配网络的组成形式有很多，有的已成熟到可以不需再逐点计算就能直接应用于工程中。分配网络的基本组成形式有下列几种：

① 分配-分配形式。网络中采用分配器，主要适用于以前端为中心向四周扩散的、用户端数不多的小系统，主要用于干线、分支干线、楼幢之间的分配。在使用这种形式的网络时，分配器的任一端口不能空载。图 6-5 所示是其基本组成。

② 分支-分支形式。该网络采用的都是分支器，适用于用户端离前端较远且分散的小型有线电视系统。使用该系统时，最后一个分支器的输出端必须接上 75Ω 负载电阻，以保持整个系统的匹配。图 6-6 所示是其基本组成。

③ 分配-分支形式。这个形式的分配网络是应用得最广泛的一种。通常是先经分配器将信号分配给若干根分支电缆，然后再通过具有不同分支衰减的分支器向用户终端提供符合"规范"所要求的信号。图 6-7 所示是其基本组成。

④ 分支-分配形式。进入分配网络的信号先经过分支器，将信号中的一部分能量分给分配器，再通过分配器分给用户终端。图 6-8 所示是其基本组成。

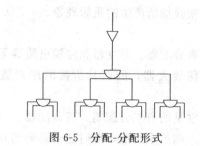

图 6-5　分配-分配形式

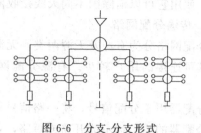

图 6-6　分支-分支形式

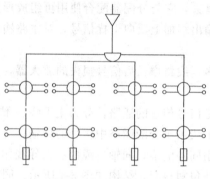

图 6-7　分配-分支形式

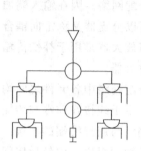

图 6-8　分支-分配形式

4. 用户终端

有线电视系统的用户终端是供给电视机电视信号的接线器，又称为用户接线盒。用户接线盒有单孔盒和双孔盒之分。单孔盒仅输出电视信号，双孔盒既能输出电视信号又能输出调频广播信号。

二、有线电视系统工程图

有线电视系统工程图主要包括系统图、平面图、安装大样图及必要的文字说明。系统图、平面图是编制造价和施工的主要依据。

电视系统工程图中的设备一般以表的形式给出。

电视平面图一般包括屋顶有线电视平面图和楼层电视平面图。

屋顶有线电视平面图是表示在建筑物顶层安装的天线及前端设备和线路的平面位置。楼层电视平面图主要表示各楼层电视接收机（用户终端）的位置及线路走向位置等。

图 6-9 为某建筑有线电视平面图。系统进线为有线电视网引来的 75Ω 聚乙烯绝缘射频电缆，从室外地下 0.7m 穿管进线。信号经过门边的放大器送入过厅的分支器，然后送入各个房间的插座。线路沿地板暗敷设。放大器箱距地 1.2m 安装；分支器箱距地 0.3m 安装；电视插座距地 0.3m 安装。

电视系统图与前述的照明系统图类似，用图形符号画出电视接收天线、放大器、混合器、前端箱、分配器、分支器、系统输出口等设备，并标注主干电缆、分支电缆的型号规格，必要时应标注系统输出口电平。图 6-10 为某建筑有线电视系统图，与图 6-9 配套使用。由系统图看出，该系统由有线电视管网引来的信号经放大器放大，由三分配器分出送入 3 个二分配器，再由二分配器送入一、二、三、四、五各个楼层的几个四分支

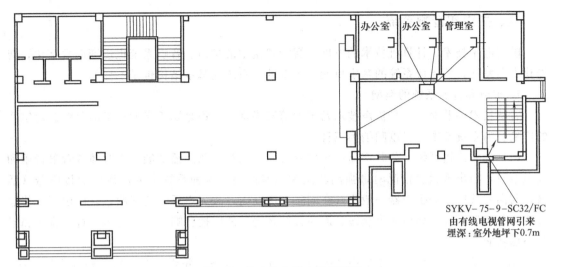

SYKV－75－9－SC32/FC
由有线电视管网引来
埋深：室外地坪下0.7m

图 6-9　某建筑有线电视平面图

器上。

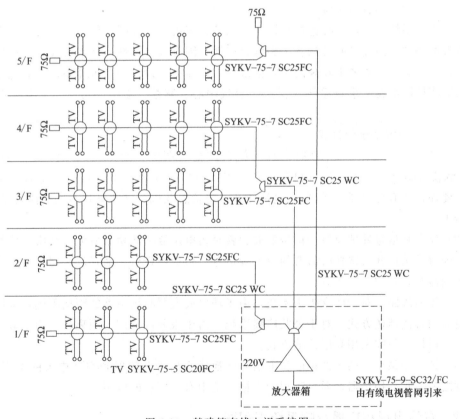

图 6-10　某建筑有线电视系统图

读有线电视平面图时，应结合系统图由顶层天线平面图往下层看。从天线至前端设备或前端箱，了解其位置、安装尺寸和距地高度，干线电缆的型号和走向，穿管管材和管径。其他层平面图上只标注天线出线口位置和距地高度，引入并引下电缆的型号和穿管管材和管径。

三、扩声和音响系统

随着电子技术、计算机技术的发展，智能建筑中的扩声、音响系统也逐渐向数字化，智能化方向发展，但组成系统的基本单元是不变的，系统的基本结构也是不变的。

1. 扩声和音响系统的类型

音响技术涉及面广，自扩声技术乃至通信联络都可以说是属于音响技术的范畴。建筑物的广播音响系统基本上可以归纳为三种类型。

（1）公共广播系统　公共广播系统包括背景音乐和紧急广播功能，平时播放背景音乐和其他节目，当出现紧急情况时，强制转换为报警广播。这种系统中的广播用的传声器（话筒）与向公共广播的扬声器一般不处在同一个房间内，故无声反馈的问题，且以定压式传输方式为其典型系统，如面向公众区、面向宾馆客房等的广播音响系统，它包括背景音乐和紧急广播功能。

（2）厅堂扩声系统　厅堂扩声系统使用专业音响设备，并要求有大功率的扬声器系统。由于演讲或演出用的传声器与扩声用的扬声器同处于一个厅堂内，故存在声反馈的问题，所以厅堂扩声系统一般采用低阻抗式直接传输方式，如礼堂、剧场、体育场馆、歌舞厅、宴会厅、卡拉 OK 厅等的音响系统。

（3）会议系统　会议系统包括会议讨论系统、表决系统和同声传译系统。这类系统一般也设置有由公共广播提供的背景音乐和紧急广播。因有其特殊性，常在会议室和报告厅单独设置会议广播系统。对要求较高的国际会议厅，还需另行设计同声传译系统、会议表决系统以及大屏蔽投影电视。会议系统广泛用于会议中心、宾馆、集团公司、大学学术报告厅等场所。

2. 扩声和音响系统的组成

（1）节目源设备　节目源通常有无线电广播（调频、调幅）、普通唱片、激光唱片（CD）和盒式磁带等，相应的节目源设备有 FM/AM 调谐器、电唱机、激光唱机和录音卡座等。此外，还有传声器（话筒）、电视伴音（包括影碟机、录像机和卫星电视的伴音）、电子乐器等。

（2）放大和信号处理设备　信号的放大就是指电压放大和功率放大，其次是信号的选择处理，即通过选择开关选择所需要的节目源信号。包括调音台、前置放大器、功率放大器和各种控制器及音响加工设备等。

（3）传输线路　对于厅堂扩声系统，由于功率放大器与扬声器的距离不远，采用低阻抗式大电流的直接馈送方式。对于公共广播系统，由于服务区域广、距离长，为了减少传输线路引起的损耗，往往采用高压传输方式。

（4）扬声器系统　扬声器是能将电信号转换成声信号并辐射到空气中去的电声换能器，一般称之为喇叭。扬声器在弱电工程的广播系统中有着广泛的应用。

四、有线电视和广播音响系统工程图

1. 设计说明

① 有线电视信号直接来自区域网，如电视信号电平不足，可以在进楼时增加线路放大器来提高信号电平。

② 广播音响系统有三套节目源，走廊、大厅及咖啡厅设置背景音乐。客房节目功率为

400W，背景音乐功率为50W，地下车库用15W号筒式扬声器，其余公共场所用3W嵌顶音箱或壁挂音箱（无吊顶处）。

③ 广播控制室与消防控制室合用，设备选型由用户定。大餐厅独立设置扩声系统，功放设备置于迎宾台。

④ 地下车库采用15W号筒式扬声器，距顶0.4m挂墙或柱安装，其余公共场所扬声器嵌顶安装，客房扬声器置于床头柜内。楼层广播接线箱竖井内距地1.5m挂墙安装，广播音量控制开关距地1.4m。

⑤ 广播线路为ZR-RVS-2×1.5，竖向干线在竖井内用金属线槽敷设，水平线路在吊顶内用金属线槽敷设，引向客房段的WS1-3共穿SC20暗敷。

2. 有线电视系统分析

（1）系统图分析　从图6-11所示的有线电视系统图可以知道，该建筑物的有线电视信号引自市CATV网，用HYWY-75-9型同轴电缆穿32mm的钢管引来，先进入2层编号为ZS1接线箱中的2分配器（如果电视信号电平不足，可在2分配器前加线路放大器），再分配至ZS1接线箱中的4分配器和安装在5层编号为ZS2接线箱中的3分配器。ZS1接线箱中的4分配器又分成4路，编号为WV1、WV2、WV3、WV4，采用HYWY-75-7型同轴电缆穿直径25mm的塑料管向2、3、4层配线。ZS2接线箱中的3分配器也分成3路，编号为WV5，WV6，WV7，向5、6、7层配线。

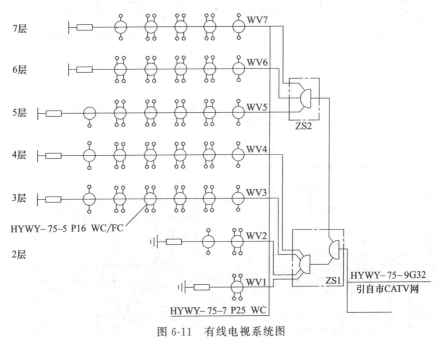

图6-11　有线电视系统图

在WV3分配回路接有4个4分支器和2个2分支器，分支线采用HYWY-75-5型同轴电缆穿直径16mm的塑料管，沿墙或地面暗配，分别配至电视信号终端（计20个电视插座）。其他分配回路原理相同，可依次阅读，计算出该系统设计电视机台数。另应注意，每个分配回路信号终端都通过一个75Ω的电阻接地，因为分配回路是不允许空负荷的。

通过阅读系统图知道了该系统的组成，但要知道组成该系统的各种设备，即分配器、分支器、电视机插座等的安装位置，信号传输线路的走向、敷设部位、敷设方式等，就必须阅读各平面图，下面选取2层电视平面图为例，介绍平面图的阅读方法。

（2）2层电视平面图分析　阅读图6-12、图6-13，1层与2层电视与广播平面图。从系

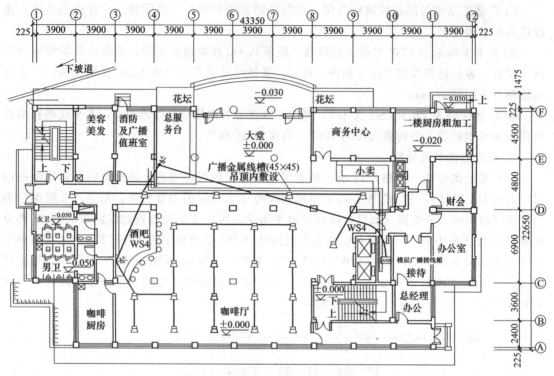

图 6-12　1层有线电视与广播平面图

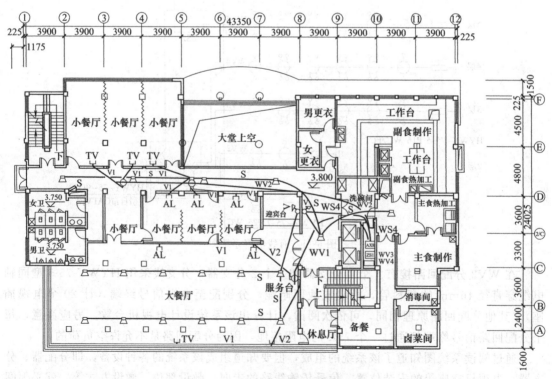

图 6-13　2层有线电视与广播平面图

统图得知，1 层没有安装电视插座，由市 CATV 网来的信号直接进入该建筑 2 层配电间的 ZS1 接线箱再由箱内的 4 分配器引出 WV1、WV2、WV3、WV4 四条分配回路，其中 WV1 分配回路是配向大餐厅的，先配置⑧轴墙面 0.3m 的 4 分支器接线盒，再分别配置 4 个电视插座盒，一般电视插座盒安装高度为 0.3m。

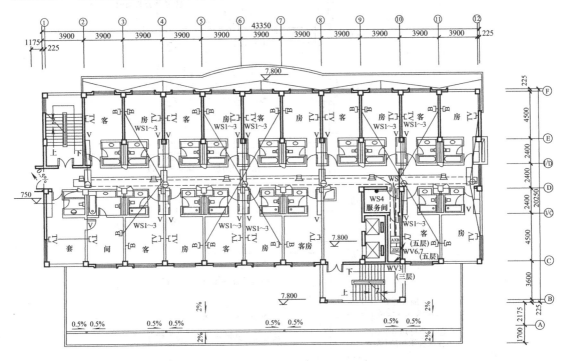

图 6-14　3 层有线电视与广播平面图

WV2 分配回路是配向 6 间小餐厅的，接有一个 4 分支器和一个 2 分支器，2 个分支器的接线盒可以分别安装在就近的电视插座盒旁，再分别配置 6 个电视插座盒内。分支线的长短不同，但线路损耗相差不大。

WV3、WV4 由 2 层引上至 3 层、4 层。

WV1 和 WV2 分配回路可以在 2 层的顶棚内配线，其分支器就安装在顶棚内相对应位置，再沿墙内暗配至对应的电视插座盒内，是比较方便的配线方式，其他楼层只要有吊顶，道理也是相同的。

其他各层平面图阅读是一样的。

3. 广播音响系统分析

（1）系统图分析　阅读图 6-15 所示的广播音响系统图及设计说明，知道该建筑广播音响系统有 3 套节目源，即客房控制柜有 3 套节目源供客人选择，在图 6-14 平面图中标有 WS1~3。在走廊、大厅、咖啡厅设置背景音乐，在平面图中标有 WS4。

对每层楼的楼道及公共场所分路，配置 1 个独立的广播音量控制开关，可以对各自的分路进行音量调节与开关控制，对咖啡厅分路，也配置 1 个独立的广播音量控制开关。大餐厅还设置扩声系统，功放设置于迎宾台房间内。

广播线路为 ZR-RVS-2 X 1.5 阻燃型多股铜芯塑料绝缘软线，干线用金属线槽配线，引入客房段用 20mm 钢管暗敷。每个楼层设置一个楼层广播接线箱 AXB，因为有线广播与火

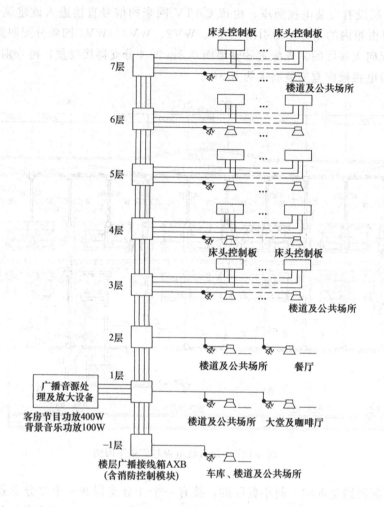

图6-15 广播音响系统图

灾报警消防广播合用，所以在AXB中也安装消防控制模块，发生火灾时，可以切换成消防报警广播。

（2）1层平面图分析 由图6-12知道广播控制室与消防控制室合用，广播线路通过一层吊顶内的金属线槽配至配电间的AXB中，再通过竖井内金属线槽配向各楼层的AXB。金属线槽的规格是45mm×45mm（宽×高）。

1层的广播线路WS4有2条分路，1条是配向在咖啡厅、酒吧间的广播音量控制开关，再配向吊顶内与其分路的扬声器连接；另1条楼道分路广播音量控制开关安装在总服务台房间。因为WS4分路的扬声器还用于火灾报警消防广播，所以需要经过1层AXB中的消防控制模块。2条分路从AXB中出来可以合用1条线，可以先配向总服务台房间的广播音量控制开关盒内进行分支，然后再配向咖啡厅、酒吧间的广播音量控制开关。此段线可通过一层吊顶内的金属线槽配线，在④轴处如果安装一个接线盒，在接线盒中就可以分成2条分路，再穿钢管保护分别配至广播音量控制开关盒内。广播线路的每条分路中扬声器连接全是并联关系，所以WS4分路的广播线也是ZR-RVS-2×1.5mm²。照此方法可阅读其他平面图。

第二节 电话通信系统

电话通信系统已成为各类建筑物内必须设置的系统，是智能建筑工程的重要组成部分。电话通信系统有三个组成部分，即电话交换设备、传输系统和用户终端设备。任何建筑内的电话均通过市话中继线拨通全国乃至全世界电话网络中的其他电话用户并与之进行通话。电话交换机是接通电话用户之间通信线路的专用设备，随着通信技术的发展，数字程控电话机得到了广泛应用。数字程控电话，改变了以往的模拟传输方式，采用数字式传输技术，使得电话交换机的功能和传送距离，信息总量和话音清晰度都有了很大提高；同时，可借助数字通信网络，实现计算机联网，通过用户的电脑终端机可以直接地利用远方的大型计算机中心进行运算；将数据库技术，计算机技术和数字通信网络相结合，可以进行联机情报检索，因此程控电话系统已不再是人们通话的单一手段，它正演变为信息社会的重要纽带。

一、数字程控交换机

交换机的作用是完成用户与用户之间语言和数据的交换。数字程控交换机一般分为两类，即数字程控市话交换机与数字程控用户交换机。前者用于用户交换机之间中继线的交换，后者用于用户交换机内部用户与用户之间，以及用户通过用户交换机中继线与外部电话交换网上各用户之间的通信。程控用户交换机的中继方式一般有下列4种：全自动直拨中继方式、半自动中继方式、人工中继方式和混合中继方式。

二、电话机

电话机是由送话器、受话器、拨号盘、感应线圈和叉簧等主要元器件连接在一起组成的。电话机的种类比较多，常采用的电话机有拨号盘式电话机、脉冲按键式电话机、双音多频（DTMF）按键式电话机、多功能电话机等。用户选购电话机应根据使用环境，与其功能要求相适应，一般办公室、住宅、公用电话服务站等普遍选用按键式电话机，只是应注意的是，当需要配合程控电话交换机时，则应选用双音频按键电话机。多功能电话机则多适用于重要用户、专线电话、调度、指挥中心等机构。

三、传输线路

电话通信系统的传输线路通常采用音频电缆、光缆或采用综合布线系统。

1. 通信电缆

电话系统的干线使用电话电缆。室外埋地敷设时使用铠装电缆，架空敷设时使用钢丝绳悬挂普通电缆，或使用带自承钢丝绳的电缆，室内使用普通电缆。常用电缆有 HYA 型综合护层塑料绝缘电缆和 HPVV 型铜芯全聚氯乙烯电缆。例如，电缆规格标注为 HYA10×2×0.5，其中，HYA 为型号，10 表示缆内 10 对电话线，2×0.5 表示每对线为 2 根直径 0.5mm 的导线。电缆的对数从 5 对到 1200 对，线芯有直径 0.5mm 和 0.4mm 两种规格。

在选择电缆时，电缆对数要比实际设计用户数多 20% 左右，作为线路增容和维护使用。常用的有纸绝缘市内电话电缆和铜芯聚乙烯绝缘电话电缆，其型号、名称、规格等分别见表 6-1、表 6-2。

表 6-1　纸绝缘对绞市内电话电缆型号、名称、规格表

型号	名称	敷设场合	对数				
			0.4mm 线径	0.5mm 线径	0.6mm 线径	0.7mm 线径	0.9mm 线径
HQ	裸铅护套市内电话电缆	敷设在室内、隧道及沟管中,以及架空敷设。对电缆应无机械外力,对铅护套有中性环境	5～1200	5～1200	5～800	5～600	5～400
HQ1	铅护套麻被市内电话电缆	敷设在室内、隧道及沟管中,以及架空敷设。对电缆应无机械外力,对铅护套有中性环境	5～1200	5～1200	5～800	5～600	5～400
HQ2	铅护套钢带铠装市内电话电缆	敷设在土壤中,能承受机械外力,不能承受大的拉力	10～600	5～600	5～600	5～600	5～400
HQ20	铅护套裸钢带铠装市内电话电缆	敷设在室内、隧道及沟管中,其余同HQ2型	10～600	5～600	5～600	5～600	5～400

表 6-2　铜芯聚乙烯绝缘电话电缆型号与名称

序号	型号	名称
1	HYA	铜芯聚乙烯绝缘,铝-聚乙烯黏结组合护层电话电缆
2	HYA20	铜芯聚乙烯绝缘,铝-聚乙烯黏结组合护层裸钢铠装电话电缆
3	HYA23	铜芯聚乙烯绝缘,铝-聚乙烯黏结组合护层钢带铠装聚乙烯外护套电话电缆
4	HYA33	铜芯聚乙烯绝缘,铝-聚乙烯黏结组合护层细钢丝铠装聚乙烯外护套电话电缆
5	HYY	铜芯聚乙烯绝缘聚乙烯护套电话电缆
6	HYV	铜芯聚乙烯绝缘聚氯乙烯护套电话电缆
7	HYV20	铜芯聚乙烯绝缘聚氯乙烯护套裸钢带铠装电话电缆
8	HYVP	铜芯聚乙烯绝缘屏蔽型聚氯乙烯护套电话电缆

2. 光缆

光导纤维通信是一种崭新的信号传输手段。光缆利用激光通过超纯石英（或特种玻璃）拉制成的光导纤维进行通信。光缆由多芯光纤、铜导线、护套等组成。光缆既可用于长途干线通信,传输近万路电话以及高速数据,又可用于中小容量的短距离市内通信,还可用于市局同交换机之间以及闭路电视、计算机终端网络的线路中。光缆通信容量大、中继距离长、性能稳定,通信可靠,缆芯小,重量轻,曲挠性好,便于运输和施工。可根据用户需要插入不同信号线或其他线组,组成综合光缆。光缆的标准长度为 1000m ±100m。

3. 电话线

管内暗敷设使用的电话线,常用的是 RVB 型塑料并行软导线或 RVS 型双绞线,规格为 $2\times0.2\sim2\times0.5mm^2$,要求较高的系统使用 HPW 型并行线,规格为 $2\times0.5mm^2$,也可以使用 HBV 型绞线,规格为 $2\times0.6mm^2$。

四、配线方式

建筑物的电话线路包括主干电缆（或干线电缆）、分支电缆（或配线电缆）和用户线路等三部分,其配线方式应根据建筑物的结构及用户的需要,选用技术上先进、经济上合理的方案,做到便于施工和维护管理、安全可靠。

干线电缆的配线方式有直接式、复接式、和交接式,如图 6-16～图 6-18 所示。

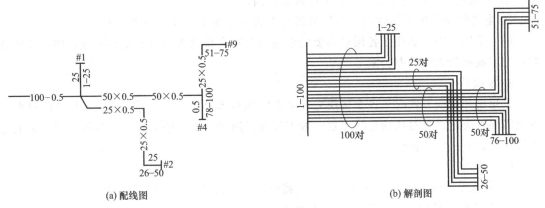

(a) 配线图　　　　　　　(b) 解剖图

图 6-16　直接配线

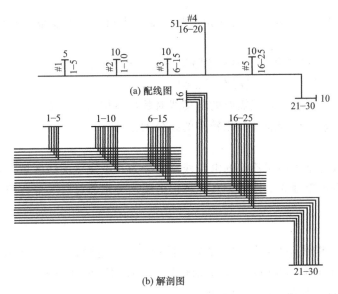

(a) 配线图

(b) 解剖图

图 6-17　复接配线

1. 直接配线

采用这种配线方式时，各个楼层的电缆采取分别独立的直接供线，因此各个楼层的电话电缆线对之间无连接关系。各个楼层所需的电缆对数根据需要来定，可以相同或不相同。

（1）优点

① 各楼层的电缆线路互不影响，如发生障碍涉及范围较小，只是一个楼层；

② 由于各层都是单独供线，发生故障容易判断和检修；

③ 扩建或改建较为简单，不影响其他楼层。

（2）缺点

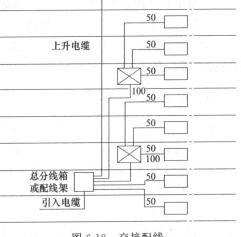

图 6-18　交接配线

① 单独供线，电缆长度增加，工程造价较高；

② 电缆线路网的灵活性差，各层的线对无法充分利用，线路利用率不高。

（3）适用范围　适用于各层楼需要的电缆线对较多且较为固定不变的场合，如高级宾馆的标准层或办公大楼的办公室等。

2. 复接式

采用这种配线方式时，各个楼层之间的电缆线对部分复接或全部复接，复接的线对根据各层需要来决定。每对线的复接次数一般不得超过两次。各个楼层的电话电缆由同一条上升电缆接出，不是单独供线。

（1）优点

① 电缆线路网的灵活性较高，各层的线对因有复接关系，可以适当调度；

② 电缆长度较短，且对数集中，工程造价较低。

（2）缺点

① 各个楼层电缆线对复接后会互相影响，如发生故障，涉及范围较广，对各个楼层都有影响；

② 各个楼层不是单独供线，如发生障碍不易判断和检修；

③ 扩建或改建时，对其他楼层有所影响。

（3）适用范围　适用于各层需要的电缆线对数量不均匀、变化比较频繁的场合，如大规模的大楼、科技贸易中心或业务变化较多的办公大楼等。

3. 交接式

这种配线方式将整个高层建筑的电缆线路网分为几个交接配线区域，除离总分线箱或配线架较近的楼层采用单独式供线外，其他各层电缆均分别经过有关分线箱与总分线箱（或配线架）连接。

（1）优点

① 各个楼层电缆线路互不影响，如发生障碍，涉及范围较小，只是相邻楼层；

② 提高了主干电缆芯线使用率，灵活性较高，线对可调度使用；

③ 发生障碍容易判断、测试和检修。

（2）缺点

① 增加了交接箱和电缆长度，工程造价较高；

② 对施工和维护管理等要求较高。

（3）适用范围　适用于各层需要线对数量不同且变化较多的场合，如规模较大、变化较多的办公楼、高级宾馆、科技贸易中心等。

五、电话系统工程图

某综合楼电话系统工程图如图 6-19 所示。本楼电话系统工程图中没有画出电缆进线，首层为 30 对线电话分线箱（型号为 STO-30）F-1，箱体外形尺寸为 400mm×650mm×160mm。首层有三个电话出线口，箱左边线管内穿一对电话线，而箱右边线管内穿两对电话线，到第一个电话出线口分出一对线，再向右边线管内穿剩下的一对电话线。2、3 层各为 10 对线电话分线箱（型号为 STO-10）F-2，箱体外形尺寸为 200mm×280mm×120mm。每层有两个电话出线口。电话分线箱之间使用 10 对线电话电缆，电缆线型号为 HYV-10（2×0.5），穿直径为 25mm 的焊接钢管埋地、沿墙暗敷设［SC25-FC（WC）］。到电话出线口的电话线均为 RVB 型并行线 [RVB-(2×0.5)-SC15-FC]，直径为 15mm 的焊接钢管埋地敷设。

图 6-20 为某建筑电话系统平面图，阅读平面图知市话通信电缆 HYA30×2×0.5 由室外地下 0.7m 进入配线柜，再由配线柜配线至 TP1 分线箱，再由 TP1 分线箱引出四对线送至办公室、管理室等四个房间。楼内布线采用穿钢管暗敷，电话线型号为 RVB-2×0.3，1～3 对穿 PVC15 管，4 对以上穿 PVC20 管。电话分线箱（TP1）距地 1.2m，出线盒（TP）距地 0.3m 安装。

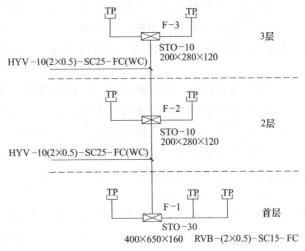

图 6-19 某综合楼电话系统工程图

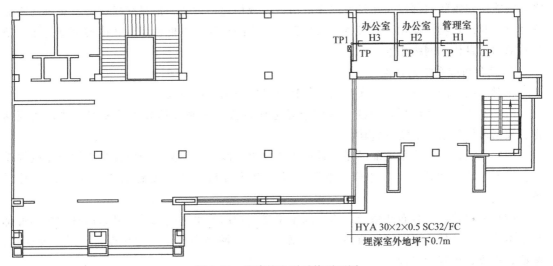

图 6-20 某建筑电话系统平面图

第三节 综合布线系统

综合布线技术是智能建筑弱电技术中的重要技术之一。它将建筑物内所有的电话、数据、图文、图像及多媒体设备的布线综合（或组合）在一套标准的布线系统上，实现了多种信息系统的兼容、共用和互换互调性能。它是一种开放式的布线系统，是一种在建筑物和建筑群中综合数据传输的网络系统，是目前智能建筑中应用最成熟、最普及的系统之一。

一、综合布线系统的产生及其定义

1. 综合布线系统的产生

现代科技的进步使计算机及网络技术飞速发展，提供越来越强大的计算机处理能力和网络通信能力。计算机及网络通信技术的应用大大提高了现代企业的生产管理效率，降低运作成本，并使得现代企业能更快速有效地获取市场信息，及时决策反应，提供更快捷更满意的客户服务，在竞争中保持领先。计算机及网络通信技术的应用已经成为企业成功的一个关键因素。

计算机及通信网络均依赖布线系统作为网络连接的物理基础和信息传输的通道。传统的基于特定的单一应用的专用布线技术因缺乏灵活性和发展性，已不能适应现代企业网络应用飞速发展的需要。而新一代的结构化布线系统能同时提供用户所需的数据、话音、传真、视像等各种信息服务的线路连接，它使话音和数据通信设备、交换机设备、信息管理系统及设备控制系统、安全系统彼此相连，也使这些设备与外部通信网络相连接。它包括建筑物到外部网络或电话局线路上的连线、与工作区的话音或数据终端之间的所有电缆及相关联的布线部件。布线系统由不同系列的部件组成，其中包括：传输介质、线路管理硬件、连接器、插座、插头、适配器、传输电子线路、电气保护设备和支持硬件。

2. 综合布线系统的定义

综合布线系统的定义是：综合布线系统是建筑物内部以及建筑群内部之间的信号传输网络，它能使建筑物内部以及建筑群内部的语音、数据通信设备、信息交换设备、建筑物物业管理设备和建筑物自动化管理设备等与各自系统之间相连，也能使建筑物内的信息传输设备与外部的信息传输网络相连。

3. 综合布线系统的特点

相对于以往的布线，综合布线系统的特点可以概括为以下几点。

（1）实用性 实施后，布线系统将能够适应现代和未来通信技术的发展，并且实现话音、数据通信等信号的统一传输。

（2）灵活性 布线系统能满足各种应用的要求，即任一信息点能够连接不同类型的终端设备，如电话、计算机、打印机、电脑终端、电传真机、各种传感器件以及图像监控设备等。

（3）模块化 综合布线系统中除去固定于建筑物内的水平缆线外，其余所有的接插件都是基本式的标准件，可互连所有话音、数据、图像、网络和楼宇自动化设备，以方便使用、搬迁、更改、扩容和管理。

（4）扩展性 综合布线系统是可扩充的，以便将来有更大的用途时，很容易将新设备扩充进去。

（5）经济性 采用综合布线系统后可以使管理人员减少，同时，因为模块化的结构，工作难度大大降低了日后因更改或搬迁系统时的费用。

（6）通用性 对符合国际通信标准的各种计算机和网络拓扑结构均能适应，对不同传递速度的通信要求均能适应，可以支持和容纳多种计算机网络的运行。

二、综合布线系统的结构

综合布线系统应是开放式星形拓扑结构，应能支持电话、数据、图文、图像等多业务的需要。综合布线系统由六个子系统组成，其组成示意见图6-21。

1. 工作区子系统

一个独立的需要设置终端设备的区域宜划分为一个工作区（如办公室）。工作区子系是用接插软线把终端设备或通过适配器把终端设备连接到工作区的信息插座上。工作区布线随

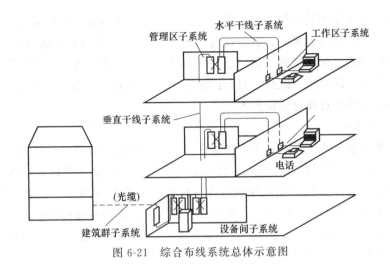

图 6-21　综合布线系统总体示意图

着应用系统的终端设备不同而改变。工作区内的每一个信息插座均宜支持电话机、数据终端、电视机及监视器等终端设备的连接和安装。

2. 水平干线子系统

目的是实现信息插座和管理子系统（跳线架）间的连接，将用户工作区引至管理子系统，并为用户提供一个符合国际标准，满足语音及高速数据传输要求的信息点出口。该子系统由一个工作区的信息插座开始，经水平布置到管理区的内侧配线架的线缆。系统中常用的传输介质是 4 对 UTP（非屏蔽双绞线），它能支持大多数现代通信设备，并根据速率要去灵活选择线缆：在速率低于 10Mbit/s 时一般采用 4 类或是 5 类双绞线；在速率为 10～100Mbit/s 时一般采用 5 类或是 6 类双绞线；在速率高于 100Mbit/s 时，采用光纤或是 6 类双绞线。

配线子系统要求在 90m 范围内，它是指从楼层接线间的配线架至工作区的信息点的实际长度。如果需要某些宽带应用时，可以采用光缆。信息出口采用插孔为 ISDN8 芯（RJ-45）的标准插口，每个信息插座都可灵活地运用，并根据实际应用要求可随意更改用途。配线子系统最常见的拓扑结构是星形结构，该系统中的每一点都必须通过一根独立的线缆与管理子系统的配线架连接。

3. 干线（垂直）子系统

目的是实现计算机设备、程控交换机（PBX）、控制中心与各管理子系统间的连接，是建筑物干线电缆的路由。该子系统通常是两个单元之间，特别是在位于中央点的公共系统设备处提供多个线路设施。系统由建筑物内所有的垂直干线多对数电缆及相关支撑硬件组成，以提供设备间总配线架与干线接线间楼层配线架之间的干线路由。常用介质是大对数双绞线电缆和光缆。

干线的通道包括开放型和封闭型两种。前者是指从建筑物的地下室到其楼顶的一个开放空间，后者是一连串的上下对齐的布线间，每层各有一间，电缆利用电缆孔或是电缆井穿过布线间的地板。由于开放型通道没有被任何楼板所隔开，因此为施工带来了很大的麻烦，一般不采用。

4. 设备间子系统

设备间子系统是由设备间中的电缆、连接跳线架及相关支撑硬件、防雷保护装置等组成的，可以称得上是整个配线系统的中心单元。设备间子系统包括：市话局交接箱后至建筑物这一段线缆、它的过压过流保护、拆包设备（复/分接设备）及各类接线模块和进线配线架，配线架内的连接线路，配线架到主机、总配线架的线路；主机设备到总配线架线路，总配线架中各种接线模块、跳线架、跳线、复/分接设备、光/电转换设备；引向室外建筑群的复/分接设备，引出线路的过压过流保护等。

5. 管理区子系统

管理区子系统是干线（垂直）子系统和水平干线子系统的桥梁。由设备间、楼层配线间中的配线设备、输入/输出设备等组成。管理区子系统宜采用单点管理双交接。交接场的结构取决于工作区、综合布线系统规模和选用的硬件。在管理规模大、复杂、有二级交换间时，才设置双点双交接。在管理点，宜应用标记插入条标志出各端接场所。交接区应有良好的标记系统，如建筑物名称、位置、区号1、起始点和功能等标志。交接间及二次交换间的配线设备宜用色标区别各类用途的配线区。

6. 建筑群子系统

该子系统将一个建筑物的电缆延伸到建筑群的另外一些建筑物中的通信设备和装置上，是结构化布线系统的一部分，支持提供楼群之间通信所需的硬件。它由电缆、光缆和入楼处的过流过压电气保护设备等相关硬件组成，常用介质是光缆。

建筑群子系统布线有以下三种方式：

（1）地下管道敷设方式　在任何时候都可以敷设电缆，且电缆的敷设和扩充都十分方便，它能保持建筑物外貌与表面的整洁，能提供最好的机械保护。它的缺点是要挖通沟道，成本比较高。

（2）直埋沟内敷设方式　能保持建筑物与道路表面的整齐，扩充和更换不方便，而且给线缆提供的机械保护不如地下管道敷设方式，初次投资成本比较低。

（3）架空方式　如果建筑物之间本来有电线杆，则投资成本是最低的，但它不能提供任何机械保护，因此安全性能较差，同时也会影响建筑物外观的美观性。

三、综合布线系统的器件

综合布线系统产品由各个不同系列的器件所构成，包括传输介质、交叉/直接连接设备、介质连接设备、适配器、传输电子设备、布线工具及测试组件。这些器件可组合成系统结构各自相关的子系统，分别起到各自功能的具体用途。

1. 信息插座

信息插座是工作站与配线子系统连接的接口，综合布线系统的标准I/O插座即为8针模块化信息插座。安装插座时，还应该使插座尽量靠近使用者，还应该考虑到电源的位置。根据相关的电器安装规范，信息插座的安装位置距离地面的高度是30～50cm。

2. 适配器

工作区适配器的选择应符合以下要求：在设备连接处采用不同的信息插座时，可以用专用电缆或是适配器；在单一信息插座上进行两项服务时，应该选用Y型适配器；在配线子系统中选用的电缆类型不同于设备所需的电缆类型，也不同于连接不同信号的数模转换或数据速率转换等相应的装置时所需的电缆类型，应该采用适配器；根据工作区内不同的电信终端设备可配备相应的终端匹配器。

3. 传输介质

国际规范认可的介质可以单独使用，也可以混合使用，这些介质是：100Ω 非屏蔽双绞线缆；50/125mm 光缆在 TIA 568-B 标准（正在开发中）、62.5/125mm 光缆、单模光纤、50Ω 同轴电缆或 150Ω 屏蔽 A 类双绞电缆在 TIA 568-B 标准。综合布线中使用的电缆主要有两类——双绞铜缆和光缆。

（1）铜缆

① 50Ω 的同轴电缆，适用于比较大型的计算机局域网。

② 非屏蔽双绞线：分 100Ω 和 150Ω 两类。100Ω 电缆又分 3 类、4 类、5 类、6 类几种，150Ω 双绞电缆只有 5 类一种。

③ 屏蔽双绞线，与非屏蔽双绞线一样，只不过在护套内增加了金属层。

（2）光缆

① 62.5mm 渐变增强型多模光纤。光耦合效率高，光纤对准不太严格，需要较少的管理点和接头盒；对微弯曲损耗不太灵敏，符合 FDDI 标准。

② 8.3mm 突变型单模光纤。常用于距离大于 2000m 的建筑群。

第四节　智能住宅系统

一、可视对讲系统

可视对讲系统是一套现代化的小区住宅服务措施，提供访客与住户之间双向可视通话，达到图像、语音双重识别，从而增加安全可靠性，同时节省大量的时间，提高了工作效率。更重要的是，一旦住户家内所安装的门磁开关、红外报警探测器、烟雾探测器、瓦斯报警器等设备连接到可视对讲系统的保全型室内机上以后，可视对讲系统就升级为一个安全技术防范网络，它可以与住宅小区物业管理中心或小区警卫有线或无线通信，从而起到防盗、防灾、防煤气泄漏等安全保护作用，为屋主的生命财产安全提供最大程度的保障。它可提高住宅的整体管理和服务水平，创造安全社区居住环境，因此逐步成为小康住宅不可缺少的配套设备。

1. 工作原理

可视楼宇对讲系统，具有叫门、摄像、对讲、室内监视室外、室内遥控开锁、夜视等全部功能；住户在室内与访客进行对话的同时可以在室内机中的超薄扁平显示器上看见来访者影像并通过开锁按钮控制铁门开启，达到阻止陌生人进入大楼的目的，有很高的安全性。可视楼宇对讲系统，可防止外来人员的入侵，确保家居的安全，起到了可靠的防范作用。可视楼宇对讲系统不管白天夜晚，都能清楚地看见室外的来访人员。可视楼宇对讲系统是由门口主机、室内可视分机、不间断电源、电控锁、闭门器等基本部件构成的连接每个住户室内和楼梯道口大门主机的装置，在对讲系统的基础上增加了影像传输功能。

住户在楼下可以通过感应卡、密码、钥匙、对讲开锁；可视楼宇对讲系统包括独户型、别墅型、大厦型、多幢大楼联网型。可视楼宇对讲系统能对进出人员进行监视和录像；室内分机可以任意选择可视或不可视；无应答，室内机图像在延时时间过后会自动消失；另外加装单户室外对讲门铃，便于楼内住户内部联系；备有防停电后备电源。

2. 可视对讲系统的组成

可视对讲系统主要有门口机（住户门口机）、室内机、管理员机等组成，如图 6-22 所示。

（1）室内分机　室内分机主要有对讲及可视对讲两大类产品，基本功能为对讲（可视对讲）、开锁。随着产品的不断丰富，许多产品还具备了监控、安防报警及设撤防、户户通、信息接收、远程电话报警、留影留言提取、家电控制等功能。可视对讲分机有彩色液晶及黑白 CRT 显示器两大类。现在，许多技术应用到室内分机上，如无线接收技术、视频字符叠加技术等。无线接技术用于室内机接收报警探头的信号，适用于难以布线的场合。但是，无线报警方式存在重大漏洞，如同频率的发射源连续发射会造成主机无法接收控头发送的报警信号。视频字符叠加技术用于接收管理中心发布的短消息。

室内机在原理设计上有两大类型，一类是带编码的室内分机，其分支器可以做的简单一些，但室内分机成本要高一些；另一类编码由门口主机或分支器完成，室内分机做得很简单。彩色室内分机的液晶屏目前还没国产化，成本较高，这是制约彩色可视楼宇对讲系统应用的瓶颈。

对讲分机的外观类似于面包电话机，趋向于多样化。可视分机方面趋向于超薄免提壁挂，但流行最多的仍是壁挂式黑白可视分机。室内分机在楼宇对讲系统中占据成本较大，从发展来看，以带安防报警、信息发布的彩色分机在高档楼盘中应用较多，中档以黑白可视对讲分机居多，低档配套为对讲分机。

（2）门口主机　目前无论是采用可视室内争机或对讲室内分机，用户大都要求采用可视门口主机，以便用户选用。门口主机是楼宇对讲系统的关键设备，因此，在外观、功能、稳定性上是厂家竞争的要点。门口主机材料有铝合金挤出型材、压铸或不锈钢外壳冲压成型三大类，从效果上讲，铝合金挤出型材占有优势。门口主机显示界面有液晶及数码管两种，液晶显示成本高一些，但显示内容更丰富，特别是接收短消息不可缺少的组成部分。门口主机除呼叫住户的基本功能外还需具备呼叫管理中心的功能，红外辅助光源、夜间辅助键盘背光等是门口主机必须具备的功能。ID 卡技术及读头成本降低使得感应卡门禁技术被应用在门口主机上以实现刷卡开锁功能，另外为使用方便，许多产品还提供回铃音提示，键音提示、呼叫提示以及各种语音提示等功能，使得门口主机性能日趋完善。

（3）管理中心机　管理中心机一般具有呼叫、报警接收的基本功能，是小区联网系统的基本设备。使用电脑作为管理中心机极大地扩展了楼宇对讲系统的功能，很多厂家不惜余力在管理机软件上下功夫使其集成如三表、巡更等系统。配合系统硬件，用电脑来连接的管理中心，可以实现信息发布、小区信息查询、物业服务、呼叫及报警记录查询功能、设撤防纪录查询功能等。

二、门禁系统

门禁系统，在智能建筑领域，意为 Access Control System，简称 ACS。指"门"的禁止权限，是对"门"的戒备防范。这里的"门"，广义来说，包括能够通行的各种通道，包括人通行的门，车辆通行的门等。出入口门禁安全管理系统是新型现代化安全管理系统，它集微机自动识别技术和现代安全管理措施为一体，它涉及电子，机械，光学，计算机技术，通信技术，生物技术等诸多新技术。它是解决重要部门出入口实现安全防范管理的有效措施，适用各种机要部门，如银行、宾馆、车场管理、机房、军械库、机要室、办公间，智能

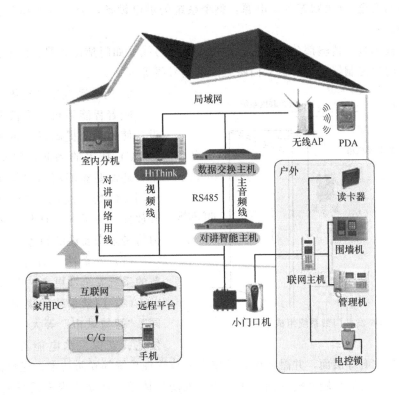

图 6-22　可视对讲系统示意图

化小区，工厂等。门禁系统早已超越了单纯的门道及钥匙管理，它已经逐渐发展成为一套完整的出入管理系统。它在工作环境安全、人事考勤管理等行政管理工作中发挥着较大的作用。系统组成如图 6-23 所示。

1. 门禁系统组成

（1）门禁控制器　门禁系统的核心部分，相当于计算机的 CPU，它负责整个系统输入、输出信息的处理和储存，控制等等。

（2）读卡器（识别仪）　读取卡片中数据（生物特征信息）的设备。

（3）电控锁　门禁系统中锁门的执行部件。用户应根据门的材料、出门要求等需求选取不同的锁具。主要有以下几种类型。

① 电磁锁：电磁锁断电后是开门的，符合消防要求。并配备多种安装架以供顾客使用。这种锁具适于单向的木门、玻璃门、防火门、对开的电动门。

② 阳极锁：阳极锁是断电开门型，符合消防要求。它安装在门框的上部。与电磁锁不同的是阳极锁适用于双向的木门、玻璃门、防火门，而且它本身带有门磁检测器，可随时检测门的安全状态。

③ 阴极锁：一般的阴极锁为通电开门型。适用单向木门。安装阴极锁一定要配备 UPS 电源，因为停电时阴锁是锁门的。

（4）卡片　开门的钥匙。可以在卡片上打印持卡人的个人照片，开门卡、胸卡合二为一。

（5）其他设备　出门按钮：按一下打开门的设备，适用于对出门无限制的情况。门磁：

用于检测门的安全/开关状态等。电源：整个系统的供电设备，分为普通和后备式（带蓄电池的）两种。

（6）传输部分　传输部分主要包含电源线和信号线。如门禁控制器、读卡器、电控锁都需要供电；门禁控制器同读卡器、门磁之间的信号线等等。

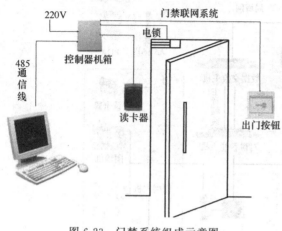

图 6-23　门禁系统组成示意图

2. 门禁系统发展趋势

随着智能手机、平板电脑等便携式设备使用率的提高以及近距离无线通信（NFC）技术的兴起，门禁系统除了安全，还需要能够利用门禁系统完成多种应用。门禁系统的安全性、集成能力、开放性、应用的多样化及云端控制的能力将是未来发展的趋势。

（1）安全性　与所有技术一样，较新的系统安全性更高、更加成熟。

（2）门禁系统的集成能力　"物联网""智慧城市"等大型平台整合运输、住宅、安保、水电能源、教育、医疗、运动、娱乐及政府等层面，并融入综合性安全防范管理系统等安防技术，优化都市的管理与发展，改善城市发展难题并构建网格化社会治安防控体系，使城市未来的发展面向网络化、高清化、智能化及系统集成化，实现多个部门协同应对的综合指挥调度，提高对各类事故、灾害、案件和突发事件防范和应急处理能力。

因此，在"物联网""智慧城市"等大型平台的建设中，门禁系统不再是各个子系统单独运作的模式，而必须能够集成其他专业系统楼宇自动化、闭路监控、防盗及消防报警等其他系统协调联动，从而使安防整体性和安全性得到提升。

（3）系统的开放性　实现门禁系统以外的多种应用，包括电子支付停车场管理、计算机桌面登录系统、电梯操控等应用，并通过开放的门禁架构，实现无缝升级，为未来提供不同的升级选项。

（4）移动门禁系统的应用将增加，并扩展至其他应用　2012 年，门禁行业为基于 NFC 移动设备部署移动门禁解决方案奠定了基础。通过用户自备手机进行开门及其他应用，包括用自己的手机访问电脑、网络和有关的信息资料，还能用手机开门和进入安全区域，为用户带来更多的使用便利。

（5）迈向云端应用　随着移动门禁的出现，另一值得关注的就是如何部署和管理用户 NFC 智能手机携带的虚拟凭证卡。企业可以以两种方式配置移动门禁虚拟凭证卡。第一种是通过与配置传统塑胶凭证卡相类的互联网工作站（移动设备通过 USB 或 WIFI 连接到网络）。第二种方式是通过移动网络运营商进行空中配置，类似于智能手机用户下载应用和歌曲的方式。

手机应用将产生一次性动态密码或通过短信接收这种密码，各种其他门禁密钥和虚拟凭证卡将通过便利的、基于云的配置模式，从空中发送到手机。这种配置模式消除了凭证卡被复制的风险，并可发行临时凭证卡、取消丢失或被盗的凭证卡，以及在需要时监视和修改安全参数。

三、远程抄表系统

智能抄表总线制抄表系统为 DC2000A 水电气计量计费、报警、截断系统的子系统。适用于对高层和小区住宅居民用表进行联网，由计算机集中管理。该系统将千家万户的用量与管理部门的电脑网络中心连成一体，从根本上解决了目前用水、用电、用气管理的自动化程度低、中间环节多、缴费不及时等问题。该系统具有多种通信方式，组网方式灵活，扩充方便，从不同角度满足用户的多种需求，真正地实现了居民小区的科学化管理。

系统采用集散性结构设计，大大提高系统的可靠性和可扩容性。数据采集器与管理中心计算机的通信采用标准 RS-485 实现远距离的数据传输，独特灵活的组网方式，适合于各种安装使用环境。"智能抄表总线制抄表系统"软件，与本系统硬件无缝集成，共同构成一个功能强大、稳定可靠、容易管理、数据精确、可伸缩（扩展）性极强的多功能智能三表网络管理系统。

软件部分作为系统的最终实现，为用户提供了一个使用、管理本系统的重要工具，它具有以下特点：系统以数据库为核心，提供方便的数据处理、查询、统计、报表、备份等功能；采用面向对象和模块化相结合的设计方法，支持不同客户的独特要求（如报表打印格式，操作员权限控制等）；支持客户原有综合管理系统，可以和客户原有管理系统（如物业管理系统等）集成。

1. 系统组成

系统由管理中心计算机（主站）、采集器和户机（直读远传表、燃气泄漏报警器、电动阀）终端三级网络组成，中间环节少，大大提高了系统的稳定性，如图 6-24 所示。

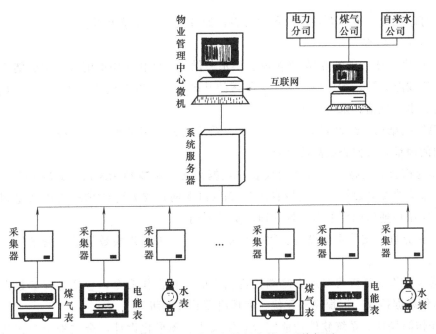

图 6-24 居民小区水电气热抄表管理系统框图

（1）管理中心计算机 管理中心计算机对整个系统进行管理，通过管辖下的集中器可以随时调用系统内任一表计的数据，并对数据进行处理，同时可以对系统设备发出各种指令。

（2）数据采集器　用于实时数据采集、故障判断、数据传输等。数据采集器与直读远传表之间采用 RS-485 进行信号传输；数据采集器与燃气泄漏报警器、电动阀之间采用多芯电缆进行点到点的方式传输。数据采集器与主站之间采用 RS-485 进行信号传输。据采集器可以就地取 220V 市电，也可使用不间断电源 UPS 外加蓄电池供电。

（3）户机　直读远传户表：采用本公司研制的具有"直读"数据输出的直读表。燃气泄漏报警器：采用具有声光报警＋切断燃气阀门＋联网信号功能的报警器。

2. 系统主要功能

实时抄表功能：实时抄取任一户表或全部户表当前数据和工作状态。

自动校时功能：系统在抄表时能自动校准系统时间。

断线检测功能：当信号线或通信线断线时，系统反映该状态。

燃气报警功能：采集燃气报警信号，在总控中心电脑上显示报警房号。

报警截断功能：燃气报警时自动关闭阀门，有异常情况时也可由电脑远程打开或关闭阀门。

断电数据保护功能：系统或设备掉电时，数据将长期保存。

费用计算功能：根据管理员设定的费率自动计算用户费用。

数据管理功能：用户用量等数据的初始化、统计、查询、报表等。

系统管理功能：管理系统参数（如费率、缴费方式等），管理员操作权限。

费用收取功能：若人工缴纳，则由操作员根据收费凭证，将用户缴纳费用数目输入计算机并存档，若转账收费，则由计算机自动结算费用。若结算后仍有欠余，自动累计入下次费用中。

报表打印功能：根据需要打印各种报表，如月报表、催缴单等。

3. 系统主要特点

① 一体化设计。具备市/县级供电、供水、供气一体化应用的解决方案的能力，提供供电、水、气线路管道，大用户，居民等领域的基础应用和数据统计浏览功能，为用户提供统一的用电、水、气信息采集应用。

② 总线制结构。线路简单，维护方便，系统线材使用量小，工程施工容易，每个模块都有单独的地址，方便查找故障地点。

③ 多通信方式支持。上行计量仪表和数据采集终端支持 RS-485 或 M-BUS 总行方式、下行数据采集终端和数据中心支持有线 LAN（以太网）或无线 GPRS/CDMA 通讯方式，最大程度适应用户通讯网络的多样性和通讯资源利用。

④ 可扩充性。支持主站设备、数据采集终端、三表等规模数量的平滑增加，无须修改应用程序。

⑤ 易维护性。系统可对远方终端执行相应的远程操作命令，包括远程参数设置，远程控制、远程数据抄收、远程终端复位、远程终端软件升级等。

⑥ 操作简易性。系统软件功能完善，模块化、图形化设计，全过程全中文帮助，操作简单方便。

⑦ 性价比高。该系统专为供水公司水量计量管理企业量身定制，充分考虑到供水公司用户各个环节的业务需求，性价比很高。

思 考 题

1. 简述有线电视系统的组成。

2. 有线电视系统传输分配网络的形式有哪几种?

3. 分支器、分配器的作用是什么?

4. 扩声和音响系统的组成?

5. 简述电话通信系统的配线方式。

6. 简述综合布线系统的概念。

7. 简述综合布线系统的结构。

第七章　建筑电气工程定额计量与计价

第一节　安装工程消耗量定额概述

现行全国通用安装工程消耗量定额是完成规定计量单位分项工程计价所需的人工、材料、施工机械台班的消耗量标准，是统一全国安装工程预算定额工程量计算规则、项目划分、计量单位的依据，是编制安装工程地区单位估价表、施工图预算、招标工程标底、确定工程造价的依据，也是编制概算定额（指标）、投资估算指标的基础，也可作为制订企业定额和投标报价的基础。

一、全国通用安装工程消耗量定额的组成

《通用安装工程消耗量定额》（TY02-31-2015）由 12 个专业安装工程消耗量定额组成：

第一册　机械设备安装工程

第二册　热力设备安装工程

第三册　静置设备与工艺金属结构制作安装工程

第四册　电气设备安装工程

第五册　建筑智能化工程

第六册　自动化控制仪表安装工程

第七册　通风空调工程

第八册　工业管道工程

第九册　消防工程

第十册　给排水、采暖、燃气工程

第十一册　通信设备及线路工程

第十二册　刷油、防腐、绝热工程

二、定额规定的正常施工条件

（1）设备、材料、成品、半成品、构件完整无损，符合质量标准和设计要求，附有合格证书和试验记录。

（2）安装工程和土建工程之间的交叉作业正常。

（3）安装地点、建筑物、设备基础、预留孔洞等均符合安装要求。

（4）水、电供应均满足安装施工正常使用。

（5）正常的气候、地理条件和施工环境。

三、《通用安装工程消耗量定额》的内容

《通用安装工程消耗量定额》各分册的内容一般由总说明、册说明、目录、章说明、定

额项目表和附录组成。

（1）总说明 总说明主要说明定额的内容、适用范围、编制依据、作用，定额中人工、材料、机械台班消耗量的确定及其有关规定。

（2）册说明 主要介绍该册定额的适用范围、编制依据、定额包括的工作内容和不包括的工作内容、有关费用（如脚手架搭拆费、高层建筑增加费）的规定以及定额的使用方法和使用中应注意的事项和有关问题。

（3）目录 开列定额组成项目名称和页次，以方便查找相关内容。

（4）章说明 章说明主要说明定额章中以下几方面的问题：①定额适用的范围；②界线的划分；③定额包括的内容和不包括的内容；④工程量计算规则和规定；⑤定额调整与换算的规定。

（5）定额项目表 由工作内容、计量单位、定额编号（子目号）、分项工程项目名称、工料机消耗量定额、基价及附注等部分组成。

（6）附录 附录放在每册定额表之后，为使用定额提供参考数据。

四、《通用安装工程消耗量定额》定额系数

为了更进一步综合和扩大预算定额的应用，简化计算程序，定额对预算中的某些费用采取了按系数取定的方法。各种不同的定额系数名称、系数值的大小以及它们的使用方法在各定额册中有具体说明。

定额规定的系数主要分为换算系数、子目系数和综合系数三类。

1. 换算系数

换算系数一般出现在各定额册的章节说明或工程量计算规则中，主要应用于安装操作工作物的材质、几何尺寸或施工方法与定额子目规定不一致时而需进行的调整。

2. 子目系数

子目系数一般出现在各定额册的册说明中，主要应用于受特殊施工条件、工程结构等因素影响而进行的调整，如超高系数、高层建筑增加费系数等。

3. 综合系数

综合系数一般出现在各定额册的总说明或册说明中，主要应用于专业工程的特殊需要、特殊施工环境等而进行的调整，如脚手架搭拆费系数、安装与生产同时进行增加费系数和在有害身体健康环境中施工增加费系数等。

在使用各种系数进行计算时，一般先计算换算系数，然后计算子目系数，最后计算综合系数，并且应用前项系数的计算结果作为后项系数的计算基数。

五、设备与材料的划分

安装工程按设备类型分为外购设备的安装和现场设备（或系统）制作安装。在计算安装费用时，外购设备的安装只计算安装费用，设备价值另外计算。例如配电柜、气压罐、水泵等，这些设备不是由施工单位制造的，而是设备购买后，由施工单位安装后才能发挥效益，对施工单位而言只计算安装费用。现场设备的制作安装或材料经过现场加工制作并安装成产品，则产品的制作和安装均应计算费用，即劳动力、材料、机械的消耗均应计算费用。因此，设备制作安装工程和仅安装设备的工程造价的计算并不完全相同，将设备和材料加以区分，对正确计算工程造价是十分必要的。

1. 设备材料划分原则

① 凡是由制造厂制造，由多种材料和部件按各自用途组成独特结构，具有功能、容量及能量传递或转换性能，在生产中能够独立完成特定工艺过程的机械、容器和其他生产工艺单体，均为设备。

② 为完成建筑、安装工程所需的经过工业加工的原料和在工艺生产过程中不起单元工艺生产作用的设备本体以外的零配件、附件、成品、半成品等，均为材料。

2. 电气工程材料和设备划分

① 各种电力变压器，互感器，调压器，感应移相器，电抗器，高压断路器，高压熔断器，稳压器，电源调整器，高压隔离开关，装置式空气开关，电力电容器，蓄电池，磁力起动器，交直流报警器，成套供应的箱，盘，柜，屏及其随设备带来的母线和支持瓷瓶，均为设备。

② 各种电线、电缆、管材、型钢、桥架、槽盒、立柱、托臂、灯具及开关插座按钮等均为材料。

③ 小型开关、保险器、杆上避雷针、各种绝缘子、金具、电线杆、铁塔、各种支架等均为材料。

④ 各种装在墙上的小型照明配电箱、0.5kW 的照明配电器、电扇、铁壳开关、电铃等小型电器均为材料。

3. 主要材料（未计价材料）

在制订定额时，将消耗的辅助或次要材料的价格计入定额的材料费和基价中，这类材料称为计价材料，其特点是，在定额表中列出材料的消耗量和单价。对于构成工程实体的主体材料，定额中只列出了材料的名称、规格、品种和消耗量，不列出单价，故在定额的材料费和基价中，不包括其价值，其价值由定额执行地区，根据定额所列出的消耗量，按计价期的信息价或市场价计算进入工程造价。这种材料称为未计价材料，大部分主材为未计价材。预算定额中的主要材料一般有三种表现形式。

(1) 定额列出含量但未计价材料　未计价材料在定额中的含量用加括号"（）"的方式表示，其价值未计入定额基价。定额中的主材大都为未计价材料。计算未计价主材有多种方法，常用的方法是：

未计价主材单位价值＝带括号的定额含量×主材预算价格

(2) 定额未列含量的主材　计算定额未列含量的主材可按施工图图示设计用量，按定额规定的施工损耗率计算出施工用量，然后再计算出主材的价值，计算式如下：

定额未编列的主材施工用量＝设计用量×（1＋施工损耗率）

主材价值＝定额未编列的主材施工用量×主材预算价格

(3) 定额已计价的主材　定额已计价的主材，在预算定额中其定额含量不带括号，表明它的价值已计入安装单价内，编制预算时不应另加计算。

第二节　安装工程预算定额的编制

一、我国现行建筑安装工程费用项目组成

根据住房城乡建设部、财政部颁布的《关于印发〈建筑安装工程费用项目组成〉的通

知》（建标〔2013〕44 号），我国现行建筑安装工程费用项目按两种不同的方式划分，即按费用构成要素划分和按造价形成划分，其具体构成如图 7-1 所示。

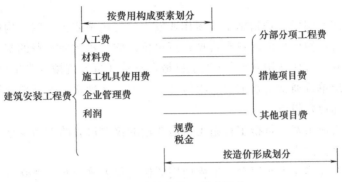

图 7-1　建筑安装工程费组成

二、按费用构成要素划分建筑安装工程费用

按照费用构成要素划分，建筑安装工程费包括：人工费、材料费、施工机具使用费、企业管理费、利润、规费和税金。

1. 人工费

建筑安装工程费中的人工费，是指按照工资总额构成规定，支付给直接从事建筑安装工程施工作业的生产工人和附属生产单位工人的各项费用。计算人工费的基本要素有两个，即人工工日消耗量和人工日工资单价。

（1）人工工日消耗量　是指在正常施工生产条件下，生产建筑安装产品（分部分项工程或结构构件）必须消耗的某种技术等级的人工工日数量。它由分项工程所综合的各个工序劳动定额包括的基本用工、其他用工两部分组成。

（2）人工日工资单价　是指施工企业平均技术熟练程度的生产工人在每工作日（国家法定工作时间内）按规定从事施工作业应得的日工资总额。人工费的基本计算公式为：

$$人工费 = \sum（工日消耗量 \times 日工资单价） \tag{7-1}$$

2. 材料费

建筑安装工程费中的材料费，是指工程施工过程中耗费的各种原材料、辅助材料、构配件、零件、半成品或成品、工程设备的费用。计算材料费的基本要素是材料消耗量和材料单价。

（1）材料消耗量　材料消耗量是指在合理使用材料的条件下，生产建筑安装产品（分部分项工程或结构构件）必须消耗的一定品种、规格的原材料、辅助材料、构配件、零件、半成品或成品等的数量。它包括材料净用量和材料不可避免的损耗量。

（2）材料单价　材料单价是指建筑材料从其来源地运到施工工地仓库直至出库形成的综合平均单价，其内容包括材料原价（或供应价格）、材料运杂费、运输损耗费、采购及保管费等。材料费的基本计算公式为：

$$材料费 = \sum（材料消耗量 \times 材料单价） \tag{7-2}$$

（3）工程设备　是指构成或计划构成永久工程一部分的机电设备、金属结构设备、仪器装置及其他类似的设备和装置。

3. 施工机具使用费

建筑安装工程费中的施工机具使用费，是指施工作业所发生的施工机械、仪器仪表使用费或其租赁费。

（1）施工机械使用费 是指施工机械作业发生的使用费或租赁费。构成施工机械使用费的基本要素是施工机械台班消耗量和机械台班单价。施工机械使用费的基本计算公式为：

$$施工机械使用费＝\sum（施工机械台班消耗量×机械台班单价） \tag{7-3}$$

施工机械台班单价通常由折旧费、大修理费、经常修理费、安拆费及场外运输费、人工费、燃料动力费和税费组成。

（2）仪器仪表使用费 是指工程施工所需使用的仪器仪表的摊销及维修费用。仪器仪表使用费的基本计算公式为：

$$仪器仪表使用费＝工程使用的仪器仪表摊销费＋维修费 \tag{7-4}$$

4. 企业管理费

企业管理费是指建筑安装企业组织施工生产和经营管理所需的费用。内容包括以下几种。

① 管理人员工资。是指按规定支付给管理人员的计时工资、奖金、津贴补贴、加班加点工资及特殊情况下支付的工资等。

② 办公费。是指企业管理办公用的文具、纸张、账表、印刷、邮电、书报、办公软件、现场监控、会议、水电、烧水和集体取暖降温（包括现场临时宿舍取暖降温）等费用。

③ 差旅交通费。是指职工因公出差、调动工作的差旅费、住勤补助费，市内交通费和误餐补助费，职工探亲路费，劳动力招募费，职工退休、退职一次性路费，工伤人员就医路费，工地转移费以及管理部门使用的交通工具的油料、燃料等费用。

④ 固定资产使用费。是指管理和试验部门及附属生产单位使用的属于固定资产的房屋、设备、仪器等的折旧、大修、维修或租赁费。

⑤ 工具用具使用费。是指企业施工生产和管理使用的不属于固定资产的工具、器具、家具、交通工具和检验、试验、测绘、消防用具等的购置、维修和摊销费。

⑥ 劳动保险和职工福利费。是指由企业支付的职工退职金、按规定支付给离休干部的经费、集体福利费、夏季防暑降温、冬季取暖补贴、上下班交通补贴等。

⑦ 劳动保护费。是企业按规定发放的劳动保护用品的支出，如工作服、手套、防暑降温饮料以及在有碍身体健康的环境中施工的保健费用等。

⑧ 检验试验费。是指施工企业按照有关标准规定，对建筑以及材料、构件和建筑安装物进行一般鉴定、检查所发生的费用，包括自设试验室进行试验所耗用的材料等费用。不包括新结构、新材料的试验费，对构件做破坏性试验及其他特殊要求检验试验的费用和建设单位委托检测机构进行检测的费用。对此类检测发生的费用，由建设单位在工程建设其他费用中列支。但对施工企业提供的具有合格证明的材料进行检测不合格的，该检测费用由施工企业支付。

⑨ 工会经费。是指企业按《工会法》规定的全部职工工资总额比例计提的工会经费。

⑩ 职工教育经费。是指按职工工资总额的规定比例计提，企业为职工进行专业技术和职业技能培训，专业技术人员继续教育、职工职业技能鉴定、职业资格认定以及根据需要对职工进行各类文化教育所发生的费用。

⑪ 财产保险费。是指施工管理用财产、车辆等的保险费用。

⑫ 财务费。是指企业为施工生产筹集资金或提供预付款担保、履约担保、职工工资支付担保等所发生的各种费用。

⑬ 税金。是指企业按规定缴纳的房产税、车船使用税、土地使用税、印花税等。

⑭ 其他。包括技术转让费、技术开发费、投标费、业务招待费、绿化费、广告费、公证费、法律顾问费、审计费、咨询费、保险费等。

5. 利润

利润是指施工企业完成所承包工程获得的盈利，由施工企业根据企业自身需求并结合建筑市场实际自主确定。工程造价管理机构在确定计价定额中利润时，应以定额人工费或定额人工费与机械费之和作为计算基数，其费率根据历年积累的工程造价资料，并结合建筑市场实际确定，以单位（单项）工程测算，利润在税前建筑安装工程费的比重可按不低于5%且不高于7%的费率计算。利润应列入分部分项工程和措施项目费中。

6. 规费

规费是指按国家法律、法规规定，由省级政府和省级有关权力部门规定必须缴纳或计取的费用，主要包括社会保险费、住房公积金和工程排污费。

（1）社会保险费　包括以下几种。

① 养老保险费：企业按规定标准为职工缴纳的基本养老保险费。

② 失业保险费：企业按照国家规定标准为职工缴纳的失业保险费。

③ 医疗保险费：企业按照规定标准为职工缴纳的基本医疗保险费。

④ 生育保险费：企业按照国家规定为职工缴纳的生育保险费。

⑤ 工伤保险费：企业按照国务院制定的行业费率为职工缴纳的工伤保险费。

（2）住房公积金　企业按规定标准为职工缴纳的住房公积金。

（3）工程排污费　企业按规定缴纳的施工现场工程排污费。

7. 税金

建筑安装工程税金是指国家税法规定的应计入建筑安装工程费用的营业税、城市维护建设税、教育费附加及地方教育费附加。

（1）营业税　营业税是按计税营业额乘以营业税税率确定的。其中建筑安装企业营业税税率为3%。计税营业额是含税营业额，指从事建筑、安装、修缮、装饰及其他工程作业收取的全部收入，包括建筑、修缮、装饰工程所用原材料及其他物资和动力的价款。当安装的设备的价值作为安装工程产值时，亦包括所安装设备的价款。但建筑安装工程总承包人将工程分包或转包给他人的，其营业额中不包括付给分包或转包方的价款。营业税的纳税地点为应税劳务的发生地。

（2）城市维护建设税　城市维护建设税是为筹集城市维护和建设资金，稳定和扩大城市、乡镇维护建设的资金来源，而对有经营收入的单位和个人征收的一种税。城市维护建设税的纳税地点在市区的，其适用税率为营业税的7%；所在地为县镇的，其适用税率为营业税的5%；所在地为农村的，其适用税率为营业税的1%。城建税的纳税地点与营业税纳税地点相同。

（3）教育费附加　教育费附加是按应纳营业税额乘以3%确定，建筑安装企业的教育费附加要与其营业税同时缴纳。即使办有职工子弟学校的建筑安装企业，也应当先缴纳教育费附加，教育部门可根据企业的办学情况，酌情返还给办学单位，作为对办学经费的补助。

（4）地方教育附加　地方教育附加通常是按应纳营业税额乘以2%确定，各地方有不同规定的，应遵循其规定。地方教育附加应专项用于发展教育事业，不得从地方教育附加中提取或列支征收或代征手续费。

（5）税金的综合计算　在工程造价的计算过程中，上述税金通常一并计算。由于营业税的计税依据是含税营业额，城市维护建设税、教育费附加和地方教育费附加的计税依据是应纳营业税额，而在计算税金时，往往已知条件是税前造价，即人工费、材料费、施工机具使用费、企业管理费、利润、规费之和。因此税金的计算往往需要将税前造价先转化为含税营业额，再按相应的公式计算缴纳税金。为了简化计算，可以直接将三种税合并为一个综合税率，综合税率的计算因纳税地点所在地的不同而不同。实行营业税改增值税的，按纳税地点现行税率计算。

三、按造价形成划分建筑安装工程费用项目构成和计算

建筑安装工程费按照工程造价形成由分部分项工程费、措施项目费、其他项目费、规费和税金组成。

1. 分部分项工程费

分部分项工程费是指各专业工程的分部分项工程应予列支的各项费用。各类专业工程的分部分项工程划分应遵循现行国家或行业计量规范的规定。分部分项工程费通常用分部分项工程量乘以综合单价进行计算。

$$分部分项工程费＝\sum（分部分项工程量×综合单价） \tag{7-5}$$

综合单价包括人工费、材料费、施工机具使用费、企业管理费和利润，以及一定范围的风险费用。

2. 措施项目费

（1）措施项目费的构成　措施项目费是指为完成建设工程施工，发生于该工程施工前和施工过程中的技术、生活、安全、环境保护等方面的费用。措施项目及其包含的内容应遵循各类专业工程的现行国家或行业计量规范。以《房屋建筑与装饰工程工程量计算规范》（GB 50854—2013）中的规定为例，措施项目费可以归纳为以下几项。

① 安全文明施工费。是指工程施工期间按照国家现行的环境保护、建筑施工安全、施工现场环境与卫生标准和有关规定，购置和更新施工安全防护用具及设施、改善安全生产条件和作业环境所需要的费用。通常由环境保护费、文明施工费、安全施工费、临时设施费组成。

② 夜间施工增加费。是指因夜间施工所发生的夜班补助费、夜间施工降效、夜间施工照明设备摊销及照明用电等费用。

③ 非夜间施工照明费。是指为保证工程施工正常进行，在地下室等特殊施工部位施工时所采用的照明设备的安拆、维护及照明用电等费用。

④ 二次搬运费。是指由于施工场地条件限制而发生的材料、成品、半成品等一次运输不能达到堆放地点，必须进行二次或多次搬运的费用。

⑤ 冬雨季施工增加费。是指在冬季或雨季施工需增加的临时设施、防滑、排除雨雪，人工及施工机械效率降低等费用。

⑥ 地上、地下设施、建筑物的临时保护设施费。是指在工程施工过程中，对已建成的地上、地下设施和建筑物进行的遮盖、封闭、隔离等必要保护措施所发生的费用。

⑦ 已完工程及设备保护费。是指竣工验收前，对已完工程及设备采取的覆盖、包裹、

封闭、隔离等必要保护措施所发生的费用。

⑧ 脚手架费。是指施工需要的各种脚手架搭、拆、运输费用以及脚手架购置费的摊销（或租赁）费用。

⑨ 混凝土模板及支架（撑）费。是指混凝土施工过程中需要的各种钢模板、木模板、支架等的支拆、运输费用及模板、支架的摊销（或租赁）费用。

⑩ 垂直运输费。是指现场所用材料、机具从地面运至相应高度以及职工人员上下工作面等所发生的运输费用。

⑪ 超高施工增加费。当单层建筑物檐口高度超过 20m，多层建筑物超过 6 层时，可计算超高施工增加费。

⑫ 大型机械设备进出场及安拆费。是指机械整体或分体自停放场地运至施工现场或由一个施工地点运至另一个施工地点，所发生的机械进出场运输及转移费用及机械在施工现场进行安装、拆卸所需的人工费、材料费、机械费、试运转费和安装所需的辅助设施的费用。

⑬ 施工排水、降水费。是指将施工期间有碍施工作业和影响工程质量的水排到施工场地以外，以及防止在地下水位较高的地区开挖深基坑出现基坑浸水，地基承载力下降，在动水压力作用下还可能引起流沙、管涌和边坡失稳等现象而必须采取有效的降水和排水措施费用。

⑭ 其他。根据项目的专业特点或所在地区不同，可能会出现其他的措施项目。如工程定位复测费和特殊地区施工增加费等。

（2）措施项目费的计算　按照有关专业计量规范规定，措施项目分为应予计量的措施项目和不宜计量的措施项目两类。

① 应予计量的措施项目。基本与分部分项工程费的计算方法相同，公式为：

$$措施项目费 = \sum(措施项目工程量 \times 综合单价) \tag{7-6}$$

② 不宜计量的措施项目。对于不宜计量的措施项目，通常用计算基数乘以费率的方法予以计算。

a. 安全文明施工费。计算公式为：

$$安全文明施工费 = 计算基数 \times 安全文明施工费费率(\%) \tag{7-7}$$

计算基数应为定额基价（定额分部分项工程费＋定额中可以计量的措施项目费）、定额人工费或定额人工费与机械费之和，其费率由工程造价管理机构根据各专业工程的特点综合确定。

b. 其余不宜计量的措施项目。包括夜间施工增加费，非夜间施工照明费，二次搬运费，冬雨季施工增加费，地上、地下设施、建筑物的临时保护设施费，已完工程及设备保护费等。计算公式为：

$$措施项目费 = 计算基数 \times 措施项目费费率(\%) \tag{7-8}$$

式（7-8）中的计算基数应为定额人工费或定额人工费与定额机械费之和，其费率由工程造价管理机构根据各专业工程特点和调查资料综合分析后确定。

3. 其他项目费

（1）暂列金额　暂列金额是指建设单位在工程量清单中暂定并包括在工程合同价款中的一笔款项。用于施工合同签订时尚未确定或者不可预见的所需材料、工程设备、服务的采购，施工中可能发生的工程变更、合同约定调整因素出现时的工程价款调整以及发生的索赔、现场签证确认等的费用。暂列金额由建设单位根据工程特点，按有关计价规定估算，施工过程中由建设单位掌握使用，扣除合同价款调整后如有余额，归建设单位。

（2）计日工　计日工是指在施工过程中，施工企业完成建设单位提出的施工图纸以外的零星项目或工作所需的费用，计日工由建设单位和施工企业按施工过程中的签证计价。

（3）总承包服务费　总承包服务费是指总承包人为配合、协调建设单位进行的专业工程发包，对建设单位自行采购的材料、工程设备等进行保管以及施工现场管理、竣工资料汇总整理等服务所需的费用。总承包服务费由建设单位在招标控制价中根据总包服务范围和有关计价规定编制，施工企业投标时自主报价，施工过程中按签约合同价执行。

4. 规费和税金

规费和税金的构成和计算与按费用构成要素划分建筑安装工程费用项目组成部分是相同的。

四、施工图预算的组成

（1）预算书的封面　内容包括：①工程名称和建筑面积；②工程造价和单位造价；③建设单位和施工单位；④审核者和编制者；⑤审核时间和编制时间。

（2）编制说明　编制说明给审核者和竣工结（决）算提供补充依据。有以下几方面：

① 编制依据：本预算的设计图纸全称、设计单位；本预算所依据的定额名称；在计算中所依据的其他文件名称和文号；施工方案主要内容。

② 图纸变更情况：施工图中变更部位和名称；因某种原因待行处理的构部件名称；因涉及图纸会审或施工现场所需要说明的有关问题。

③ 执行定额的有关问题：按定额要求本预算已考虑和未考虑的有关问题；因定额缺项，本预算所作补充或借用定额情况说明；甲乙双方协商的有关问题。

（3）总预算表（或预算汇总表、标底汇总表等）。

（4）费用计算表。

（5）单位工程人材机计算表。

（6）材料价差调整表。

（7）工、料、机分析表。

（8）补充单位估价表。

（9）主要设备材料数量及价格表。

第三节　建筑电气工程量计算规则

一、变压器

（1）变压器安装，按不同容量以"台"为计量单位。

（2）干式变压器如果带有保护罩时，其定额人工和机械乘以系数 1.2。

（3）变压器通过试验，判定绝缘受潮时才需进行干燥，所以只有需要干燥的变压器才能计取此项费用（编制施工图预算时可列此项，工程结算时根据实际情况再作处理），以"台"为计量单位。

（4）消弧线圈的干燥按同容量电力变压器干燥项目执行，以"台"为计量单位。

（5）变压器油过滤不论多少次，直到过滤合格为止，以"t"为计量单位，其具体计算方法如下：

① 变压器安装估价表未包括绝缘油过滤，需要过滤时，可按制造厂提供的油量计算。

② 油断路器及其他充油设备的绝缘油过滤，可按制造厂规定的充油量计算。

计算公式：　　　　油过滤数量(t)＝设备油重(t)×(1＋损耗率)

二、配电装置

（1）断路器、电流互感器、电压互感器、油浸电抗器以及电容器柜的安装以"台"为计量单位；电力电容器的安装以"个"为计量单位。

（2）隔离开关、负荷开关、熔断器、避雷器、干式电抗器的安装以"组"为计量单位，每组按三相计算。

（3）交流滤波装置的安装以"台"为计量单位，每套滤波装置包括三台组架安装，不包括设备本身及铜母线的安装，其工程量按本册相应说明另行计算。

（4）高压设备安装项目内均不包括绝缘台的安装，其工程量应按施工图设计执行相应项目。

（5）高压成套配电柜和箱式变电站的安装以"台"为计量单位，均未包括基础槽钢、母线及引下线的配装安装。

（6）配电设备安装的支架、抱箍及延长轴、轴套、间隔板等，按施工图设计的需要量计算；执行第四册《电气设备安装工程》第四章铁构件安装项目，或按成品考虑。

（7）绝缘油、六氟化硫气体、液压油等均按设备带有考虑；电气设备以外的加压设备和附属管道的安装应按相应估价表另行计算。

（8）配电设备的端子板外部接线，应执行第四册《电气设备安装工程》第四章相应项目。

（9）设备安装所需的地脚螺栓按土建预埋考虑；设备安装需要二次灌浆时，执行第一册《机械设备安装工程》相关子目。

三、母线及绝缘子

（1）悬垂绝缘子串安装，指垂直或 V 形安装的提挂导线、跳线、引下线、设备连接线或设备等所有用的绝缘子串安装，按单、双串分别以"串"为计量单位，耐张绝缘子串的安装，已包括在软母线安装项目内。

（2）支持绝缘子安装以"个"为计量单位，按安装在户内、户外，以及单孔、双孔、四孔固定分别计算。

（3）穿墙套管安装不分水平、垂直安装，均以"个"为计量单位。

（4）软母线安装，指直接由耐张绝缘子串悬挂部分，按软母线截面积大小分别以"跨/三相"为计量单位，设计跨距不同时，不得调整。导线、绝缘子、线夹等均按施工图设计用量加估价表规定的损耗率计算。

（5）软母线引下线，指由 T 形线夹或并沟线夹从软母线引向设备的连接线，以"组"为计量单位，每三相为一组；软母线经终端耐张线夹引下（不经 T 形线夹或并沟线夹引下）与设备连接的部分执行引下线项目，不得换算。

（6）两跨软母线间的跳引线安装，以"组"为计量单位，每三相为一组。不论两端的耐张线夹是螺栓式或压接式，均执行软母线跳线项目，不得换算。

(7) 设备连接线安装，指两设备间的连接部分，不论引下线、跳线、设备连接线，均应分别按导线截面积、三相为一组计算工程量。

(8) 组合软母线安装，按三相为一组计算、跨距（包括水平悬挂部分和两端引下部分之和）系按 45m 内考虑，跨度的长与短不得调整。软导线、绝缘子、线夹按施工图设计用量加上规定的损耗率计算。

(9) 软母线安装预留长度按表 7-1 计算。

表 7-1　软母线安装预留长度　　　　　　　　　　　　　　m/根

项目	耐张	跳线	引下线、设备连接线
预算长度	2.5	0.8	0.6

(10) 带形母线安装及带形母线引下线安装包括铜排、铝排，分别以不同截面积和片数以"10m/单相"为计量单位。

(11) 钢带形母线安装，按同规格的铜母线项目执行，不得换算。

(12) 母线伸缩接头及铜过渡板安装均以"个"为计量单位。

(13) 槽形母线安装以"米/单相"为计量单位，槽形母线与设备连接分别以连接不同的设备以"台"或"组"为计量单位，槽形母线按设计用量加损耗率计算。

(14) 共箱母线安装以"m"为计量单位，长度按设计共箱母线的轴线长度计算。

(15) 低压（指 380V 以下）封闭式插接母线槽安装分别按导体的额定电流大小以"米"为计量单位，长度按设计母线的轴线长度计算，分线箱以"台"为计量单位，分别以电流大小按设计数量计算。

(16) 重型母线安装包括铜母线、铝母线，分别按截面积大小以母线的成品质量以"吨"为计量单位。

(17) 重型铝母线接触面加工指铸造件需加工接触面时，可以按其接触面大小，分别以"片/单相"为计量单位。

(18) 硬母线配置安装预留长度按表 7-2 中的规定计算。

表 7-2　硬母线配置安装预留长度　　　　　　　　　　　　m/根

序号	项目	预留长度	说明
1	带形、槽形母线终端	0.3	从最后一个支持点算起
2	带形、槽形母线与分支线连接	0.5	分支线预留
3	带形母线与设备连接	0.5	从设备端子接口算起
4	多片重型母线与设备连接	1.0	从设备端子接口算起
5	槽形母线与设备连接	0.5	从设备端子接口算起

(19) 带形母线、槽形母线安装均不包括支持瓷瓶安装和钢构件配置安装，其工程量应分别按设计成品数量执行第四册《电气设备安装工程》相应项目。

四、控制设备及低压电器

(1) 控制设备及低压电器安装以"台"或"个"为计量单位，其设备安装均未包括基础槽钢、角钢的制作安装，其工程量应按估价表相应子目另行计算。

(2) 铁构件制作安装均按施工图设计尺寸，以成品质量以"kg"为计量单位。

(3) 网门、保护网制作安装，按网门或保护网设计图示的框外围尺寸，以"m²"为计量单位。

（4）盘柜配线分不同规格，以"m"为计量单位。

（5）盘、箱、柜的外部进出线预留长度按表 7-3 计算。

表 7-3　盘、箱、柜的外部进出线预留长度　　　　　　　　　　　　　　m/根

序号	项目	预留长度	说明
1	各种箱、柜、盘、板、盒	高＋宽	盘面尺寸
2	单独安装的铁壳开关、自动开关、刀开关、起动器、箱式电阻器、变阻器	0.5	从安装对象中心算起
3	继电器、控制开关、信号灯、按钮、熔断器等小电器	0.3	从安装对象中心算起
4	分支接头	0.2	分支线预留

（6）配电板制作安装及包铁皮，按配电板图示外形尺寸，以"m²"为计量单位。

（7）焊（压）接线端子项目只适用于导线，电缆终端头制作安装项目中已包括焊（压）接线端子，不得重复计算。

（8）端子板外部连接线按设备盘、箱、柜、台的外部接线图计算，以"10 个头"为计量单位。

（9）盘柜配线估价表只适用于盘上小设备元件的少量现场配线，不适用于工厂的设备修、配、改工程。

五、蓄电池

（1）铅酸蓄电池和碱性蓄电池安装，分别按容量大小以单体蓄电池以"个"为计量单位，按施工图设计的数量计算工程量，估价表内已包括了电解液的材料消耗，执行时不得调整。

（2）免维护蓄电池安装以"组件"为计量单位，其具体计算如下例：

某项工程设计一组蓄电池为 220V/500A·h，由 12V 的组件 18 个组成，那么就应该套用 12V/500A·h 的子目 18 组件。

（3）蓄电池充放电按不同容量以"组"为计量单位。

六、电机

（1）发电机、调相机、电动机的电气检查接线，均以"台"为计量单位，直流发电机组和多台一串的机组，按单台电机分别执行估价表相应项目。小型电机按电机类别和功率大小执行估价表相应项目，大、中型电机不分类别一律按电机质量执行估价表相应项目。

（2）电机检查接线项目，除发电机和调相机外，均不包括电机干燥，发生时其工程量应按电机干燥项目另行计算。电机干燥项目是按一次干燥所需的工、料、机消耗量考虑的，在特别潮湿的地方，电机需要进行多次干燥，应按实际干燥次数计算；在气候干燥、电机绝缘性能良好、符合技术标准而不需要干燥时，则不计算干燥费用。实行包干的工程，可参照以下比例，由有关各方协商而定。

① 低压小型电机 3kW 以下，按 25％的比例考虑干燥。

② 低压小型电机 3kW 以上至 220kW 按 30％～50％考虑干燥。

③ 大中型电机按 100％考虑一次干燥。

（3）电机解体检查项目，应根据需要选用，如不需要解体时，可只执行电机检查接线项目。

（4）电机项目的界线划分：单台电机质量在 3t 以下的为小型电机；单台电机质量在 3t

以上至30t以下的中型电机；单台电机质量在30t以上的为大型电机。

（5）电机的安装执行第一册《机械设备安装》中电机安装项目，电机检查接线执行第四册《电气设备安装工程》相应项目。

（6）电机的质量和容量可按表7-4换算。

表7-4　电机容量和质量换算表

定额分类		小型电机					中型电机					
电机质量/（吨/台）≤		0.1	0.2	0.5	0.8	1.2	2	3	4	10	20	30
功率/kW	直流电机	2.2	11	22	55	75	100	200	300	500	700	1200
	交流电机	3.0	13	30	75	100	160	220	500	800	1000	2500

注：实际中，电机的功率与质量的关系和上表不符时，小型电机以功率为准，大中型电机以质量为准。

七、滑触线装置

（1）起重机上的电气设备、照明装置和电缆管线等安装均执行第四册《电气设备安装工程》相应项目。

（2）滑触线安装以"m/单相"为计量单位，其附加和预留长度按表7-5中的规定计算：

表7-5　滑触线安装附加和预留长度　　　　　　　　　　　　　　　m/根

项目	项目	预留长度	说明
1	圆钢、铜母线与设备连接	0.2	从设备接线端子接口起算
2	圆钢、铜滑触线终端	0.5	从最后一个固定点起算
3	角钢滑触线终端	1.0	从最后一个支持点起算
4	扁钢滑触线终端	1.3	从最后一个固定点起算
5	扁钢母线分支	0.5	分支线预留
6	扁钢母线与设备连接	0.5	从设备接线端子接口起算
7	轻轨滑触线终端	0.8	从最后一个支持点起算
8	安全节能及其他滑触线终端	0.5	从最后一个固定点起算

八、电缆

（1）直埋电缆的挖、填土（石）方，除特殊要求外，可按表7-6计算土方量。

表7-6　直埋电缆的挖、填土（石）方量

项目	电缆根数	
	1～2	每增一根
每米沟长挖方量/m³	0.45	0.153

注：1. 两根以内的电缆沟，系按上口宽度600mm、下口宽度400mm、深度900mm计算的常规土方量（深度按规范的最低标准）。

2. 每增加一根电缆，其宽度增加170mm。

3. 以上土方量系按埋深从自然地坪起算，如设计埋深超过900mm时，多挖的土方量应另行计算。

（2）电缆沟盖板揭、盖项目，按每揭或每盖一次以延长米计算，如又揭又盖，则按两次计算。

（3）电缆保护管长度，除按设计规定长度计算外，遇有下列情况，应按以下规定增加保护管长度：

① 横穿道路，按路基宽度两端各增加2m。

② 垂直敷设时，管口距地面增加2m。

③ 穿过建筑物外墙时，按基础外缘以外增加1m。

④ 穿过排水沟时，按沟壁外缘以外增加1m。

（4）电缆保护管埋地敷设，其土方量凡有施工图注明的，按施工图计算；无施工图的，一般按沟深 0.9m，沟宽按最外边的保护管两侧边缘外各增加 0.3m 工作面计算。

（5）电缆敷设按单根以延长米计算，一个沟内（或架上）敷设三根各长 100m 的电缆，应按 300m 计算，依此类推。

（6）电缆敷设长度应根据敷设路径的水平和垂直敷设长度，按表 7-7 增加附加长度：

表 7-7　电缆敷设的附加长度

序号	项目	预留长度（附加）	说明
1	电缆敷设弛度、波形弯度、交叉	2.5%	按电缆全长计算
2	电缆进入建筑物	2.0m	规范规定最小值
3	电缆进入沟内或吊架时引上（下）预留	1.5m	规范规定最小值
4	变电所进线、出线	1.5m	规范规定最小值
5	电力电缆终端头	1.5m	检修余量最小值
6	电缆中间接头盒	两端各留 2.0m	检修余量最小值
7	电缆进控制屏、保护屏及模拟盘等	高+宽	按盘面尺寸
8	高压开关柜及低压配电盘、箱	2.0m	盘下进出线
9	电缆至电动机	0.5m	从电机接线盒起算
10	厂用变压器	3.0m	从地坪起算
11	电缆绕过梁柱等增加长度	按实计算	按被绕物的断面情况计算增加长度
12	电梯电缆与电缆架固定点	每处 0.5m	规范最小值

注：电缆附加及预留的长度是电缆敷设长度的组成部分，应计入电缆长度工程量之内。

（7）电缆终端头及中间头均以"个"为计量单位，电力电缆和控制电缆均按一根电缆有两个终端头考虑。中间电缆头设计有图示的，按设计确定；设计没有规定的，按实际情况计算（或按平均 250m 一个中间头考虑）。

（8）桥架安装，以"10m"为计量单位。

（9）吊电缆的钢索及拉紧装置，应按第四册《电气设备安装工程》相应项目另行计算。

（10）钢索的计算长度以两端固定点的距离为准，不扣除拉紧装置的长度。

（11）电缆敷设及桥架安装，应按第四册《电气设备安装工程》估价表第八章说明的综合内容范围计算。

（12）电力电缆敷设定额是按三芯（包括三芯连地）考虑的，5 芯电力电缆敷设定额乘以系数 1.3，6 芯电力电缆敷设乘以系数 1.6，每增加一芯定额增加 30%，依此类推。单芯电力电缆敷设按同截面电缆敷设定额乘以 0.67。截面积 400mm² 以上至 800mm² 的单芯电力电缆敷设按 400mm² 电力电缆定额执行。240mm² 以上的电缆头的接线端子为异形端子，需要单独加工，应按实际加工价计算（或调整定额价格）。

九、防雷及接地装置

（1）接地极制作安装以"根"为计量单位，其长度按设计长度计算，设计无规定时，每根长度按 2.5m 计算，若设计有管帽时，管帽量按加工件计算。

（2）接地母线敷设，按设计长度以"m"为计量单位计算工程。接地母线、避雷线敷设均按延长米计算，其长度按施工图设计水平和垂直规定长度量另加 3.9% 的附加长度（包括转弯、上下波动、避绕障碍物、搭接头所占长度）计算，计算主材费时应另增加规定的损耗率。

（3）接地跨接线以"处"为计量单位，按规程规定凡需作接地跨接线的工程内容，每跨接一次按一处计算，户外配电装置构架均需接地，每副构架按"一处"计算。

（4）避雷针的加工制作、安装，以"根"为计量单位，独立避雷针安装以"基"为计量单位。长度、高度、数量均按设计规定。独立避雷针的加工制作应执行"一般铁件"制作子目或按成品计算。

(5) 半导体少长针消雷装置安装以"套"为计量单位，按设计安装高度分别执行相应子目。装置本身由设备制造厂成套供货。

(6) 利用建筑物内主筋作接地引下线安装以"10m"为计量单位，每一柱子内按焊接两根主筋考虑，如果焊接主筋数超过两根时，可按比例调整。

(7) 断接卡子制作安装以"套"为计量单位，按设计规定装设的断接卡子数量计算，接地检查井内的断接卡子安装按每井一套计算。

(8) 高层建筑物屋顶的防雷接地装置应执行"避雷网安装"定额，电缆支架的接地线安装应执行"户内接地母线敷设"子目。

(9) 均压环敷设以"m"为计量单位，主要考虑利用圈梁内主筋作均压环接地连线，焊接按两根主筋考虑，超过两根时，可按比例调整。长度按设计需要作均压接地的圈梁中心线长度，以延长米计算。

(10) 钢、铝窗接地以"处"为计量单位（高层建筑六层以上的金属窗，设计一般要求接地），按设计规定接地的金属窗数进行计算。

(11) 柱子主筋与圈梁连接以"处"为计量单位，每处按两根主筋与两根圈梁钢筋分别焊接连接考虑。如果焊接主筋和圈梁钢筋超过两根时，可按比例调整，需要连接的柱子主筋和圈梁钢筋"处"数按规定设计计算。

(12) 降阻剂的埋设以"kg"为计量单位。

十、10kV 以下架空线路

(1) 工地运输，是指估价表内未计价材料从集中材料堆放点或工地仓库运至杆位上的工程运输，分人力运输和汽车运输，以"10t·km"为计量单位。

运输量计算公式如下：

$$工程运输量＝施工图用量×(1＋损耗率)$$

预算运输质量＝工程运输量＋包装物质量(不需要包装的可不计算包装物质量)

运输质量可按表 7-8 的规定进行计算：

表 7-8 运输质量

材料名称		单位	运输质量/kg	备注
混凝土制品	人工浇制	m³	2600	包括钢筋
	离心浇制	m³	2860	包括钢筋
线材	导线	kg	$W×1.15$	有线盘
	钢绞线	kg	$W×1.17$	无线盘
木杆材料			500	包括木横担
金属、绝缘子		kg	$W×1.07$	
螺栓		kg	$W×1.01$	

注：1. W 为理论质量。

2. 未列入者均按净重计算。

(2) 土石方量计算

① 无底盘、卡盘的电杆坑，其挖方体积 $V＝0.8×0.8×h$（h——坑深，m）。

② 电杆坑的马道土、石方量按每坑 $0.2m^3$ 计算。

③ 施工操作裕度按底、拉盘底宽每边增加 0.1m。

④ 电杆坑（放边坡）计算公式：

$$V = h \div \{6[ab + (a + a_1) \times (b + b_1) + a_1 b_1]\}$$

式中　V——土（石）方体积，m^3；

　　　h——坑深，m；

　$a(b)$——坑底宽，m，$a(b)=$底、拉盘底宽$+2\times$每边操作裕度；

$a_1(b_1)$——坑口宽，m，$a_1(b_1)=a(b)+2\times h\times$边坡系数（表7-9）。

表7-9　边坡系数

	杆高/m	7	8	9	10	11	12	13	15
边坡系数	埋深/m	1.2	1.4	1.5	1.7	1.8	2.0	2.2	2.5
	底盘规格	600×600			800×800			1000×1000	
1:0.25　土方量/m^3	带底盘	1.36	1.78	2.02	3.39	3.76	4.60	6.78	8.76
	不带底盘	0.82	1.07	1.21	2.03	2.26	2.76	4.12	5.26

注：1. 土方量计算公式亦适用于拉线坑。
　　2. 双接腿杆坑按带底盘的土方量计算。
　　3. 木杆按不带底盘的土方量计算。

（3）各类土质的放坡系数按表7-10计算。

表7-10　各类土质的放坡系数

土质	普通土、水坑	坚土	松砂石	泥水、流沙、岩石
放坡系数	1:0.3	1:0.25	1:0.2	不放坡

（4）冻土厚度大于300mm时，冻土层的挖方量按挖坚土项目，其基价乘以系数2.5。其他土层仍按土质性质执行第四册"电气设备安装工程"估价表。

（5）杆坑土质按一个坑的主要土质而定，如一个坑大部分为普通土，少量为坚土，则该坑应全部按普通土计算。

（6）带卡盘的电杆坑，如原计算的尺寸不能满足卡盘安装时，因卡盘超长而增加的土（石）方量另计。

（7）底盘、卡盘、拉线盘按设计用量以"块"为计量单位。

（8）杆塔组立，分别杆塔形式和高度按设计数量以"根"为计量单位。

（9）拉线制作安装按施工图设计规定，分别不同形式，以"组"为计量单位。

（10）横担安装按施工图设计规定，分不同形式和截面，以"根"为计量单位，估价表按单根拉线考虑，若安装V形、Y形或双拼型拉线时，按2根计算。拉线长度按设计全根长度计算，设计无规定时可按表7-11计算。

表7-11　拉线长度　　　　　　　　　　　　　　　　　　　m/根

项目		普通拉线	V(Y)形拉线	弓形拉线
杆高/m	8	11.47	22.94	9.33
	9	12.61	25.22	10.10
	10	13.74	27.48	10.92
	11	15.10	30.20	11.82
	12	16.14	32.28	12.62
	13	18.69	37.38	13.42
	15	19.68	39.36	15.12
水平拉线		26.47		

（11）导线架设，分别导线类型和不同截面以"1km/单线"为计量单位计算。导线预留长度按表7-12的规定计算。

表 7-12 导线预留长度 m/根

项目名称		长度
高压	转角	2.5
	分支、终端	2.0
低压	分支、终端	0.5
	交叉跳线转角	1.5
与设备连线		0.5
进户线		2.5

导线长度按线路总长度和预留长度之和计算。计算主材费时应另增加规定的损耗率。

（12）导线跨越架设，包括越线架的搭、拆和运输以及因跨越（障碍）施工难度增加而增加的工作量，以"处"为计量单位。每个跨越间距按 50m 以内考虑，大于 50m 而小于 100m 时按 2 处计算，依此类推。在计算架线工程量时，不扣除跨越档的长度。

（13）杆上变配电设备安装以"台"为计量单位，设备的接地装置和调试应按第四册《电气设备安装工程》相应子目另行计算。

十一、电气调整试验

（1）电气调试系统的划分以电气原理系统图为依据，在系统调试项目中各工序的调试费用如需单独计算时，可按表 7-13 所列比例计算。

表 7-13 电气调试系统各工序的调试费用

工序 \ 比例/% 项目	发电机调相机系统	变压器系统	送配电设备系统	电动机系统
一次设备本体试验	30	30	40	30
附属高压二次设备试验	20	30	20	30
一次电流及二次回路检查	20	20	20	20
继电器及仪表设备	30	20	20	20

（2）电气调试所需的电力消耗已包括在估价表内，一般不另计算。但 10kW 以上电机及发电机的启动调试费用的蒸汽、电力和其他动力能源消耗及变压器空载试运转的电力消耗，另行计算。

（3）供电桥回路的断路器、母线分段断路器，均按独立的送配电设备系统计算调试费。

（4）送配电设备系统调试，系按一侧有一台断路器考虑的，若两侧均有断路器时，则应按两个系统计算。

（5）送配电设备系统调试，适用于各种供电回路（包括照明供电回路）的系统调试。凡供电回路中带有仪表、继电器、电磁开关等调试元件的（不包括闸刀开关、保险器），均按调试系统计算。移动式电器和以插座连接的家电设备业经厂家调试合格、不需要用户自调的设备均不应计算调试费用。

（6）一般的住宅、学校、办公楼、旅馆、商店等民用电气的工程的供电调试按下列规定：

① 配电室内带有调试元件的盘、箱、柜和带有调试元件的照明主配电箱，应按供电方式执行相应的"配电设备系统调试"子目。

② 每个用户房间的配间箱（板）上虽装有电磁开关等调试元件，但如果生产厂家已按固定的常规参数调整好，不需要安装单位进行调试就可直接投入使用的，不得计取调试费用。

③ 民用电度表的调整校验属于供电部门的专业管理，一般皆由用户向供电局订购调试完毕的电度表，不得另外计算调试费用。

（7）变压器系统调试，以每个电压侧有一台断路器为准，多于一个断路器的按相应电压等级送配电设备系统调试的相应项目另行计算。

（8）干式变压器，执行相应容量变压器调试子目乘以系数0.8。

（9）特殊保护装置，均以构成一个保护回路为一套，其工程量计算规定如下。

① 发电机转子接地保护，按全厂发电机共用一套考虑。

② 距离保护，按设计规定所保护的送电线路断路器台数计算。

③ 高频保护，按设计规定所保护的送电线路断路器台数计算。

④ 零序保护，按发电机、变压器、电动机的台数或送电线路断路器的台数计算。

⑤ 故障录波器的调试，以一块屏为一套系统计算。

⑥ 失灵保护，按设置该保护的断路器台数计算。

⑦ 失磁保护，按所保护的电机台数计算。

⑧ 变流器的断流保护，按变流器台数计算。

⑨ 小电流接地保护，按装设该保护的供电回路断路器台数计算。

⑩ 保护检查及打印机调试，按构成该系统的完整回路为一套计算。

（10）自动装置及信号系统调试，均包括继电器、仪表等元件本身和二次回路的调整试验，具体规定如下。

① 备用电源自动投入装置，按联锁机构的个数确定备用电源自投装置系统数。一个备用厂用变压器，作为三段厂用工作母线备用的厂用电源，计算备用电源自动投入装置调试时，应为三个系统。装设自动投入装置的两条互为备用的线路或两台变压器，计算备用电源自动投入装置调试时，应为两个系统。备用电动机自动投入装置亦按此计算。

② 线路自动重合闸调试系统，按采用自动重合闸装置的线路自动断路器的台数计算系统数。

③ 自动调频装置的调试，以一台发电机为一个系统。

④ 同期装置调试，按设计构成一套能完成同期并车行为的装置为一个系统计算。

⑤ 蓄电池及直流监视系统调试，一组蓄电池按一个系统计算。

⑥ 周波减负荷装置调试，凡有一个周率继电器，不论带几个回路，均按一个调试系统计算。

⑦ 变送屏以屏的个数计算。

⑧ 中央信号装置调试，按每一个变电所或配电室为一个调试系统计算工程量。

⑨ 事故照明切换装置调试，按设计能完成交直流切换的一套装置为一个调试系统计算。

（11）接地网的调试规定如下。

① 接地网接地电阻的测定。一般的发电厂或变电站连为一个体的母网，按一个系统计算；自成母网不与厂区母网相连的独立接地网，另按一个系统计算，虽然最后也将各接地网连在一起，但应按各自的接地网计算，不能作为一个网，具体应按接地网的试验情况而定。

② 避雷针接地电阻的测定。每一避雷针有单独接地网（包括独立的避雷针、烟囱避雷针等）时，均按一组计算。

③ 独立的接地装置按组计算。如一台柱上变压器有一个独立的接地装置，即按一组计算。

（12）避雷器、电容器的调试，按每三相为一组计算；单个装设的亦按一组计算，上述设备如设置在发电机，变压器，输、配电线路的系统或回路中，仍应按相应项目另外计算调试费用。

（13）高压电气除尘系统调试，按一台升压变压器、一台机械整流器及附属设备为一个系统计算，分别按除尘器除尘范围（m²）执行估价表。

（14）硅整流装置调试，按一套硅整流装置为一个系统计算。

（15）普通电动机的调试，分别按电动机的控制方式、功率、电压等级，以"台"为计量单位。

（16）晶闸管调速直流电动机调试以"系统"为计量单位，其调试内容包括晶闸管整流装置和直流电动机控制回路系统两个部分的调试。

（17）交流变频调速电动机调试以"系统"为计量单位，其调试内容包括变频装置系统和交流电动机控制回路系统两个部分的调试。

（18）高标准的高层建筑、高级宾馆、大会堂、体育馆等具有较高控制技术的电气工程（包括照明工程），应按控制方式执行相应的电气调试项目。

（19）微型电机系指功率在0.75kW以下的电机，不分类别，一律执行微电机综合调试子目，以"台"为计量单位。电机功率在0.75kW以上的电机调试应按电机类别和功率分别执行相应的调试项目。

十二、配管、配线

（1）各种配管应区别不同敷设方式、敷设位置、管材材质、规格，以"延长米"为计量单位，不扣除管路中间的接线箱（盒）、灯头盒、开关盒所占长度。

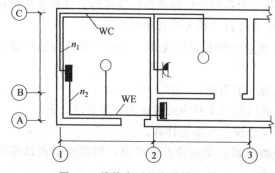

图7-2　线管水平长度计算示意图

① 水平方向敷设的线管应以施工平面图的管线走向、敷设部位和设备安装位置的中心点为依据，并借用平面图上所标墙、柱轴线尺寸进行线管长度的计算，若没有轴线尺寸可利用时，则应运用比例尺或直尺直接在平面图上量取线管长度，如图7-2所示。

② 垂直方向的线管敷设（沿墙、柱引上或引下），其配管长度一般应根据楼层高度和箱、柜、盘、板、开关、插座等的安装高度进行计算，如图7-3、图7-4所示。

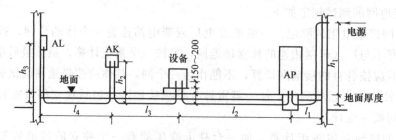

图7-3　埋地管穿出地面示意图

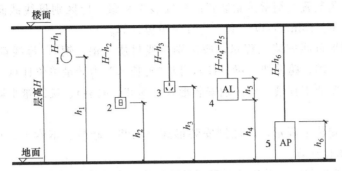

图 7-4 线管敷设（沿墙、柱引上或引下）示意图

1—拉线开关；2—板式开关；3—插座；4—墙上配电箱；5—落地配电柜

（2）配管工程中未包括钢索架设及拉紧装置、接线箱、盒、支架的制作安装，其工程量应另行计算。

（3）管内穿线的工程量，应区别线路性质、导线材质、导线截面积，以单线"延长米"为计量单位计算。线路分支接头线的长度已综合考虑在项目基价中，不得另行计算。

照明线路中的导线截面积大于或等于 $6mm^2$ 以上时，应执行动力线路穿线相应项目。

图 7-5 为导线与柜、箱、设备等相连预留长度示意图。规定的导线预留长度，详见表 7-14。

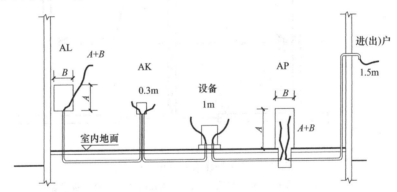

图 7-5 导线与柜、箱、设备等相连预留长度示意图

（4）线夹配线工程量，应区别线夹材质（塑料、瓷质）、线式（两线、三线）、敷设位置（木、砖、混凝土结构）以及导线规格，以线路"延长米"为计量单位计算。

（5）绝缘子配线工程量，应区别绝缘子形式（针式、鼓形、碟式）、绝缘子配线位置（沿屋架、梁、柱、墙，跨屋架、梁、柱，木结构、顶棚内及砖、混凝土结构，沿钢支架及钢索）、导线截面积，以线路"延长米"为计量单位计算。

绝缘子暗配，引下线按线路支持点至天棚下缘距离的长度计算。

（6）槽板配线工程量，应区别槽板配线位置（木结构、砖、混凝土结构）、导线截面积、线式（二线、三线），以线路"延长米"为计量单位计算。

（7）塑料护套线明敷工程量，应区别导线截面积、导线芯数（二芯、三芯）、敷设位置（木结构、砖、混凝土结构、沿钢索），以单根线路"延长米"为计量单位计算。

（8）线槽配线工程量，应区别导线截面积，以单根线路"延长米"为计量单位计算。

（9）钢索架设工程量，应区别圆钢、钢索直径（$\phi 6mm$、$\phi 9mm$），按图示墙（柱）内缘距离，以"延长米"为计量单位计算，不扣除拉紧装置所占长度。

（10）母线拉紧装置及钢索拉紧装置制作安装工程量，应区别母线截面积、花篮螺栓直径（12mm、16mm、18mm）以"套"为计量单位计算。

（11）车间带形母线安装工程量，应区别母线材质（铝、铜）、母线截面积、安装位置（沿屋架、梁、柱、墙，跨屋架、梁、柱），以"延长米"为计量单位计算。

（12）接线箱安装工程量，应区别安装形式（明装、暗装）、接线箱半周长，以"个"为计量单位计算。

（13）接线盒安装工程量，应区别安装形式（明装、暗装、钢索上）以及接线盒类型，以"个"为计量单位计算。

① 在配管配线工程中，无论是明配还是暗配均存在线路接线盒（分线盒）、接线箱、开关盒、灯头盒以及插座盒的安装。

② 线路接线盒（分线盒）产生在管线的分支处或管线的转弯处。暗装的开关、插座应有开关接线盒和插座接线盒，暗配管线到灯位处应有灯头接线盒。钢管配钢质接线盒，塑料管配塑料接线盒，如图7-6所示。

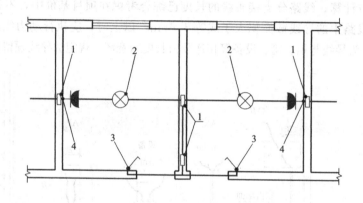

图 7-6　开关插座盒和灯位盒的位置

1—线路接线盒；2—灯头接线盒；3—开关接线盒；4—插座接线盒

（14）灯具、明、暗开关，插座、按钮等的预留线，已分别综合在相应子目内，不再另行计算。

（15）配线进入开关箱、柜、板的预留线，按表7-14规定的长度，分别计入相应的工程量。

表 7-14　导线预留长度表（每一根线）

序号	项　目	预留长度	说明
1	各种开关、柜、板	宽＋高	盘面尺寸
2	单独安装（无箱、盘）的铁壳开关、闸刀开关、起动器线槽进出线盒等	0.3m	从安装对象中心算起
3	由地面管子出口引至动力接线箱	1.0m	从管口计算
4	电源与管内导线连接（管内穿线与软、硬母线接点）	1.5m	从管口计算
5	出户线	1.5m	从管口计算

十三、照明器具

（1）普通灯具安装的工程量，应区别灯具的种类、型号、规格，以"套"为计量单位计算。普通灯具安装项目适用范围见表7-15。

表 7-15 普通灯具安装项目适用范围

项目名称	灯具种类
圆球吸顶灯	材质为玻璃的螺口、卡口圆球独立吸顶灯
半圆球吸顶灯	材质为玻璃的独立的半圆球吸顶灯、扁圆罩吸顶灯、平圆型吸顶灯
方形吸顶灯	材质为玻璃的独立的矩形罩吸顶灯、方形罩吸顶灯、大口方罩吸顶灯
软线吊灯	利用软线为垂吊材料、独立的,材质为玻璃、塑料、搪瓷,形状如碗形、伞形、平盘灯罩组成的各式软线吊灯
吊链灯	利用吊链作辅助悬吊材料、独立的,材质为玻璃、塑料罩的各式吊链灯
防水吊灯	一般防水吊灯
一般弯脖灯	圆球弯脖灯、风雨壁灯
一般墙壁灯	各种材质的一般壁灯、镜前灯
软线吊灯头	一般吊灯头
声光控座灯头	一般声控、光控座灯头
座灯头	一般塑胶、瓷质座灯头

（2）吊式艺术装饰灯具的工程量，应根据装饰灯具示意图集所示，区别不同装饰物以及灯体直径和灯体垂吊长度，以"套"为计量单位计算。灯体直径为装饰物的最大外缘直径，灯体垂吊长度为灯座底部到灯梢之间的总长度。

（3）吸顶式艺术装饰灯具安装的工程量，应根据装饰灯具示意图集所示，区别不同装饰物、吸盘的几何形状、灯体直径、灯体半周长和灯体垂吊长度，以"套"为计量单位计算。灯体直径为吸盘最大外缘直径，灯体半周长为矩形吸盘的半周长，吸顶式艺术装饰灯具的灯体垂吊长度为吸盘到灯梢之间的总长度。

（4）荧光艺术装饰灯具安装的工程量，应根据装饰灯具示意图集所示，区别不同安装形式和计量单位计算。

① 组合荧光灯光带安装的工程量，应根据装饰灯具示意图集所示，区别安装形式、灯管数量，以"延长米"为计量单位计算。灯具的设计数量与估价表不符时可以按设计数量加损耗量调整主材。

② 内藏组合式灯安装的工程量，应根据装饰灯具示意图集所示，区别灯具组合形式，以"延长米"为计量单位。灯具的设计数量与估价表不符时，可根据设计数量加损耗量调整主材。

③ 发光棚安装的工程量，应根据装饰灯具示意图集所示，以"m^2"为计量单位，发光棚灯具按设计用量加损耗量计算。

④ 立体广告灯箱、荧光灯光沿的工程量，应根据装饰灯具示意图集所示，以"延长米"为计量单位。灯具设计用量与估价表不符时，可根据设计数量加损耗量调整主材。

（5）几何形状组合艺术灯具安装的工程量，应根据装饰灯具示意图集所示，区别不同安装形式及灯具的不同形式，以"套"为计量单位计算。

（6）标志、诱导装饰灯具安装的工程量，应根据装饰灯具示意图集所示，区别不同安装形式，以"套"为计量单位计算。

（7）水下艺术装饰灯具安装的工程量，应根据装饰灯具示意图集所示，区别不同安装形式，以"套"为计量单位计算。

（8）点光源艺术装饰灯具安装的工程量，应根据装饰灯具示意图集所示，区别不同安装形式、不同灯具直径，以"套"为计量单位计算。

(9) 草坪灯具安装的工程量，应根据装饰灯具示意图集所示，区别不同安装形式，以"套"为计量单位计算。

(10) 歌舞厅灯具安装的工程量，应根据装饰灯具示意图所示，区别不同灯具形式，分别以"套""延长米""台"为计量单位计算。

(11) 装饰灯具安装项目适用范围见表 7-16。

表 7-16　装饰灯具安装项目适用范围

项目名称	灯具种类（形式）
吊式艺术装饰灯具	不同材质、不同灯体垂吊长度、不同灯体直径的蜡烛灯、挂片灯、串珠（穗）、串棒灯、吊杆式组合灯、玻璃罩（带装饰）灯
吸顶式艺术装饰灯具	不同材质、不同灯体垂吊长度、不同灯体几何形状的串珠（穗）、串棒灯、挂片、挂碗、挂吊蝶灯、玻璃罩（带装饰）灯
荧光艺术装饰灯具	不同安装形式、不同灯管数量的组合荧光灯光带，不同几何组合形式的内藏组合式灯，不同几何尺寸、不同灯具形式的发光棚，不同形式的立体广告灯箱、荧光灯光沿
几何形状组合艺术灯具	不同固定形式、不同灯具形式的繁星灯、钻石星灯、礼花灯、玻璃罩钢架组合灯、凸片灯、反射挂灯、筒形钢架灯、U 形组合灯、弧形管组合灯
标志、诱导装饰灯具	不同安装形式的标志灯、诱导灯
水下艺术装饰灯具	简易型彩灯、密封型彩灯、喷水池灯、幻光型灯
点光源艺术装饰灯具	不同安装形式、不同灯体直径的筒灯、牛眼灯、射灯、轨道射灯
草坪灯具	各种立柱式、墙壁式的草坪灯
歌舞厅灯具	各种安装形式的变色转盘灯、雷达射灯、幻影转彩灯、维纳斯旋转彩灯、卫星旋转效果灯、飞碟旋转效果灯、多头转灯、滚筒灯、频闪灯、太阳灯、雨灯、歌星灯、边界灯、射灯、泡泡发生器、迷你满天星彩灯、迷你单立（盘彩灯）、多头宇宙灯、镜面球灯、蛇光管

(12) 荧光灯具安装的工程量，应区别灯具的安装形式、灯具种类、灯管数量，以"套"为计量单位计算。

(13) 工厂灯及防水防尘灯安装的工程量，应区别不同安装形式，以"套"为计量单位计算。工厂灯及防水防尘灯安装项目适用范围见表 7-17。

表 7-17　工厂灯及防水防尘灯安装项目适用范围

项目名称	灯具种类
直杆工厂吊灯	配照（GC1-A）、广照（GC3-A）、深照（GC5-A）、斜照（GC7-A）、圆球（GC17-A）、双罩（GC19-A）
吊链式工厂灯	配照（GC1-B）、深照（GC3-B）、斜照（GC5-C）、圆球（GC7-B）、双罩（GC19-A）、广照（GC19-B）
吸顶式工厂灯	配照（GC1-C）、广照（GC3-C）、深照（GC5-C）、斜照（GC7-C）、双罩（GC19-C）
弯杆式工厂灯	配照（GC1-D/E）、广照（GC3-D/E）、深照（GC5-D/E）、斜照（GC7-D/E）、双罩（GC19 -C）、局部深罩（GC26-F/H）
悬挂式工厂灯	配照（GC21-2）、深照（GC23-2）
防水防尘灯	广照（GC9-A，B，C）、广照保护网（GC11-A，B，C）、散照（GC15-A，B，C，D，E，F，G）

注：括号中为型号。

(14) 工厂其他灯具安装的工程量，应区别不同灯具类型、安装形式、安装高度，以"套""个""延长米"为计量单位计算。工厂其他灯具安装项目适用范围见表 7-18。

(15) 医院灯具安装的工程量，应区别灯具种类，以"套"为计量单位计算。医院灯具安装项目适用范围见表 7-19。

表 7-18　工厂其他灯具安装适用范围

项目名称	灯具种类
防潮灯	扁形防潮灯(GC-31)、防潮灯(GC-33)
腰形舱顶灯	腰形舱顶灯 CCD-1
碘钨灯	DW 型、220V 300V 1000W
管形氙气灯	自然冷却式 200/380V,20kW 内
投光灯	TG 型室外投光灯
高压水银灯镇流器	外附式镇流器具 125~450W
安全灯	AOB-1、2、3,AOC-1、2 型安全灯
防爆灯	CBC-200 型防爆灯
高压水银防爆灯	CBC-125/250 型高压水银防爆灯
防爆荧光灯	CBC-1/2 单/双管防爆型荧光灯

表 7-19　医院灯具安装项目适用范围

项目名称	灯具种类
病房指示灯	病房指示灯
病房暗脚灯	病房暗脚灯
无影灯	3~12 孔管式无影灯

（16）路灯安装工程，应区别不同臂长，不同灯数，以"套"为计量单位计算。工厂厂区内、住宅小区内路灯安装执行第四册"电气设备安装工程"相关项目，城市道路的路灯安装执行《市政工程计价定额》。

路灯安装范围见表 7-20。

表 7-20　路灯安装范围

项目名称	灯具种类
大马路弯灯	臂长 1200mm 以下、臂长 1200mm 以上
庭院路灯	三火以下、七火以下

（17）开关、按钮安装的工程量，应区别开关、按钮安装形式，开关、按钮种类，开关极数以及单控与双控，以"套"为计量单位计算。

（18）插座安装的工程量，应区别电源相数、额定电流、插座安装形式、插座插孔个数，以"套"为计量单位计算。

（19）安全变压器安装的工程量，应按安全变压器容量，以"台"为计量单位计算。

（20）电铃、电铃号码牌箱安装的工程量，应按电铃直径、电铃号牌箱规格（号），以"套"为计量单位计算。

（21）门铃安装工程量，应按门铃安装形式，以"个"为计量单位计算。

（22）风扇安装的工程量，应按风扇种类，以"台"为计量单位计算。

（23）盘管风机三速开关、请勿打扰灯、须刨插座安装的工程量，以"套"为计量单位计算。

十四、电梯电气装置

（1）交流手柄操纵或按钮控制（半自动）电梯电气安装的工程量，应区别电梯层数、站数，以"部"为计量单位计算。

（2）交流信号或集选控制（自动）电梯电气安装的工程量，应区别电梯层数、站数，以"部"为计量单位计算。

（3）直流信号或集选控制（自动）快速电梯电气安装的工程量，应区别电梯层数、站数，以"部"为计量单位计算。

（4）直流集选控制（自动）高速电梯电气安装的工程量，应区别电梯层数、站数，以"部"为计量单位计算。

（5）小型杂物电梯电气安装的工程量，应区别电梯层数、站数，以"部"为计量单位计算。

（6）电厂专用电梯电气安装的工程量，应区别配合锅炉容量，以"部"为计量单位计算。

（7）电梯增加厅门、自动轿厢门及提升高度工程量，应区别电梯形式、增加自动轿厢门数量、增加提升高度，分别以"个""延长米"为计量单位计算。

第四节　建筑电气安装工程预算实例

一、工程概况

本设计图共两张，其中配电照明系统图如图 7-7 所示，电气照明平面图如图 7-8 所示。

① 建筑概况。本住宅楼共 6 层，每层高 3m，一个单元内每层共两户，有 A、B 两种户型：A 型为 4 室 1 厅，约 92m²；B 型为 3 室 1 厅，约 73m²。共用楼梯、楼道。

② 供电电源。每层住宅楼采用 220V 单相电源、TN-C 接地方式的单相三线系统供电。

二、施工说明

① 在楼道内设置一个配电箱 AL-1，安装高度为 1.8m，配电箱有 4 路输出线（1L、2L、3L、4L），其中，1L、2L 分别为 A、B 两户供电，导线及敷设方式为 BV-3×6 SC25-WC（铜芯塑料绝缘线，3 根，截面积为 6mm²，穿钢管敷设，管径为 25mm，沿墙暗敷），3L 供楼梯照明，4L 为备用。

② 住户用电。A、B 两户分别在室内安装一个配电箱，其安装高度为 1.8m，分别采用 3 路供电，其中 L_1 供各房间照明，L_2 供起居室、卧室内的家用电器用电，L_3 供厨房、卫生间用电。

③ 除非图面另有注释，房间内所有照明、插座管线均选用 BV-500 型电线穿 PVC20 型管，敷设在现浇混凝土楼板内；竖直方向为暗敷设在墙体内。照明、插座支线的截面积一律为 2.5mm²，每一回路单独穿一根管，穿管管径为 20mm。

④ 除非图面另有注释，所有开关距地 1.4m 安装，插座距地 0.4m 安装。

⑤ 所有电气施工图纸中表示的预留套管和预留洞口均由电气施工人员进行预留，施工时与土建密切配合。

三、施工图预算的编制依据及说明

1. 施工图预算的编制依据

① 工程施工图（平面图和系统图）和相关资料说明。

②《通用安装工程消耗量定额》《吉林省单位估价表》。

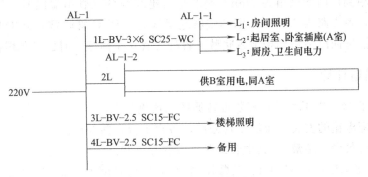

图 7-7 配电照明系统图

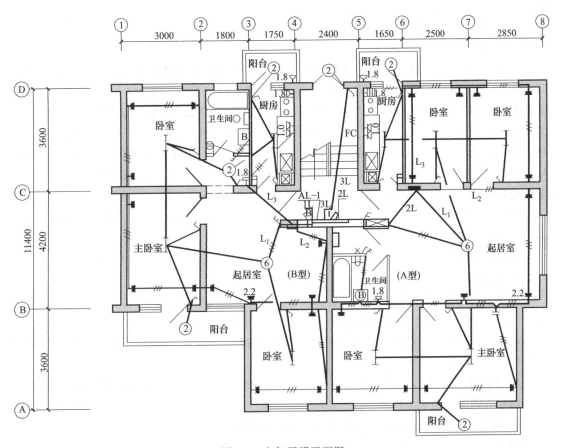

图 7-8 电气照明平面图

③ 国家和工程所在地区有关工程造价的文件。

2. 施工图预算的编制要求

本例的工程类别为二类工程，施工地点为长春市区。

四、分项工程项目的划分和排列

阅读施工图和施工说明，熟悉工程内容。从电气照明平面图及电气施工说明中可知：该工程每层楼设配电箱一个（AL-1），每户设配电箱一个（AL-1-1、AL-1-2），均为嵌入式安装。楼层配电箱到户内配电箱为 6mm² 铜芯塑料绝缘线穿钢管沿墙暗敷。每户的配电箱均引出 3 条支路，各支路为 2.5mm² 铜芯塑料绝缘线穿 UPVC 管暗敷，其中照明回路沿墙和楼顶板暗敷，插座回路沿墙和楼地板暗敷。各种套管在土建施工时已经预埋设。

五、工程量计算

1. 计算工程量（以下水平计算长度按原图纸比例量取）

(1) 照明配电箱的安装，每层 1 台公用，每户 1 台，共 3 台。

(2) 钢管的敷设（暗敷），其中有单联、双联和三联。

① 由配电箱 AL-1 至 AL-1-1：其敷设钢管 SC25 的长度为 $1.2+1+1.2=3.4$（m）。

② 由配电箱 AL-1 至 AL-1-2：其敷设钢管 SC25 的长度为 $1.2+2.66+1.67=5.53$（m）。

(3) UPVC 管的敷设（暗敷）

① B 型单元。

对于 L_1 回路：1.2（开关箱至楼板顶）+0.44（开关箱水平至起居室 6 号吊灯开关）+1.55（起居室 6 号吊灯开关水平至 6 号吊灯）+3.55（6 号吊灯至卧室荧光灯）+1.55（卧室荧光灯至开关）+3.89（6 号吊灯至主卧室荧光灯）+1.33（开关）+2.22（主卧室荧光灯至阳台灯开关）+0.89（阳台灯开关至阳台灯）+3.66（主卧室荧光灯至卧室荧光灯）+1.33（卧室荧光灯至卧室荧光灯开关）+2.55（卧室荧光灯至 2 号灯）+0.56（2 号灯至开关）+2（2 号灯至厨房灯）+1.67（厨房灯至开关）+1.67（厨房灯至阳台 2 号灯开关）+1.33（厨房阳台 2 号灯开关至 2 号灯）+1.2×8（8 盏灯，由房顶楼板至开关）=40.99(m)

对于 L_2 回路：$1.8+1.33+2.22+3.1+2.89+2.44+1.89+3+6.55+3+0.4×13=33.42$（m）

对于 L_3 回路：$1.2+2.22+1.2+2.22+2+0.22+1.11+0.8+0.56=11.53$（m）

② A 型单元。

对于 L_1 回路：$1.2+2.78+4+3.89+1.67+3.66+1.78+2.22+1.34+3.89+1.67+2.78+1.67+2+1.67+1.67+1.11+1.6×8=51.8$（m）

对于 L_2 回路：$1.8+3.63+4.2+3.6+2+7.22+3+1.33+3.11+7+1.8×1+0.4×12=43.49$（m）

对于 L_3 回路：$1.8+3.6+2+2+1.44+1.8×2+1×1+0.4×2=16.24$（m）

(4) 管内穿线

① 钢管内穿 6mm² 铜芯塑料绝缘线，所需长度为

$(3.4+5.53)×3=26.79$（m）

② B 型单元。

L_1 回路为照明回路，都为两根线，只有起居室 6 号吊灯开关水平至 6 号吊灯为 3 根线，所需长度为 $40.99×2$（全部管长）$+1.55=83.53$(m)。

L_2 回路为插座回路，都为 3 根线，所需长度为 $33.42×3=100.26$(m)。

L_3 回路为插座回路，都为 3 根线，所需长度为 $11.53×3$（全部管长）$=34.59$(m)。

③ A 型单元。

L_1 回路为照明回路，都为两根线，只有起居室 6 号吊灯开关水平至 6 号吊灯为 4 根线，所需长度为 $51.8×2+4×2=111.6$(m)。

L_2 回路为插座回路，都为 3 根线，所需长度为 $43.49 \times 3 = 130.47$（m）。

L_3 回路为插座回路，都为 3 根线，所需长度为 $16.24 \times 3 = 48.72$（m）。

（5）接线盒的安装

① B 型单元。

L_1 回路：7＋8（开关盒）＝15 个

L_2 回路：13 个。

L_3 回路：6 个。

② A 型单元。

L_1 回路：4＋8（开关盒）＝12 个。

L_2 回路：10＋2＝12 个。

L_3 回路：9 个。

（6）半圆球吸顶灯的安装：每户 3 盏，共 6 盏。

（7）吊灯的安装：每户 1 盏，共两盏。

（8）单管成套荧光灯的安装：A 型单元 5 盏，B 型单元 4 盏，共 9 盏。

（9）板式开关的安装（暗装），其中有单联、双联和三联之分：A 型单元 9 个，B 型单元 9 个，共 18 个。

（10）单相三孔插座的安装：A 型单元 20 个，B 型单元 18 个，共 38 个。

2. 工程量列表

工程量计算完后，将工程量填入工程量计算表格。如表 7-21 所示。

表 7-21 工程量计算表

工程名称：某住宅楼一层电气照明工程   第 页共 页

序号	分部分项工程名称	计算式	计量单位	工程数量	部位
1	照明配电箱安装	3 台	台	3	走廊、房间
2	钢管敷设	3.5＋5.53	100m	0.09	沿墙、天花板暗敷
3	UPVC 管敷设	40.99＋33.42＋11.53 ＋51.8＋43.49＋16.24	100m	1.98	沿墙、天花板、地板暗敷
4	管内穿线（6mm²）	26.79	100m	0.27	
5	管内穿线（2.5mm²）	83.53＋100.26＋34.59 ＋111.6＋130.47＋48.72	100m	5.09	各用户房间
6	接线盒安装	(15＋13＋6＋12＋12＋9)个	10 个	6.7	各用户房间
7	吊灯安装	2 盏	10 套	0.2	各用户客厅
8	半圆球吸顶灯安装	6 盏	10 套	0.6	各用户阳台、卫生间
9	单管成套荧光灯安装	9 盏	10 套	0.9	各用户房间
10	板式开关安装	18 个	10 套	1.8	各用户房间
11	单相三孔插座安装	38 个	10 套	3.8	各用户房间

六、利用计价软件进行单位工程预算

整理工程量、套定额，计算工程定额人材机费用（含主材费用），见表 7-22 单位工程预算书。

表 7-22　单位工程预算书

工程名称：某住宅楼一层电气照明工程　　　　　　　　　　　　　　　　第 1 页　共 1 页

序号	定额编号	子目名称	工程量		价值/元		其中/元	
			单位	数量	单价	合价	人工费	材料费
1	C2-0303	成套配电箱安装　落地式	台	3	389.52	1168.56	874.77	70.59
主材：	Z00018@1	成套配电箱落地式	台	3	300	900		
2	C2-1375	钢管敷设　砖、混凝土结构暗配　钢管公称口径 25mm 以内	100m	0.09	839.13	75.52	63.11	6.2
主材：	Z00278@1	钢管 φ25mm	m	9.27	6.62	61.37		
3	C2-1463	塑料管敷设　砖、混凝土结构暗配　硬质聚氯乙烯管　公称口径 20mm 以内	100m	1.98	446.36	883.79	758.64	12.41
主材：	Z00309@1	塑料管 φ20mm	m	203.94	3.5	713.79		
4	C2-1600	电气配线　管内穿线　动力线路铜芯导线截面积 6mm² 以内	100m	0.27	77.73	20.99	17.35	3.64
主材：	Z00374@1	铜芯绝缘导线 6mm²	m	27.486	4.39	120.66		
5	C2-1598	电气配线　管内穿线　动力线路铜芯导线截面积 2.5mm² 以内	100m	5.09	67.35	342.81	286.47	56.35
主材：	Z00351@1	铜芯绝缘导线 2.5mm²	m	518.162	1.2	621.79		
6	C2-1546	暗装　接线盒	10个	6.7	49.88	334.2	242	92.19
主材：	Z00342@1	接线盒	个	68.34	5.1	348.53		
7	C2-1839	吊式花灯安装　吊灯 9 头花灯	10套	0.2	1161.46	232.29	218.8	13.49
主材：	Z00476@1	成套灯具	套	2.02	450	909		
8	C2-1747	半圆球吸顶灯　灯罩直径 250mm 以内	10套	0.6	236.66	142	104.08	37.92
主材：	Z00430@1	半圆球吸顶灯　灯罩直径 250mm 以内	套	6.06	32	193.92		
9	C2-1996	荧光灯具安装　成套型　吊链式单管	10套	0.9	263.8	237.42	156.87	80.55
主材：	Z00487@1	荧光灯具成套型　吊链式　单管	套	9.09	39.6	359.96		
10	C2-0381	扳式暗开关安装　单控　单联	10套	1.8	71.45	128.61	122.85	5.76
主材：	Z00029@1	扳式暗开关单控单联	套	18.36	15	275.4		
11	C2-0412	单相暗插座安装　15A　3 孔	10套	3.8	78.69	299.02	277.7	21.32
主材：	Z00058@1	单相暗插座　15A　3 孔	套	38.76	5	193.8		
主材费合计								4698.22
直接费合计								3865.21

编制人：　　　　　　　　　审核人：　　　　　　　　　编制时间：

七、工程造价费用汇总表

单位工程费用表见表 7-23。

表 7-23 单位工程费用表

工程名称：某住宅楼一层电气照明工程　　　　专业：安装工程　　　　第 1 页　共 1 页

行号	序号	费用名称	取费说明	费率/%	费用金额/元
1	一	人工费	人工费		3122
2	二	材料费	材料费		5098
3	三	机械费	机械费		342
4	四	企业管理费	人工费×费率	24.18	755
5	五	措施项目费	1+2+3+4+5+6+7+8+9		210
6	1	安全文明施工费	人工费×费率×调整系数	5.15	173
7	2	夜间施工增加费	每人每个夜班增加 60 元		
8	3	非夜间施工增加费	按地下(暗)室建筑面积每平方米 20 元计取		
9	4	二次搬运费	人工费×费率	0.3	9
10	5	冬季施工增加费	按冬季施工期间完成人工费的 150%计取	150	
11	6	雨季施工增加费	人工费×费率	0.38	11
12	7	地上、地下设施、建筑物的临时保护设施费	按规定计取		
13	8	已完工程保护费(含越冬维护费)	根据工程实际情况编制费用预算		
14	9	工程定位复测费	人工费×费率	0.49	15
15	六	规费	1+2+3+4+5		440
16	1	社会保险费	(1)+(2)+(3)		405
17	(1)	养老保险费、失业保险费、医疗保险费、住房公积金	人工费×费率	11.94	372
18	(2)	生育保险费	人工费×费率	0.42	13
19	(3)	工伤保险费	人工费×费率	0.61	19
20	2	工程排污费	人工费×费率	0.3	9
21	3	防洪基础设施建设资金、副食品价格调节基金	税前工程造价	0.105	11
22	4	残疾人就业保障金	人工费×费率	0.48	14
23	5	其他规费			
24	七	利润	人工费×费率	16	499
25	八	价差(包括人工、材料、机械)	(一)+(二)+(三)+(四)		446
26	1	人工费价差	人工价差		446
27	2	材料费价差	材料价差		
28	3	机械费价差	机械价差		
29	4	机械费调整	(机械费预算价-不取费子目机械费预算价)×(调整系数-1)		
30	九	其他项目费	按规定计取		
31	十	估价项目、现场签证及索赔	不取费子目		
32	十一	优质优价增加费	税前工程造价×费率	0	
33	十二	税金	(一+二+三+四+五+六+七+八+九+十+十一)×费率	3.48	379
34	十三	含税工程造价	一+二+三+四+五+六+七+八+九+十+十一+十二		11295

思 考 题

1. 什么是安装工程预算定额？

2. 安装工程预算定额由哪几部分构成？

3. 如何套用预算定额？

4. 定额人工工日消耗量指标如何确定？

5. 定额材料消耗量指标如何确定？

6. 定额机械台班消耗量如何确定？

7. 什么是预算定额的计价材料？什么是预算定额的未计价材料？

8. 简述编制施工图预算的作用、依据和步骤。

9. 电气安装工程的脚手架搭拆费是如何确定的？

10. 什么叫工程量？安装工程计量单位主要有哪些？

11. 施工操作超高增加费如何计算？

12. 建筑电气安装工程高层建筑增加费如何计算？

13. 安装工程计划利润以什么作为计费基础？

14. 计算预算工程量时，开关、插座处导线的预留是否单独考虑？

15. 电缆工程量如何计算？

16. 怎样计算配管工程量？

17. 怎样计算管内穿线工程量？

18. 接线盒、分线盒、开关盒、插座盒、灯头盒怎样计算工程量？

19. 电风扇、排气扇要计算电机检查接线和电机调试吗？为什么？

20. 高压配电柜、低压开关柜、配电箱、配电屏如何计算工程量？

21. 防雷接地工程应列哪些项目？工程量如何分别计算？

22. 一般灯具和装饰灯具怎样划分？

23. 导线进入盘、箱、柜应怎样预留长度？

24. 成套灯具和组装型灯具应如何计算工程量？

25. 什么地方该计算接地跨接工程量？

26. 送配电设备系统调试,应怎样计算工程量？

第八章　建筑电气工程量清单计量与计价

第一节　工程量清单概述

一、工程量清单计价模式

工程量清单计价方式，是在建设工程招投标中，招标人自行或委托具有资质的中介机构编制反映工程实体消耗和措施性消耗的工程量清单，并作为招标文件的一部分提供给投标人，由投标人依据工程量清单自主报价的计价方式。在工程招标中采用工程量清单计价是国际上较为通行的做法。工程量清单报价作为一种全新的较为客观合理的计价方式，能够消除以往计价模式的一些弊端。

1. 工程量清单计价特点

① 工程量清单均采用综合单价形式，综合单价包括人工费、材料和工程设备费、施工机具使用费和企业管理费、利润，以及一定范围内的风险费用。风险费用隐含于已标价的工程量清单综合单价中，用于化解市场价格波动风险的费用。

② 工程量清单报价要求投标单位根据市场行情、自身实力报价，这就要求投标人注重工程单价的分析，在报价中反映出本投标单位的实际能力，从而能在招投标工作中体现公平竞争的原则，选择最优秀的承包商。

③ 工程量清单具有合同化的法定性，本质上是单价合同的计价模式，中标后的单价一经合同确认，在竣工结算时是不能调整的，即量变价不变。

④ 工程量清单报价详细地反映了工程的实物消耗和有关费用，因此易于结合建设项目的具体情况，以预算定额为基础的静态计价模式变为将各种因素考虑在单价内的动态计价模式。

⑤ 工程量清单报价有利于招投标工作，避免招投标过程中有盲目压价、弄虚作假、暗箱操作等不规范行为。

⑥ 工程量清单报价有利于项目的实施和控制，报价的项目构成、单价组成必须符合项目实施要求。工程量清单报价增加了报价的可靠性，有利于工程款的拨付和工程造价的最终确定。

⑦ 工程量清单报价有利于加强工程合同的管理，明确承发包双方的责任，实现风险的合理分担，即量由发包方或招标方确定，工程量的误差由发包方承担，工程报价的风险由投标方承担。

⑧ 工程量清单报价将推动计价依据的改革发展，推动企业编制自己的企业定额，提高自己的工程技术水平和经营管理能力。

2. 工程量清单计价依据

按国家《招标投标法》有关条例规定，最终以"不低于成本"的合理低价者中标。针对上述特点不难总结出工程量清单计价的依据主要包括：

① 工程量清单计价规范规定的计价规则；

② 政府统一发布的消耗量定额；

③ 企业自主报价时参照的企业定额；

④ 由市场的供求关系影响的工、料、机市场价格及企业自行确定的利润、管理费标准。

二、工程量清单计价与定额计价的区别

1. 两种计价办法的区别

① 定额计价以定额为基础，突出政府的作用，强调工程总造价的计算；

② 清单计价（综合单价法）以清单为基础，强调甲乙双方的责任在工程总造价的基础上，更加强调分项工作综合单价的计算。

2. 单位工程造价构成形式不同

① 按定额计价时单位工程造价由直接工程费、间接费、利润、税金构成，计价时先计算直接费，再以直接费（或其中的人工费）为基数计算各项费用、利润、税金，汇总为单位工程造价。

② 工程量清单计价时，造价由工程量清单费用＝∑（清单工程量×项目综合单价）、措施项目清单费用、其他项目清单费用、规费、税金五部分构成，作这种划分的考虑是将施工过程中的实体性消耗和措施性消耗分开。对于措施性消耗费用只列出项目名称，由投标人根据招标文件要求和施工现场情况、施工方案自行确定，以体现出以施工方案为基础的造价竞争；对于实体性消耗费用，则列出具体的工程数量，投标人要报出每个清单项目的综合单价。

3. 单位工程项目划分不同

① 按定额计价的工程项目划分即预算定额中的项目划分，一般土建定额有几千个项目，其划分原则是按工程的不同部位、不同材料、不同工艺、不同施工机械、不同施工方法和材料规格型号，划分十分详细。

② 工程量清单计价的工程项目划分较之定额项目的划分有较大的综合性，新规范中土建工程只有177个项目，它考虑工程部位、材料、工艺特征，但不考虑具体的施工方法或措施，如人工或机械、机械的不同型号等，同时对于同一项目不再按阶段或过程分为几项，而是综合到一起，如混凝土，可以将同一项目的搅拌（制作）、运输、安装、接头灌缝等综合为一项，门窗也可以将制作、运输、安装、刷油、五金等综合到一起，这样能够减少原来定额对于施工企业工艺方法选择的限制，报价时有更多的自主性。工程量清单中的量应该是综合的工程量，而不是按定额计算的"预算工程量"。综合的量有利于企业自主选择施工方法并以之为基础竞价，也能使企业摆脱对定额的依赖，建立起企业内部报价及管理的定额和价格体系。

4. 计价依据不同

这是清单计价和按定额计价最根本的区别。按定额计价的唯一依据就是定额，而工程量清单计价的主要依据是企业定额，包括企业生产要素消耗量标准、材料价格、施工机械配备及管理状况、各项管理费支出标准等。目前可能多数企业没有企业定额，但随着工程量清单

计价形式的推广和报价实践的增加，企业将逐步建立起自身的定额和相应的项目单价，当企业都能根据自身状况和市场供求关系报出综合单价时，企业自主报价、市场竞争（通过招投标）定价的计价格局也将形成，这也正是工程量清单所要促成的目标。工程量清单计价的本质是要改变政府定价模式，建立起市场形成造价机制，只有计价依据个别化，这一目标才能实现。

第二节　建筑电气工程工程量清单编制

工程量清单计价活动涵盖施工招标、合同管理以及竣工交付全过程，主要包括：编制招标工程量清单、招标控制价、投标报价，确定合同价，进行工程计量与价款支付、合同价款的调整、工程结算和工程计价纠纷处理等活动。

一、工程量清单计价费用组成

工程量清单计价的工程费用，由分部分项工程量清单计价合计费用、措施项目清单计价合计费用、其他项目清单计价合计费用、规费和税金构成，如图8-1所示。

① 分部分项工程量清单计价合计费用：由规定计量单位的综合单价乘以清单工程量，形成分项清单合价，再由分项清单合价汇总形成分部清单合价，然后把所有分部清单合价汇总形成分部分项清单计价合计费用。规定计量单位的综合单价，按其组成分为人工费、材料费、机械使用费、企业管理费、利润和施工期间的风险因素费。

② 措施项目清单计价合计费用：其总费用的构成同综合单价的费用组成相同。措施项目费分为施工技术措施费和施工组织措施费。

③ 其他项目清单计价合计费用：招标人部分的金额按招标人估算的金额确定；投标人部分的金额应根据招标人提出的要求和所发生的费用确定；零星工作项目费应根据"零星工作项目计价表"的要求，按照规范规定的综合单价的组成填写。

④ 规费：是指投标人按照政府有关部门规定，必须缴纳的费用。

⑤ 税金：是指国家税法和本省有关规定，应计入建设工程造价内的营业税、城市维护建设税、教育费附加、水利建设基金等。

二、工程量清单的项目设置

1. 项目编码

项目编码以五级编码设置，用十二位阿拉伯数字表示。一、二、三、四级编码统一；第五级编码由工程量清单编制人区分具体工程的清单项目特征而分别编码。各级编码代表的含义如下：

① 第一级表示分类码（分两位），建筑工程为01，装饰装修工程为02，安装工程为03，市政工程为04，园林绿化工程为05；

② 第二级表示章顺序码（分两位）；

③ 第三级表示节顺序码（分两位）；

④ 第四级表示清单项目码（分三位）；

⑤ 第五级表示具体清单项目码（分三位）。

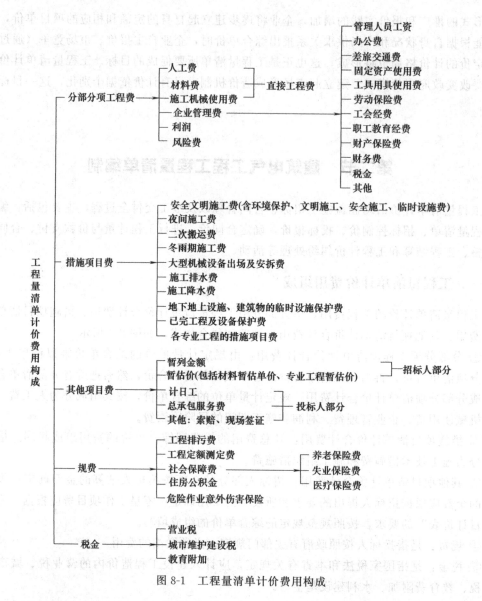

图 8-1　工程量清单计价费用构成

例如：03－02－08－004-×××

03：第一级为分类码，03 表示安装工程。

02：第二级为章顺序码，02 码表示第二章电气设备安装工程。

08：第三级为节顺序码，08 表示第八节电缆安装。

004：第四级为清单项目码，004 表示电缆桥架。

×××：第五级为具体清单项目码（由工程量清单编制人编制，从 001 开始）。

2. 项目名称

工程量清单项目的划分与现行消耗量定额的子目划分在划分原则上有着一定的区别，工程量清单项目原则上是按"工程实体"考虑划分的，一般由多个工序组成；消耗量定额子目是按施工工序设置的，包括的内容一般是单一的。可以说清单项目名称是以形成工程实体而命名的（个别也存在不构成工程实体的情况，如土石方项目等）。这里所指的工程实体，从内容的构成看，其实是综合项目，有些项目是可用适当的计量单位计算的简单完整的分部分项工程，也有些项目是分部分项工程的组合。

工程量清单编制时，以清单计价规范附录中的项目名称为主体，考虑该项目的规格、型号、材质等特征要求，结合拟建工程的实际情况，使其工程量清单项目名称具体化、细化，能够反映影响工程造价的主要因素。清单计价规范附录清单栏目中未列的项目特征，而拟建工程分项中具有的特征，应在工程量清单"项目名称"栏内进行补充；清单计价规范附录清单项目特征栏目中已列的项目特征，而拟建工程分项中不具有的特征，在工程量清单"项目名称"栏目内，不应再列。

3. 项目特征

项目特征是指分项工程的主要特征。项目特征一栏是提示工程量清单编制人，应在工程量清单的项目名称栏目中描述的项目特征和包括的分项工程。项目特征的描述，是投标人报价的依据之一。

项目特征是用来表述项目名称的实质内容，用于区分同一清单条目下各个具体的清单项目。由于项目特征直接影响工程实体的自身价值，关系到综合单价的准确确定，因此项目特征的描述，应根据《建设工程工程量清单计价规范》项目特征的要求，结合技术规范、标准图集、施工图纸按照工程结构、使用材质及规格或安装位置等予以详细表述和说明。由于种种原因，对同一项目特征，不同的人会有不同的描述。尽管如此，体现项目特征的区别和对报价有实质影响的内容必须描述，内容的描述可按以下内容把握：

（1）必须描述的内容如下：

① 涉及正确计量计价的必须描述，如门窗洞口尺寸或框外围尺寸。

② 涉及结构要求的必须描述，如混凝土强度等级（C20 或 C30）。

③ 涉及施工难易程度的必须描述，如抹灰的墙体类型（砖墙或混凝土墙）。

④ 涉及材质要求的必须描述，如油漆的品种、管材的材质（碳钢管、无缝钢管）。

（2）可不描述的内容如下：

① 对项目特征或计量计价没有实质影响的内容可以不描述，如混凝土柱高度、断面大小等。

② 应由投标人根据施工方案确定的可不描述，如预裂爆破的单孔深度及装药量等。

③ 应由投标人根据当地材料确定的可不描述，如混凝土拌和料使用的石子种类及粒径、砂的种类等。

④ 应由施工措施解决的可不描述，如现浇混凝土板、梁的标高等。

（3）可不详细描述的内容如下：

① 无法准确描述的可不详细描述，如土壤类别可描述为综合等（对工程所在具体地点来讲，应由投标人根据地勘资料确定土壤类别，决定报价）。

② 施工图、标准图标注明确的，可不再详细描述，可描述为见××图集××图号等。

③ 还有一些项目可不详细描述，但清单编制人在项目特征描述中应注明由投标人自定，如"挖基础土方"中的土方运距等。

4. 计量单位

计量单位应采用基本单位，除各专业另有特殊规定外均按以下单位计量：

① 以质量计算的项目——吨或千克（t 或 kg）。

② 以体积计算的项目——立方米（m³）。

③ 以面积计算的项目——平方米（m²）。

④ 以长度计算的项目——米（m）。

⑤ 以自然计量单位计算的项目——个、套、块、樘、组、台……

⑥ 没有具体数量的项目——宗、项……

各专业有特殊计量单位的，再另外加以说明，当计量单位有两个或两个以上时，应根据所编工程量清单项目的特征要求，选择最适宜表现该项目特征并方便计量的单位。

5. 工程数量的计算

工程数量主要通过工程量计算规则计算得到。工程量计算规则是指对清单项目工程量的计算规定。除另有说明外，所有清单项目的工程量应以实体工程量为准，并以完成后的净值计算。投标人投标报价时，应在单价中考虑施工中的各种损耗和需要增加的工程量。

清单计价规范附录中给出了各类别工程的项目设置和工程量计算规则，包括建筑工程、装饰装修工程、安装工程、市政工程、园林绿化工程、矿山工程六个部分。

三、工程量清单计价内容及格式

1. 封面

封面的内容包括：工程名称、招标人及其法人代表、咨询人及其法人代表、编制人和复核人（都必须是有资格的人员即造价工程师或造价员）、编制时间和复核时间，如图 8-2 所示。

_____工 程

工程量清单

招 标 人_____　　咨 询 人：_____

　　（单位盖章）　　　　　　　　　　　　　　（单位资质　专用章）

法定代表人　　　　　　　　　　　　　法定代表人

或其受权人_____　　或其受权人_____

　　（签字或盖章）　　　　　　　　　　　　　（签字或盖章）

编 制 人_____　　复 核 人_____

（造价人员签字盖专用章）　　　　　　　（造价人员签字盖专用章）

编制时间：　　年 月 日　　复核时间：　　年 月 日

图 8-2　封面

2. 总说明

按下列内容填写。

① 工程概况：建设规模、工程特征计划工期、施工现场实际情况、交通运输情况、自然地理条件、环境保护要求等，如图 8-3 所示。

② 工程招标（和分包）范围。

③ 工程量清单编制依据。

④ 工程质量、材料、施工等的特殊要求。

⑤ 材料暂估价、专业工程暂估价、暂列金额、计日工等有关规定。

⑥ 其他需说明的问题。

总 说 明

工程名称： 第 页共 页

图 8-3 总说明

3. 分部分项工程量清单与计价表

该表主要内容：项目编码，项目名称，项目特征描述，计量单位，工程量，金额（元）及综合单价、合价、其中暂估价等栏目，如图 8-4 所示。

分部分项工程量清单与计价表

工程名称： 标段： 第 页共 页

序号	项目编码	项目名称	项目特征描述	计量单位	工程量	金额/元		
						综合单价	合价	其中:暂估价
本页小计								
合 计								

图 8-4 分部分项工程量清单与计价表

4. 措施项目清单

（1）通用措施项目清单，应根据拟建工程的具体情况，参照规范中的通用措施项目一览表编制。

（2）各附录措施项目清单，①能计算工程量的：a. 可以采用"分部分项工程清单"的格式编制。b. 也可以采用通用措施项目清单的格式编制。②不能计算工程量的采用通用措施项目清单的格式编制，如图 8-5 所示。

措施项目清单与计价表（一）

工程名称：　　　　　　　　　　标段：　　　　　　　　　　第　页共　页

序号	项目名称	计算基础	费率/%	金额/元
1	安全文明施工费			
2	夜间施工费			
3	二次搬运费			
4	冬雨季施工			
5	大型机械设备进出场及安拆费			
6	施工排水			
7	施工降水			
8	地上、地下设施、建筑物的临时保护设施			
9	已完工程及设备保护			
10	各专业工程的措施项目			
合　计				

措施项目清单与计价表（二）

工程名称：　　　　　　　　　　标段：　　　　　　　　　　第　页共　页

序号	项目编码	项目名称	项目特征描述	计量单位	工程量	金额/元	
						综合单价	合价
1.1		混凝土、钢筋混凝土模板及支架					
1.2		脚手架					
本页小计							
合　计							

注：本表适用于以综合单价形式计价的措施项目。

图 8-5　措施项目清单与计价表

5.其他项目清单（见图 8-6）

其他项目清单与计价表

工程名称：　　　　　　　　　　标段：　　　　　　　　　　第　页共　页

序号	项目名称	计量单位	金额/元	备注
1	暂列金额			明细详见表-12-1
2	暂估价			
2.1	材料暂估价		—	明细详见表-12-2
2.2	专业工程暂估价			明细详见表-12-3
3	计日工			明细详见表-12-4
4	总承包服务费			明细详见表-12-5
合　计				

注：材料暂估单价进入清单项目综合单价，此处不汇总。

图 8-6　其他项目清单与计价表

① 暂列金额、计日工可能发生，也可能不发生，因此属于招标人所有。发生时按规定计算。

② 材料暂估价，已包括在"分部分项工程量清单与计价表"中，此处不汇总。

③ 材料暂估价、专业工程暂估价必然发生，只是价格未定因而暂估，价格确定后再调整。

④ 总承包服务费，属于投标人所有。

6. 规费、税金项目清单（见图 8-7）

其中规费，根据省级政府及省级有关权力部门规定的方法计算。

规费、税金项目清单与计价表

工程名称：　　　　　　　　　　　标段：　　　　　　　　　　　第　页共　页

序号	项目名称	计算基础	费率/%	金额/元
1	规费			
1.1	工程排污费			
1.2	社会保障费			
(1)	养老保险费			
(2)	失业保险费			
(3)	医疗保险费			
1.3	住房公积金			
1.4	危险作业意外伤害保险			
1.5	工程定额测定费			
2	税金	分部分项工程费＋措施项目费＋其他项目费＋规费		
合　计				

图 8-7　规费、税金项目清单与计价表

第三节　建筑电气工程清单项目设置及计算规则

一、变压器安装

变压器安装工程量清单项目设置、项目特征描述的内容、计量单位及工程量计算规则，应按表 8-1 的规定执行。

表 8-1　变压器安装（编码：030401）

项目编码	项目名称	项目特征	计量单位	工程量计算规则	工作内容
030401001	油浸电力变压器	1. 名称 2. 型号 3. 容量(kV·A) 4. 电压(kV) 5. 油过滤要求 6. 干燥要求 7. 基础型钢形式、规格 8. 网门、保护门材质、规格 9. 温控箱型号、规格	台	按设计图示数量计算	1. 本体安装 2. 基础型钢制作、安装 3. 油过滤 4. 干燥 5. 接地 6. 网门、保护门制作、安装 7. 补刷(喷)油漆

项目编码	项目名称	项目特征	计量单位	工程量计算规则	工作内容
030401002	干式变压器	1. 名称 2. 型号 3. 容量(kV·A) 4. 电压(kV) 5. 油过滤要求 6. 干燥要求 7. 基础型钢形式、规格 8. 网门、保护门材质、规格 9. 温控箱型号、规格			1. 本体安装 2. 基础型钢制作、安装 3. 温控箱安装 4. 接地 5. 网门、保护门制作、安装 6. 补刷(喷)油漆
030401003	整流变压器	1. 名称 2. 型号 3. 容量(kV·A) 4. 电压(kV) 5. 油过滤要求 6. 干燥要求 7. 基础型钢形式、规格 8. 网门、保护门材质、规格	台	按设计图示数量计算	1. 本体安装 2. 基础型钢制作、安装 3. 油过滤 4. 干燥 5. 网门、保护门制作、安装 6. 补刷(喷)油漆
030401004	自耦变压器				
030401005	有载调压变压器				
030401006	电炉变压器	1. 名称 2. 型号 3. 容量(kV·A) 4. 电压(kV) 5. 基础型钢形式、规格 6. 网门、保护门材质、规格			1. 本体安装 2. 基础型钢制作、安装 3. 网门、保护门制作、安装 4. 补刷(喷)油漆
030401007	消弧线圈	1. 名称 2. 型号 3. 容量(kV·A) 4. 电压(kV) 5. 油过滤要求 6. 干燥要求 7. 基础型钢形式、规格			1. 本体安装 2. 基础型钢制作、安装 3. 油过滤 4. 干燥 5. 补刷(喷)油漆

注：变压器油如需试验、化验、色谱分析应按 2013 版清单计价规范附录 N 措施项目相关项目编码列项。

二、配电装置安装

配电装置安装工程量清单项目设置、项目特征描述的内容、计量单位及工程量计算规则，应按表 8-2 的规定执行。

表 8-2　配电装置安装（编码：030402）

项目编码	项目名称	项目特征	计量单位	工程量计算规则	工作内容
030402001	油断路器	1. 名称 2. 型号 3. 容量(A) 4. 电压等级(kV) 5. 安装条件 6. 操作机构名称及型号 7. 基础型钢规格 8. 接线材质、规格 9. 安装部位 10. 油过滤要求	台	按设计图示数量计算	1. 本体安装、调试 2. 基础型钢制作、安装 3. 油过滤 4. 补刷(喷)油漆 5. 接地
030402002	真空断路器				1. 本体安装、调试 2. 基础型钢制作、安装 3. 补刷(喷)油漆 4. 接地
030402003	SF₆ 断路器				

续表

项目编码	项目名称	项目特征	计量单位	工程量计算规则	工作内容
030402004	空气断路器	1. 名称 2. 型号 3. 容量(A) 4. 电压等级(kV) 5. 安装条件 6. 操作机构名称及型号 7. 接线材质、规格 8. 安装部位	台	按设计图示数量计算	1. 本体安装、调试 2. 基础型钢制作、安装 3. 补刷(喷)油漆 4. 接地
030402005	真空接触器		组		1. 本体安装、调试 2. 补刷(喷)油漆 3. 接地
030402006	隔离开关				
030402007	负荷开关				
030402008	互感器	1. 名称 2. 型号 3. 规格 4. 类型 5. 油过滤要求	台		1. 本体安装、调试 2. 干燥 3. 油过滤 4. 接地
030402009	高压熔断器	1. 名称 2. 型号 3. 规格 4. 安装部位			1. 本体安装、调试 2. 接地
030402010	避雷器	1. 名称 2. 型号 3. 规格 4. 电压等级 5. 安装部位	组		1. 本体安装 2. 接地
030402011	干式电抗器	1. 名称 2. 型号 3. 规格 4. 质量 5. 安装部位 6. 干燥要求			1. 本体安装 2. 干燥
030402012	油浸电抗器	1. 名称 2. 型号 3. 规格 4. 容量(kV·A) 5. 油过滤要求 6. 干燥要求	台		1. 本体安装 2. 油过滤 3. 干燥
030402013	移相及串联电容器	1. 名称 2. 型号 3. 规格 4. 质量 5. 安装部位	个		1. 本体安装 2. 接地
030402014	集合式并联电容器				
030402015	并联补偿电容器组架	1. 名称 2. 型号 3. 规格 4. 结构形式			1. 本体安装 2. 接地
030402016	交流滤波装置组架	1. 名称 2. 型号 3. 规格	台		
030402017	高压成套配电柜	1. 名称 2. 型号 3. 规格 4. 母线配置方式 5. 种类 6. 基础型钢形式、规格			1. 本体安装 2. 基础型钢制作、安装 3. 补刷(喷)油漆 4. 接地

项目编码	项目名称	项目特征	计量单位	工程量计算规则	工作内容
030402018	组合型成套箱式变电站	1. 名称 2. 型号 3. 容量(kV·A) 4. 电压(kV) 5. 组合形式 6. 基础规格、浇筑材质	台	按设计图示数量计算	1. 本体安装 2. 基础浇筑 3. 进箱母线安装 4. 补刷(喷)油漆 5. 接地

注：1. 空气断路器的储气罐及储气罐至断路器的管路应按 2013 版清单计价规范附录 H 工业管道工程相关项目编码列项。

2. 干式电抗器项目适用于混凝土电抗器、铁芯干式电抗器、空心干式电抗器等。

3. 设备安装未包括地脚螺栓、浇注（二次灌浆、抹面），如需安装应按现行国家标准《房屋建筑与装饰工程工程量计算规范》（GB 50854）相关项目编码列项。

三、母线安装

母线安装工程量清单项目设置、项目特征描述的内容、计量单位及工程量计算规则，应按表 8-3 的规定执行。

表 8-3　母线安装（编码：030403）

项目编码	项目名称	项目特征	计量单位	工程量计算规则	工作内容
030403001	软母线	1. 名称 2. 材质 3. 型号 4. 规格 5. 绝缘子类型、规格	m		1. 母线安装 2. 绝缘子耐压试验 3. 跳线安装 4. 绝缘子安装
030403002	组合软母线				
030403003	带形母线	1. 名称 2. 型号 3. 规格 4. 材质 5. 绝缘子类型、规格 6. 穿墙套管材质、规格 7. 穿通板材质、规格 8. 母线桥材质、规格 9. 引下线材质、规格 10. 伸缩节、过渡板材质、规格 11. 分相漆品种		按设计图示尺寸以单相长度计算（含预留长度）	1. 母线安装 2. 穿通板制作、安装 3. 支持绝缘子、穿墙套管的耐压试验、安装 4. 引下线安装 5. 伸缩节安装 6. 过渡板安装 7. 刷分相漆
030403004	槽形母线	1. 名称 2. 型号 3. 规格 4. 材质 5. 连接设备名称、规格 6. 分相漆品种			1. 母线制作、安装 2. 与发电机、变压器连接 3. 与断路器、隔离开关连接 4. 刷分相漆
030403005	共箱母线	1. 名称 2. 型号 3. 规格 4. 材质		按设计图示尺寸以中心线长度计算	1. 母线安装 2. 补刷(喷)油漆
030403006	低压封闭式插接母线槽	1. 名称 2. 型号 3. 规格 4. 容量(A) 5. 线制 6. 安装部位			

项目编码	项目名称	项目特征	计量单位	工程量计算规则	工作内容
030403007	始端箱、分线箱	1. 名称 2. 型号 3. 规格 4. 容量（A）	台	按设计图示数量计算	1. 本体安装 2. 补刷（喷）油漆
030403008	重型母线	1. 名称 2. 型号 3. 规格 4. 容量（A） 5. 材质 6. 绝缘子类型、规格 7. 伸缩器及导板规格	t	按设计图示尺寸以质量计算	1. 母线制作、安装 2. 伸缩器及导板制作、安装 3. 支持绝缘子安装 4. 补刷（喷）油漆

注：1. 软母线安装预留长度见表 8-15。

2. 硬母线配置安装预留长度见表 8-16。

四、控制设备及低压电器安装

控制设备及低压电器安装工程量清单项目设置、项目特征描述的内容、计量单位及工程量计算规则，应按表 8-4 的规定执行。

表 8-4　控制设备及低压电器安装（编码：030404）

项目编码	项目名称	项目特征	计量单位	工程量计算规则	工作内容
030404001	控制屏				1. 本体安装 2. 基础型钢制作、安装 3. 端子板安装 4. 焊、压接线端子 5. 盘柜配线、端子接线 6. 小母线安装 7. 屏边安装 8. 补刷（喷）油漆 9. 接地
030404002	继电、信号屏				
030404003	模拟屏				
030404004	低压开关、柜（屏）	1. 名称 2. 型号 3. 规格 4. 种类 5. 基础型钢形式、规格 6. 接线端子材质、规格 7. 端子板外部接线材质、规格 8. 小母线材质、规格 9. 屏边规格	台	按设计图示数量计算	1. 本体安装 2. 基础型钢制作、安装 3. 端子板安装 4. 焊、压接线端子 5. 盘柜配线、端子接线 6. 屏边安装 7. 补刷（喷）油漆 8. 接地
030404005	弱电控制返回屏				1. 本体安装 2. 基础型钢制作、安装 3. 端子板安装 4. 焊、压接线端子 5. 盘柜配线、端子接线 6. 小母线安装 7. 屏边安装 8. 补刷（喷）油漆 9. 接地

续表

项目编码	项目名称	项目特征	计量单位	工程量计算规则	工作内容
030404006	箱式配电室	1. 名称 2. 型号 3. 规格 4. 质量 5. 基础规格、浇筑材质 6. 基础型钢形式、规格	套	按设计图示数量计算	1. 本体安装 2. 基础型钢制作、安装 3. 基础浇筑 4. 补刷(喷)油漆 5. 接地
030404007	硅整流柜	1. 名称 2. 型号 3. 规格 4. 容量(A) 5. 基础型钢形式、规格			1. 本体安装 2. 基础型钢制作、安装 3. 补刷(喷)油漆 4. 接地
030404008	晶闸管柜	1. 名称 2. 型号 3. 规格 4. 容量(kW) 5. 基础型钢形式、规格			
030404009	低压电容器柜	1. 名称 2. 型号 3. 规格 4. 基础型钢形式、规格 5. 接线端子材质、规格 6. 端子板外部接线材质、规格 7. 小母线材质、规格 8. 屏边规格	台		1. 本体安装 2. 基础型钢制作、安装 3. 端子板安装 4. 焊、压接线端子 5. 盘柜配线、端子接线 6. 小母线安装 7. 屏边安装 8. 补刷(喷)油漆 9. 接地
030404010	自动调节励磁屏				
030404011	励磁灭磁屏				
030404012	蓄电池屏(柜)				
030404013	直流馈电屏				
030404014	事故照明切换屏				
030404015	控制台	1. 名称 2. 型号 3. 规格 4. 基础型钢形式、规格 5. 接线端子材质、规格 6. 端子板外部接线材质、规格 7. 小母线材质、规格			1. 本体安装 2. 基础型钢制作、安装 3. 端子板安装 4. 焊、压接线端子 5. 盘柜配线、端子接线 6. 小母线安装 7. 补刷(喷)油漆 8. 接地
030404016	控制箱	1. 名称 2. 型号 3. 规格 4. 基础形式、材质、规格 5. 接线端子材质、规格 6. 端子板外部接线材质、规格 7. 安装方式			1. 本体安装 2. 基础型钢制作、安装 3. 焊、压接线端子 4. 补刷(喷)油漆 5. 接地
030404017	配电箱				
030404018	插座箱	1. 名称 2. 型号 3. 规格 4. 安装方式			1. 本体安装 2. 接地
030404019	控制开关	1. 名称 2. 型号 3. 规格 4. 接线端子材质、规格 5. 额定电流(A)	个		1. 本体安装 2. 焊、压接线端子 3. 接线

续表

项目编码	项目名称	项目特征	计量单位	工程量计算规则	工作内容
030404020	低压熔断器		个		
030404021	限位开关				
030404022	控制器				
030404023	接触器				
030404024	磁力启动器	1. 名称 2. 型号 3. 规格 4. 接线端子材质、规格	台		
030404025	Y-△自耦减压启动器				
030404026	电磁铁（电磁制动器）				1. 本体安装 2. 焊、压接线端子 3. 接线
030404027	快速自动开关				
030404028	电阻器		箱		
030404029	油浸频敏变阻器		台		
030404030	分流器	1. 名称 2. 型号 3. 规格 4. 容量（A） 5. 接线端子材质、规格	个	按设计图示数量计算	
030404031	小电器	1. 名称 2. 型号 3. 规格 4. 接线端子材质、规格	个 （套、台）		
030404032	端子箱	1. 名称 2. 型号 3. 规格 4. 安装部位	台		1. 本体安装 2. 接线
030404033	风扇	1. 名称 2. 型号 3. 规格 4. 安装方式			1. 本体安装 2. 调速开关安装
030404034	照明开关	1. 名称 2. 型号 3. 规格 4. 安装方式	个		1. 本体安装 2. 接线
030404035	插座				
030404036	其他电器	1. 名称 2. 规格 3. 安装方式	个 （套、台）		1. 安装 2. 接线

注：1. 控制开关包括自动空气开关、刀形开关、铁壳开关、胶盖刀闸开关、组合控制开关、万能转换开关、风机盘管三速开关、漏电保护开关等。

2. 小电器包括按钮、电笛、电铃、水位电气信号装置、测量表计、继电器、电磁锁、屏上辅助设备、辅助电压互感器、小型安全变压器等。

3. 其他电器安装指本节未列的电器项目。

4. 其他电器必须根据电器实际名称确定项目名称，明确描述工作内容、项目特征、计量单位、计算规则。

5. 盘、箱、柜的外部进出线预留长度见表8-17。

五、蓄电池安装

蓄电池安装工程量清单项目设置、项目特征描述的内容、计量单位及工程量计算规则，应按表8-5的规定执行。

表 8-5　蓄电池安装（编码：030405）

项目编码	项目名称	项目特征	计量单位	工程量计算规则	工作内容
030405001	蓄电池	1. 名称 2. 型号 3. 容量（A） 4. 防震支架形式、材质 5. 充放电要求	个 （组件）	按设计图示数量计算	1. 本体安装 2. 防震支架安装 3. 充放电
030405002	太阳能电池	1. 名称 2. 型号 3. 规格 4. 容量 5. 安装方式	组		1. 安装 2. 电池方阵铁架安装 3. 联调

六、电机检查接线及调试

电机检查接线及调试工程量清单项目设置、项目特征描述的内容、计量单位及工程量计算规则，应按表 8-6 的规定执行。

表 8-6　电机检查接线及调试（编码：030406）

项目编码	项目名称	项目特征	计量单位	工程量计算规则	工作内容
030406001	发电机	1. 名称 2. 型号 3. 容量（kW） 4. 接线端子材质、规格 5. 干燥要求			
030406002	调相机				
030406003	普通小型直流电动机				
030406004	晶闸管调速直流电动机	1. 名称 2. 型号 3. 容量（kW） 4. 类型 5. 接线端子材质、规格 6. 干燥要求	台	按设计图示数量计算	1. 检查接线 2. 接地 3. 干燥 4. 调试
030406005	普通交流同步电动机	1. 名称 2. 型号 3. 容量（kW） 4. 启动方式 5. 电压等级（kV） 6. 接线端子材质、规格 7. 干燥要求			
030406006	低压交流异步电动机	1. 名称 2. 型号 3. 容量（kW） 4. 控制保护方式 5. 接线端子材质、规格 6. 干燥要求			
030406007	高压交流异步电动机	1. 名称 2. 型号 3. 容量（kW） 4. 保护类别 5. 接线端子材质、规格 6. 干燥要求			

续表

项目编码	项目名称	项目特征	计量单位	工程量计算规则	工作内容
030406008	交流变频调速电动机	1. 名称 2. 型号 3. 容量(kW) 4. 类别 5. 接线端子材质、规格 6. 干燥要求	台	按设计图示数量计算	1. 检查接线 2. 接地 3. 干燥 4. 调试
030406009	微型电机、电加热器	1. 名称 2. 型号 3. 规格 4. 接线端子材质、规格 5. 干燥要求			
030406010	电动机组	1. 名称 2. 型号 3. 电动机台数 4. 联锁台数 5. 接线端子材质、规格 6. 干燥要求	组		
030406011	备用励磁机组	1. 名称 2. 型号 3. 接线端子材质、规格 4. 干燥要求			
030406012	励磁电阻器	1. 名称 2. 型号 3. 规格 4. 接线端子材质、规格 5. 干燥要求	台		1. 本体安装 2. 检查接线 3. 干燥

注：1. 晶闸管调速直流电动机类型指一般晶闸管调速直流电动机、全数字式控制晶闸管调速直流电动机。
2. 交流变频调速电动机类型指交流同步变频电动机、变流异步变频电动机。
3. 电动机按其质量划分为大、中、小型；3t 以下为小型，3～30t 为中型，30t 以上为大型。

七、滑触线装置安装

滑触线装置安装工程量清单项目设置、项目特征描述的内容、计量单位及工程量计算规则，应按表 8-7 的规定执行。

表 8-7 滑触线装置安装 （编码：030407）

项目编码	项目名称	项目特征	计量单位	工程量计算规则	工作内容
030407001	滑触线	1. 名称 2. 型号 3. 规格 4. 材质 5. 支架形式、材质 6. 移动软电缆材质、规格、安装部件 7. 拉紧装置类型 8. 伸缩接头材质、规格	m	按设计图示尺寸以单相长度计算（含预留长度）	1. 滑触线安装 2. 滑触线支架制作、安装 3. 拉紧装置及挂式支持器制作、安装 4. 移动软电缆安装 5. 伸缩接头制作、安装

注：1. 支架基础铁件及螺栓是否浇注需说明。
2. 滑触线安装预留长度见表 8-18。

八、电缆安装

电缆安装工程量清单项目设置、项目特征描述的内容、计量单位及工程量计算规则，应按表 8-8 的规定执行。

表 8-8　电缆安装（编码：030408）

项目编码	项目名称	项目特征	计量单位	工程量计算规则	工作内容
030408001	电力电缆	1. 名称 2. 型号 3. 规格 4. 材质	m	按设计图示尺寸以长度计算（含预留长度及附加长度）	1. 电缆敷设 2. 揭（盖）盖板
030408002	控制电缆	5. 敷设方式、部位 6. 电压等级（kV） 7. 地形			
030408003	电缆保护管	1. 名称 2. 材质 3. 规格 4. 敷设方式			保护管敷设
030408004	电缆槽盒	1. 名称 2. 材质 3. 规格 4. 型号		按设计图示尺寸以长度计算	槽盒安装
030408005	铺砂、盖保护板（砖）	1. 种类 2. 规格			1. 铺砂 2. 盖板（砖）
030408006	电力电缆头	1. 名称 2. 型号 3. 规格 4. 材质、类型 5. 安装部位 6. 电压等级（kV）	个	按设计图示数量计算	1. 电力电缆头制作 2. 电力电缆头安装 3. 接地
030408007	控制电缆头	1. 名称 2. 型号 3. 规格 4. 材质、类型 5. 安装方式			
030408008	防火堵洞	1. 名称 2. 材质 3. 方式 4. 部位	处	按设计图示数量计算	安装
030408009	防火隔板		m²	按设计图示尺寸以面积计算	
030408010	防火涂料		kg	按设计图示尺寸以质量计算	
030408011	电缆分支箱	1. 名称 2. 型号 3. 规格 4. 基础形式、材质、规格	台	按设计图示数量计算	1. 本体安装 2. 基础制作、安装

注：1. 电缆穿刺线夹按电缆头编码列项。
2. 电缆井、电缆排管、顶管，应按现行国家标准《市政工程工程量计算规范》（GB 50857）相关项目编码列项。
3. 电缆敷设预留长度及附加长度见表 8-19。

九、防雷及接地装置

防雷及接地装置工程量清单项目设置、项目特征描述的内容、计量单位及工程量计算规则，应按表 8-9 的规定执行。

表 8-9　防雷及接地装置（编码：030409）

项目编码	项目名称	项目特征	计量单位	工程量计算规则	工作内容
030409001	接地极	1. 名称 2. 材质 3. 规格 4. 土质 5. 基础接地形式	根 （块）	按设计图示数量 计算	1. 接地极（板、桩）制作、安装 2. 基础接地网安装 3. 补刷（喷）油漆
030409002	接地母线	1. 名称 2. 材质 3. 规格 4. 安装部位 5. 安装形式			1. 接地母线制作、安装 2. 补刷（喷）油漆
030409003	避雷引下线	1. 名称 2. 材质 3. 规格 4. 安装部位 5. 安装形式 6. 断接卡子、箱材质、规格	m	按设计图示尺寸 以长度计算（含附加 长度）	1. 避雷引下线制作、安装 2. 断接卡子、箱制作、安装 3. 利用主钢筋焊接 4. 补刷（喷）油漆
030409004	均压环	1. 名称 2. 材质 3. 规格 4. 安装形式			1. 均压环敷设 2. 钢铝窗接地 3. 柱主筋与圈梁焊接 4. 利用圈梁钢筋焊接 5. 补刷（喷）油漆
030409005	避雷网	1. 名称 2. 材质 3. 规格 4. 安装形式 5. 混凝土块标号			1. 避雷网制作、安装 2. 跨接 3. 混凝土块制作 4. 补刷（喷）油漆
030409006	避雷针	1. 名称 2. 材质 3. 规格 4. 安装形式、高度	根	按设计图示数量 计算	1. 避雷针制作、安装 2. 跨接 3. 补刷（喷）油漆
030409007	半导体少长针消雷装置	1. 型号 2. 高度	套		本体安装
030409008	等电位端子箱、测试板	1. 名称 2. 材质 3. 规格	台 （块）		
030409009	绝缘垫		m²	按设计图示尺寸 以展开面积计算	1. 制作 2. 安装
030409010	浪涌保护器	1. 名称 2. 规格 3. 安装形式 4. 防雷等级	个	按设计图示数量 计算	1. 本体安装 2. 接线 3. 接地
030409011	降阻剂	1. 名称 2. 类型	kg	按设计图示以质 量计算	1. 挖土 2. 施放降阻剂 3. 回填土 4. 运输

注：1. 利用桩基础作接地极，应描述桩台下桩的根数，每桩台下需焊接柱筋根数，其工程量按柱引下线计算；利用基础钢筋作接地极按均压环项目编码列项。

2. 利用柱筋作引下线的，需描述柱筋焊接根数。

3. 利用圈梁筋作均压环的，需描述圈梁筋焊接根数。

4. 使用电缆、电线作接地线，应按表 8-8、表 8-12 相关项目编码列项。

5. 接地母线、引下线、避雷网附加长度见表 8-20。

十、10kV 以下架空配电线路

10kV 以下架空配电线路工程量清单项目设置、项目特征描述的内容、计量单位及工程量计算规则，应按表 8-10 的规定执行。

表 8-10　10kV 以下架空配电线路（编码：030410）

项目编码	项目名称	项目特征	计量单位	工程量计算规则	工作内容
030410001	电杆组立	1. 名称 2. 材质 3. 规格 4. 类型 5. 地形 6. 土质 7. 底盘、拉盘、卡盘规格 8. 拉线材质、规格、类型 9. 现浇基础类型、钢筋类型、规格，基础垫层要求 10. 电杆防腐要求	根（基）	按设计图示数量计算	1. 施工定位 2. 电杆组立 3. 土（石）方挖填 4. 底盘、拉盘、卡盘安装 5. 电杆防腐 6. 拉线制作、安装 7. 现浇基础、基础垫层 8. 工地运输
030410002	横担组装	1. 名称 2. 材质 3. 规格 4. 类型 5. 电压等级（kV） 6. 瓷瓶型号、规格 7. 金具品种规格	组		1. 横担安装 2. 瓷瓶、金具组装
030410003	导线架设	1. 名称 2. 型号 3. 规格 4. 地形 5. 跨越类型	km	按设计图示尺寸以单线长度计算（含预留长度）	1. 导线架设 2. 导线跨越及进户线架设 3. 工地运输
030410004	杆上设备	1. 名称 2. 型号 3. 规格 4. 电压等级（kV） 5. 支撑架种类、规格 6. 接线端子材质、规格 7. 接地要求	台（组）	按设计图示数量计算	1. 支撑架安装 2. 本体安装 3. 焊压接线端子、接线 4. 补刷（喷）油漆 5. 接地

注：1. 杆上设备调试，应按表 8-14 相关项目编码列项。
2. 架空导线预留长度见表 8-21。

十一、配管、配线

配管、配线工程量清单项目设置、项目特征描述的内容、计量单位及工程量计算规则，应按表 8-11 的规定执行。

表 8-11　配管、配线（编码：030411）

项目编码	项目名称	项目特征	计量单位	工程量计算规则	工作内容
030411001	配管	1. 名称 2. 材质 3. 规格 4. 配置形式 5. 接地要求 6. 钢索材质、规格	m	按设计图示尺寸以长度计算	1. 电线管路敷设 2. 钢索架设（拉紧装置安装） 3. 预留沟槽 4. 接地

续表

项目编码	项目名称	项目特征	计量单位	工程量计算规则	工作内容
030411002	线槽	1. 名称 2. 材质 3. 规格	m	按设计图示尺寸以长度计算	1. 本体安装 2. 补刷(喷)油漆
030411003	桥架	1. 名称 2. 型号 3. 规格 4. 材质 5. 类型 6. 接地方式			1. 本体安装 2. 接地
030411004	配线	1. 名称 2. 配线形式 3. 型号 4. 规格 5. 材质 6. 配线部位 7. 配线线制 8. 钢索材质、规格		按设计图示尺寸以单线长度计算(含预留长度)	1. 配线 2. 钢索架设(拉紧装置安装) 3. 支持体(夹板、绝缘子、槽板等)安装
030411005	接线箱	1. 名称 2. 材质	个	按设计图示数量计算	本体安装
030411006	接线盒	3. 规格 4. 安装形式			

注：1. 配管、线槽安装不扣除管路中间的接线箱（盒）、灯头盒、开关盒所占长度。

2. 配管名称指电线管、钢管、防爆管、塑料管、软管、波纹管等。

3. 配管配置形式指明配、暗配、吊顶内、钢结构支架、钢索配管、埋地敷设、水下敷设、砌筑沟内敷设等。

4. 配线名称指管内穿线、瓷夹板配线、塑料夹板配线、绝缘子配线、槽板配线、塑料护套配线、线槽配线、车间带形母线等。

5. 配线形式指照明线路，动力线路，木结构，顶棚内，砖、混凝土结构，沿支架、钢索、屋架、梁、柱、墙，以及跨屋架、梁、柱。

6. 配线保护管遇到下列情况之一时，应增设管路接线盒和拉线盒：①管长度每超过30m，无弯曲；②管长度每超过20m，有1个弯曲；③管长度每超过15m，有2个弯曲；④管长度每超过8m，有3个弯曲。垂直敷设的电线保护管遇到下列情况之一时，应增设固定导线用的拉线盒：①管内导线截面积为50mm^{2}及以下，长度每超过30m；②管内导线截面积为70～95mm^2，长度每超过20m；③管内导线截面积为120～240mm^2，长度每超过18m。在配管清单项目计量时，设计无要求时上述规定可以作为计量接线盒、拉线盒的依据。

7. 配管安装中不包括凿槽、刨沟，应按表8-13相关项目编码列项。

8. 配线进入箱、柜、板的预留长度见表8-22。

十二、照明器具安装

照明器具安装工程量清单项目设置、项目特征描述的内容、计量单位及工程量计算规则，应按表8-12的规定执行。

表8-12 照明器具安装（编码：030412）

项目编码	项目名称	项目特征	计量单位	工程量计算规则	工作内容
030412001	普通灯具	1. 名称 2. 型号 3. 规格 4. 类型	套	按设计图示数量计算	本体安装
030412002	工厂灯	1. 名称 2. 型号 3. 规格 4. 安装形式			

项目编码	项目名称	项目特征	计量单位	工程量计算规则	工作内容
030412003	高度标志（障碍）灯	1. 名称 2. 型号 3. 规格 4. 安装部位 5. 安装高度			本体安装
030412004	装饰灯	1. 名称 2. 型号 3. 规格 4. 安装形式			
030412005	荧光灯				
030412006	医疗专用灯	1. 名称 2. 型号 3. 规格			
030412007	一般路灯	1. 名称 2. 型号 3. 规格 4. 灯杆材质、规格 5. 灯架形式及臂长 6. 附件配置要求 7. 灯杆形式（单、双） 8. 基础形式、砂浆配合比 9. 杆座材质、规格 10. 接线端子材质、规格 11. 编号 12. 接地要求	套	按设计图示数量计算	1. 基础制作、安装 2. 立灯杆 3. 杆座安装 4. 灯架及灯具附件安装 5. 焊、压接线端子 6. 补刷（喷）油漆 7. 灯杆编号 8. 接地
030412008	中杆灯	1. 名称 2. 灯杆的材质及高度 3. 灯架的型号、规格 4. 附件配置 5. 光源数量 6. 基础形式、浇筑材质 7. 杆座材质、规格 8. 接线端子材质、规格 9. 铁构件规格 10. 编号 11. 灌浆配合比 12. 接地要求			1. 基础浇筑 2. 立灯杆 3. 杆座安装 4. 灯架及灯具附件安装 5. 焊、压接线端子 6. 铁构件安装 7. 补刷（喷）油漆 8. 灯杆编号 9. 接地
030412009	高杆灯	1. 名称 2. 灯杆高度 3. 灯架形式（成套或组装、固定或升降） 4. 附件配置 5. 光源数量 6. 基础形式、浇筑材质 7. 杆座材质、规格 8. 接线端子材质、规格 9. 铁构件规格 10. 编号 11. 灌浆配合比 12. 接地要求			1. 基础浇筑 2. 立灯杆 3. 杆座安装 4. 灯架及灯具附件安装 5. 焊、压接线端子 6. 铁构件安装 7. 补刷（喷）油漆 8. 灯杆编号 9. 升降机构接线调试 10. 接地

项目编码	项目名称	项目特征	计量单位	工程量计算规则	工作内容
030412010	桥栏杆灯	1. 名称 2. 型号 3. 规格 4. 安装形式	套	按设计图示数量计算	1. 灯具安装 2. 补刷(喷)油漆
030412011	地道涵洞灯				

注：1. 普通灯具包括圆球吸顶灯、半圆球吸顶灯、方形吸顶灯、软线吊灯、座灯头、吊链灯、防水吊钉、壁灯等。

2. 工厂灯包括工厂罩灯、防水灯、防尘灯、碘钨灯、投光灯、泛光灯、混光灯、密闭灯等。

3. 高度标志（障碍）灯包括烟囱标志灯、高塔标志灯、高层建筑屋顶障碍指示灯等。

4. 装饰灯包括吊式艺术装饰灯、吸顶式艺术装饰灯、荧光艺术装饰灯、几何型组合艺术装饰灯、标志灯、诱导装饰灯、水下（上）艺术装饰灯、点光源艺术灯、歌舞厅灯具、草坪灯具等。

5. 医疗专用灯包括病房指示灯、病房暗脚灯、紫外线杀菌灯、无影灯等。

6. 中杆灯是指安装在高度小于或等于 19m 的灯杆上的照明器具。

7. 高杆灯是指安装在高度大于 19m 的灯杆上的照明器具。

十三、附属工程

附属工程工程量清单项目设置、项目特征描述的内容、计量单位及工程量计算规则，应按表 8-13 的规定执行。

表 8-13　附属工程（编码：030413）

项目编码	项目名称	项目特征	计量单位	工程量计算规则	工作内容
030413001	铁构件	1. 名称 2. 材质 3. 规格	kg	按设计图示尺寸以质量计算	1. 制作 2. 安装 3. 补刷(喷)油漆
030413002	凿(压)槽	1. 名称 2. 规格 3. 类型 4. 填充(恢复)方式 5. 混凝土标准	m	按设计图示尺寸以长度计算	1. 开槽 2. 恢复处理
030413003	打洞(孔)	1. 名称 2. 规格 3. 类型 4. 填充(恢复)方式 5. 混凝土标准	个	按设计图示数量计算	1. 开孔、洞 2. 恢复处理
030413004	管道包封	1. 名称 2. 规格 3. 混凝土强度等级	m	按设计图示长度计算	1. 灌注 2. 养护
030413005	人(手)孔砌筑	1. 名称 2. 规格 3. 类型	个	按设计图示数量计算	砌筑
030413006	人(手)孔防水	1. 名称 2. 类型 3. 规格 4. 防水材质及做法	m³	按设计图示防水面积计算	防水

注：铁构件适用于电气工程的各种支架、铁构件的制作安装。

十四、电气调整试验

电气调整试验工程量清单项目设置、项目特征描述的内容、计量单位及工程量计算规则，应按表 8-14 的规定执行。

表 8-14 电气调整试验（编码：030414）

项目编码	项目名称	项目特征	计量单位	工程量计算规则	工作内容
030414001	电力变压器系统	1. 名称 2. 型号 3. 容量(kV·A)	系统	按设计图示系统计算	系统调试
030414002	送配电装置系统	1. 名称 2. 型号 3. 电压等级(kV) 4. 类型			
030414003	特殊保护装置	1. 名称 2. 类型	台(套)	按设计图示数量计算	调试
030414004	自动投入装置		系统 (台、套)		
030414005	中央信号装置	1. 名称 2. 类型	系统 (台)		
030414006	事故照明切换装置		系统	按设计图示系统计算	
030414007	不间断电源	1. 名称 2. 类型 3. 容量	系统	按设计图示系统计算	
030414008	母线	1. 名称 2. 电压等级(kV)	段	按设计图示数量计算	
030414009	避雷器		组		
030414010	电容器				
030414011	接地装置	1. 名称 2. 类别	1. 系统 2. 组	1. 以系统计量，按设计图示系统计算 2. 以组计量，按设计图示数量计算	接地电阻测试
030414012	电抗器、消弧线圈		台	按设计图示数量计算	调试
030414013	电除尘器	1. 名称 2. 型号 3. 规格	组		
030414014	硅整流设备、晶闸管整流装置	1. 名称 2. 类别 3. 电压(V) 4. 电流(A)	系统	按设计图示系统计算	
030414015	电缆试验	1. 名称 2. 电压等级(kV)	次 (根、点)	按设计图示数量计算	试验

注：1. 功率大于 10kW 的电动机及发电机的启动调试用的蒸汽、电力和其他动力能源消耗及变压器空载试运转的电力消耗及设备需烘干处理应说明。

2. 配合机械设备及其他工艺的单体试车，应按 2013 版清单计价规范附录 N 措施项目相关项目编码列项。

3. 计算机系统调试应按 2013 版清单计价规范附录 F 自动化控制仪表安装工程相关项目编码列项。

十五、相关问题及说明

① 电气设备安装工程适用于 10kV 以下变配电设备及线路的安装工程、车间动力电气

设备及电气照明、防雷及接地装置安装、配管配线、电气调试等。

② 挖土、填土工程，应按现行国家标准《房屋建筑与装饰工程工程量计算规范》（GB 50854）相关项目编码列项。

③ 开挖路面，应按现行国家标准《市政工程工程量计算规范》（GB 50857）相关项目编码列项。

④ 过梁、墙、楼板的钢（塑料）套管，应按 2013 版清单计价规范附录 K 采暖、给排水、燃气工程相关项目编码列项。

⑤ 防锈、刷漆（补刷漆除外）、保护层安装，应按 2013 版清单计价规范附录 M 刷油、防腐蚀、绝热工程相关项目编码列项。

⑥ 由国家或地方检测验收部门进行的检测验收应按 2013 版清单计价规范附录 N 措施项目编码列项。

⑦ 本附录中的预留长度及附加长度见表 8-15～表 8-22。

表 8-15　软母线安装预留长度　　　　　　　　　　　　　　m/根

项目	耐张	跳线	引下线、设备连接线
预留长度	2.5	0.8	0.6

表 8-16　硬母线配置安装预留长度　　　　　　　　　　　　m/根

序号	项　　目	预留长度	说　　明
1	带形、槽形母线终端	0.3	从最后一个支持点算起
2	带形、槽形母线与分支线连接	0.5	分支线预留
3	带形母线与设备连接	0.5	从设备端子接口算起
4	多片重型母线与设备连接	1.0	从设备端子接口算起
5	槽形母线与设备连接	0.5	从设备端子接口算起

表 8-17　盘、箱、柜的外部进出线预留长度　　　　　　　　m/根

序号	项　　目	预留长度	说　　明
1	各种箱、柜、盘、板、盒	高+宽	盘面尺寸
2	单独安装的铁壳开关、自动开关、刀开关、启动器、箱式电阻器、变阻器	0.5	从安装对象中心算起
3	继电器、控制开关、信号灯、按钮、熔断器等小电器	0.3	从安装对象中心算起
4	分支接头	0.2	分支线预留

表 8-18　滑触线安装预留长度　　　　　　　　　　　　　　m/根

序号	项　　目	预留长度	说　　明
1	圆钢、铜母线与设备连接	0.2	从设备接线端子接口算起
2	圆钢、铜滑触线终端	0.5	从最后一个固定点算起
3	角钢滑触线终端	1.0	从最后一个支持点算起
4	扁钢滑触线终端	1.3	从最后一个固定点算起
5	扁钢母线分支	0.5	分支线预留
6	扁钢母线与设备连接	0.5	从设备接线端子接口算起
7	轻轨滑触线终端	0.8	从最后一个支持点算起
8	安全节能及其他滑触线终端	0.5	从最后一个固定点算起

表 8-19　电缆敷设预留长度及附加长度

序号	项　目	预留(附加)长度	说　明
1	电缆敷设弛度、波形弯度、交叉	2.5%	按电缆全长计算
2	电缆进入建筑物	2.0m	规范规定最小值
3	电缆进入沟内或吊架时引上(下)预留	1.5m	规范规定最小值
4	变电所进线、出线	1.5m	规范规定最小值
5	电力电缆终端头	1.5m	检修余量最小值
6	电缆中间接头盒	两端各留 2.0m	检修余量最小值
7	电缆进控制、保护屏及模拟盘、配电箱等	高+宽	按盘面尺寸
8	高压开关柜及低压配电盘、箱	2.0m	盘下进出线
9	电缆至电动机	0.5m	从电动机接线盒算起
10	厂用变压器	3.0m	从地坪算起
11	电缆绕过梁柱等增加长度	按实计算	按被绕物的断面情况计算增加长度
12	电梯电缆与电缆架固定点	每处 0.5m	规范规定最小值

表 8-20　接地母线、引下线、避雷网附加长度　　　　　　m

项　目	附加长度	说　明
接地母线、引下线、避雷网附加长度	3.9%	接地母线、引下线、避雷网全长计算

表 8-21　架空导线预留长度　　　　m/根

项　目		预留长度
高压	转角	2.5
	分支、终端	2.0
低压	分支、终端	0.5
	交叉跳线转角	1.5
	与设备连线	0.5
	进户线	2.5

表 8-22　配线进入箱、柜、板的预留长度　　　　m/根

序号	项　目	预留长度	说　明
1	各种开关箱、柜、板	高+宽	盘面尺寸
2	单独安装(无箱、盘)的铁壳开关、闸刀开关、启动器、线槽进出线盒等	0.3	从安装对象中心算起
3	由地面管子出口引至动力接线箱	1.0	从管口计算
4	电源与管内导线连接(管内穿线与软、硬母线接点)	1.5	从管口计算
5	出户线	1.5	从管口计算

第四节　工程量清单计算实例

一、设计说明及相关要求

（1）建筑概况：本工程为某单层综合楼电气工程，建筑面积335m²，砖混结构，现浇混

凝土楼板，层高 3.3m，室内外高差 0.5m，总安装容量 11.8kW，计算电流 22.41A。

（2）设计内容：动力、照明配电系统；接地系统。

① 电源由总变配电所引入一路 380/220V 电源，电力系统采用 TN-C-S 制。电源采用金属铠装电缆穿 SC80 保护管埋地引入，埋地深度为室外 -0.8m。进户电缆线敷设暂不考虑，其保护管计至墙外 1.5m。

② 动力配电箱处利用人工接地装置做重复接地，接地极采用 ϕ50mm 镀锌钢管，接地线为镀锌扁钢 40mm×4mm，接地电阻不大于 4Ω，安装位置详见平面图。

③ 配电箱均嵌墙暗装，开关、插座均嵌墙暗装。配电箱、开关、插座、灯具的安装高度见图例。至生活泵的电源保护管出地面 0.5m。

④ 配电线均采用铜芯绝缘导线，穿焊接钢管敷设，电源规格及敷设方式见电气系统图。

二、编制预算要求

① 本工程消防报警安装工程为专业分包项目，专业工程暂定价为 30 000 元。

② 建设单位不提供材料设备，全部材料、设备由承包单位自行采购，发包方认质认价。

③ 暂定金额暂定为 10000 元。

④ 未计价材料暂按"设备、材料暂估单价表"计取。

三、设计施工图

如图 8-8～图 8-10 所示，分别是配电系统图、动力工程系统图、照明工程系统图；如图 8-11、图 8-12 所示，分别是动力工程平面图和照明工程平面图。

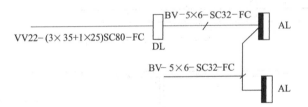

图 8-8 配电系统图

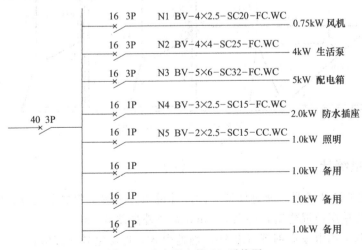

图 8-9 动力配电箱 DL 系统图

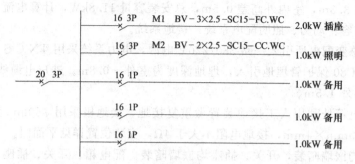

图 8-10　照明配电箱 AL 系统图

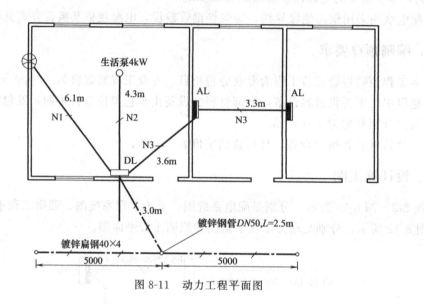

图 8-11　动力工程平面图

图 8-12　照明工程平面图

四、工程量统计

（1）了解施工设计说明　通过仔细阅读设计说明，了解工程概况及设计内容和要求。

① 本工程为单层砖混建筑，层高 3.3m，室内外高差 0.5m。

② 进户电源采用电缆穿钢管（SC80）埋地引入，埋深室外 −0.8m。

③ 动力配电箱处设计有人工重复接地装置。

④ 动力配电箱底边距地 1.5m，照明配电箱底边距地 1.8m，开关距地 1.3m，普通插座距地 0.3m，防水插座距地 1.5m。

（2）识读系统图　通过阅读系统图，主要了解配电系统的主要内容和回路分配情况，以及各回路导线的型号、规格和敷设方式、敷设部位等。

① 动力配电箱共分出五个回路。N1 回路为风机供电，配线采用 BV-4×2.5（三根相线、一根保护零线）穿焊接钢管 SC20 沿墙、沿地暗敷，风机中心距地面 2.5m，风机功率为 0.75kW，属微型电机，风机安装亦属设备安装专业，电气安装只计其检查接线和调试内容；N2 回路为生活水泵供电，配线采用 BV-4×4（三根相线、一根保护零线）穿焊接钢管 SC25 沿墙、沿地暗敷，水泵端线管出地面 0.5m，水泵安装属设备安装专业，电气安装只计其检查接线和调试内容；N3 回路为照明配电箱供电，配线采用 BV-5×6（三根相线、一根工作零线和一根保护零线）穿焊接钢管 SC32 沿墙、沿地暗敷设；N4 回路为泵房防水插座供电，配线采用 BV-3×2.5（一根相线、一根工作零线和一根保护零线）穿焊接钢管 SC15 沿墙、沿地暗敷设；N5 回路为泵房照明供电，配线采用 BV-2×2.5（一根相线、一根工作零线）穿焊接钢管 SC15 沿墙、沿顶板暗敷设。

② 两个照明配电箱各分出两个回路。M1 回路为房间插座供电，配线采用 BV-3×2.5（一根相线、一根工作零线和一根保护零线）穿焊接钢管 SC15 沿墙、沿地暗敷设；M2 回路为房间照明供电，配线采用 BV-2×2.5（一根相线、一根工作零线）穿焊接钢管 SC15 沿墙、沿顶板暗敷设。

（3）识读平面图　通过阅读平面图，主要了解电气装置安装的具体安装位置、安装方式及相互间连线关系等。

① 泵房内四套防水灯具采用吸顶安装，由安装在门内侧的一个双联板式暗装开关控制，泵房左侧的两套灯具为一组，右侧的两套为另一组。

② 两个房间的照明为对称设计，各装两套双管荧光灯具，采用链吊安装，均由房间门内侧的一个单联板式暗装开关控制。房间中间的吊风扇由门内侧的一个调速开关控制。

③ 插座回路均为三根线，照明回路除有标注外，均为两根线。

（4）填写工程量计算表　"主要工作项目工程量"填写的内容是需要在分部分项工程量清单中出现的项目；"辅助工作项目工程量"填写的内容是在分部分项工程量清单项目工程内容中出现的辅助工作项目。

本工程为单层电气工程，因此采用分回路统计配管、配线工程量较为清晰。

首先在平面图中按比例测量并标出各段线路水平尺寸（如平面图线段的标注），然后分回路统计其配管、配线工程量，最后进行汇总。详见工程量计算表（表 8-23）。

工程量计算表是编写分部分项工程量清单的前提，是编写清单的草稿，不属清单文件的正式内容，但造价员考试时，需要了解学生的计量能力，所以项目名称方面可简写。

表 8-23　分部分项工程量计算表

序号	分部分项工程名称	计　算　式	计量单位	工程数量
一	主要工程项目工程量			
1	成套配电箱嵌入安装（400×300×180）		台	1
2	成套配电箱嵌入安装（300×200×160）		台	2
3	防水吸顶灯		套	4
4	双管荧光灯		套	4
5	双联开关		套	1

序号	分部分项工程名称	计 算 式	计量单位	工程数量
6	单联开关		套	2
7	单相防水五孔插座		套	2
8	单相五孔插座		套	4
9	吊风扇		台	2
10	小型交流异步电动机检查接线及调试		台	1
11	微型电机检查接线及调试		台	1
12	接地装置安装		项	1
13	接地装置测试		组	1
△	配管、配线工程量			
	电源进线回路			
	电缆保护管 SC80	→[1.5(墙外水平)+0.12(进墙水平)]+↑[0.8(室外埋深)+0.5(室内外高差)+1.5(配电箱距地高度)]	m	4.42
	进户电缆线	不计		
△	全部工程配管、配线工程量汇总			
14	电缆保护管 SC80		m	4.42
15	砖、混暗配 SC32		m	14.2
16	砖、混暗配 SC25		m	6.5
17	砖、混暗配 SC20		m	10.3
18	砖、混暗配 SC15	17.6+14.9+14.6+19	m	66.1
19	管内穿线(动力)BV-4		m	26
20	管内穿线(动力)BV-2.5		m	41.2
21	管内穿线(照明)BV-6		m	71
22	管内穿线(照明)BV-2.5	52.8+33.8+43.8+48.2	m	178.6
二	辅助工程项目工程量			
1	配电箱端子接线			
(1)	动力配电箱 DL			
	端子板外部接线 6mm²	5	个	5
	端子板外部接线 4mm²	4	个	4
	端子板外部接线 2.5mm²	4+3+2	个	9
(2)	照明配电箱 AL			
	端子板外部接线 6mm²	5×3	个	15
	端子板外部接线 2.5mm²	(3+2)×2	个	10
2	与暗配线管连接的安装盒			
(1)	与 SC20 连接的安装盒			
	接线盒		个	1
(2)	与 SC15 连接的安装盒			
	灯头盒		个	10
	开关盒、插座盒		个	11
3	重复接地装置			
	接地母线敷设(-40×4)	{→[3.0+0.12+5×2](水平)+↑[0.7(室外埋深)+0.5(室内外高差)+1.5(配电箱距地高度)]}×1.039(附加长度)	m	17.79
	接地极制作安装(φ50mm)	3(2.5×3=7.5m)	根	3
	接地跨接线		处	1

　　　　　　　　<u>　某综合楼电气　</u>工　程

工 程 量 清 单

招　标　人：<u>　　×××　　</u>　（签字或盖章）

法定代表人：<u>　　×××　　</u>　（签字或盖章）

招标代理人：<u>　　×××　　</u>　（签字或盖章）

法定代表人：<u>　　×××　　</u>　（签字或盖章）

编　制　人：<u>　　×××　　</u>　（造价员签字盖专用章）

复　核　人：<u>　　×××　　</u>　（造价员签字盖专用章）

编制时间：　×年×月×日

复核时间：　×年×月×日

总 说 明

工程名称：某综合楼电气工程　　　　　　　动力、照明 专业　第 1 页　共 1 页

一、工程概况

本工程为综合楼单层建筑，层高为 3.0m，室内外高差 0.5m。砖混结构，现浇混凝土楼板。施工平面图比例为 1：100。建筑面积为：335m²，工程地点在吉林省长春市，施工日期为 2014 年 5 月～2014 年 7 月，施工地点已具备施工条件，材料运输极为方便。

二、工程分包范围

工程设计的全部动力和照明安装工程、接地工程。火灾自动报警工程为专业分包项目。

三、清单的编制依据

1. 《建设工程工程量清单计价规范》（2013）；

2. 本工程设计施工图纸和有关文件；

3. 正常的施工方法和施工组织；

4. 招标文件和相关要求；

5. 与本工程项目有关的标准、规范、技术资料；

6. 吉林省 2014 年电气设备安装工程消耗量定额；

7. 吉林省安装工程 2014 年计价费率。

四、材料的供应范围及材料价格

1. 全部设备、材料由承包人自行采购。

2. 主要材料单价暂按"设备、材料暂估单价表"计取。

五、工程质量

本工程的质量应达到合格标准，其施工材料全部采用合格产品。

六、暂列金额及专业工程暂估价

1. 暂列金额为 10000 元。

2. 专业工程暂估价为 30000 元。

七、其他

1. 本工程要求投标人严格按照"吉林省建筑工程工程量计价规则"中规定的表格格式进行投标报价。

2. 本工程要求投标人在投标报价时提供分部分项工程工程量清单中配管、配线清单项目综合单价分析表。

3. 本工程要求投标人提供"主要材料价格表"，并按实进行填报。

4. 本工程要求投标人提供招标文件一式三份，正本一份，副本两份；电子版两份。

分部分项工程量清单

工程名称：某综合楼电气工程　　　　　　　　　　　动力、照明工程专业　第1页　共1页

序号	项目编码	项目名称	计量单位	工程数量
1	030404017001	配电箱-XL-21型成套嵌入安装(400mm×300mm×180mm) 【工程内容】1. 箱体安装；2. 端子板外部接线 6mm²、4mm²、2.5mm²	台	1
2	030404017002	配电箱-XMR-21型成套嵌入安装(300mm×200mm×160mm) 【工程内容】1. 箱体安装；2. 端子板外部接线 6mm²、2.5mm²	台	2
3	030406006001	低压交流异步电动机-小型 4kW 刀开关控制 【工程内容】1. 检查接线；2. 调试	台	1
4	030406009001	微型电机-0.75kW 【工程内容】1. 检查接线；2. 调试	台	1
5	030412005001	荧光灯-成套双管荧光灯链吊安装(YG₂₋₂型 2×40W)	套	4
6	030412002001	工厂灯-防水吸顶灯(JXP3-1型 1×60W)	套	4
		注:以上灯具安装项目【工程内容】均为:本体安装		
7	030404033001	风扇-吊风扇	台	2
8	030404034001	照明开关-单联翘板暗装开关(F81/1D型)	个	2
9	030404034002	照明开关-双联翘板暗装开关(F81/2D型)	个	1
10	030404035001	插座-单相五孔暗装插座(F8/10US型 10A)	个	4
11	030404035002	插座-单相五孔暗装插座(F223Z10型 10A)	个	2
		注:以上小电器安装项目【工程内容】均为:本体安装		
12	030411001001	配管-砖、混结构暗配 SC80	m	4.42
13	030411001002	配管-砖、混结构暗配 SC32	m	14.2
14	030411001003	配管-砖、混结构暗配 SC25	m	6.5
15	030411001004	配管-砖、混暗配 SC20	m	10.3
16	030411001005	配管-砖、混暗配 SC15	m	66.1
		注:以上电气配管项目【工程内容】均为:配管		
17	030212003001	配线-管内穿线(动力)BV-4	m	26
18	030212003002	配线-管内穿线(动力)BV-2.5	m	41.2
19	030212003003	配线-管内穿线(照明)BV-6	m	71
20	030212003004	配线-管内穿线(照明)BV-2.5	m	178.6
		注:以上电气配线项目【工程内容】均为:配线		
21	030411006001	接线盒-灯头盒;开关盒插座盒	个	11
22	030409001001	接地极 【工程内容】接地极制作安装(镀锌钢管 DN50mm)		
23	030409002001	接地装置 【工程内容】1. 接地母线敷设(镀锌扁钢 40mm×4mm)；2. 接地跨接线	项	1
24	030414011001	接地装置 【工程内容】接地电阻测试	组	1

措施项目清单

工程名称：某综合楼电气工程 　　　　　　　　　动力、照明工程专业　第1页　共1页

序　号	项 目 名 称	计量单位	工程数量
1	安全文明施工措施费	项	1
2	冬雨季、夜间施工措施费	项	1
3	二次搬运费	项	1
4	检验试验、测量放线、定位费	项	1
5	脚手架搭拆费	项	1

其他项目清单

工程名称：某综合楼电气工程 　　　　　　　　　动力、照明工程专业　第1页　共1页

序　号	项 目 名 称	计量单位	工程数量
1	暂列金额	项	1
2	专业工程暂估价	项	1
3	总承包服务费	项	1
4	计日工	项	1

规费、税金项目清单

工程名称：某综合楼电气工程 　　　　　　　　　动力、照明工程专业　第1页　共1页

序　号	项 目 名 称	计量单位	工程数量
一	规费		
1	社会保障费		
1.1	养老保险	项	1
1.2	失业保险	项	1
1.3	医疗保险	项	1
1.4	工伤保险	项	1
1.5	残疾人就业保险	项	1
1.6	女工生育保险	项	1
2	住房公积金	项	1
3	危险作业意外伤害保险	项	1
二	税金		
1	营业税	项	1
2	城市维护建设税	项	1
3	教育费附加	项	1

暂列金额明细表

工程名称：某综合楼电气工程 　　　　　　　　　动力、照明工程专业　第1页　共1页

序　号	项 目 名 称	计量单位	暂估金额/元
1	暂列金额	项	10000

专业工程暂估价明细表

工程名称：某综合楼电气工程 　　　　　　　　　动力、照明工程专业　第1页　共1页

序　号	项 目 名 称	计量单位	暂估金额/元
1	火灾自动报警工程	项	30000

计日工表

工程名称：某综合楼电气工程　　　　　　　　　　动力、照明工程专业　第1页　共1页

序　号	项 目 名 称	计量单位	暂估工程量
一	人工		
1	变更签证用工	工日	20
二	材料		
1	氧气	m³	10
2	乙炔气	kg	15
3	砂轮片 ϕ400mm	片	5
三	机械		
1	管子切断套丝机 ϕ159mm	台班	6
2	直流电焊机 20kW	台班	9

总承包服务项目表

工程名称：某综合楼电气工程　　　　　　　　　　动力、照明工程专业　第1页　共1页

序　号	项 目 名 称	计量单位	工程数量
1	发包人发包专业工程管理服务费	项	1
2	发包人供应材料、设备保管费		

注：本工程所有材料、设备均由乙方采购，所以不计甲供材料、设备保管费用。

材料、设备暂估单价明细表

工程名称：某综合楼电气工程　　　　　　　　　　动力、照明工程专业　第1页　共1页

序号	编号	名称、规格、型号	单位	数量	单价(暂估)/元
1		动力箱(XL-21 型 400mm×300mm×180mm)	台		720.00
2		照明箱(XMR-21 型 300mm×200mm×160mm)	台		540.00
3		双管荧光灯(YG$_{2-2}$型　2×40W)	个		75.00 (不含光源)
4		防水吸顶灯(JXP3-1 型　1×60W)	个		129.00
5		吊风扇(ϕ1200mm)	个		230.00
6		单联翘板暗开关(F81/1D　10A250V 型)	个		9.60
7		双联翘板暗开关(F81/2D　10A250V 型)	个		12.20
8		二三极暗插座(F8/10US　10A250V 型)	个		10.68
9		二三极防溅暗插座(F223Z10　A250V 型)	个		20.52
10		40W 荧光灯管	支		15.00
11		焊接钢管 DN15～100mm	t		5575.00
12		热轧扁钢—30mm×3mm～50mm×5mm	t		4000.00
13		镀锌费	kg		2.00
14		钢制灯头盒(DH75 型)	个		2.20
15		钢制开关盒(86H60 型)	个		2.06
16		绝缘导线 BV-2.5	km		3022.00
17		绝缘导线 BV-4	km		4647.00
18		绝缘导线 BV-6	km		6762.00
19		金属软管 DN20～40mm	m		18.50
20		金属软管活接头 DN20～40mm	个		1.80
21		扁钢—40mm×4mm 理论质量:1.26kg/m			
22		DN50mm 钢管理论质量:4.88kg/m			

_____某综合楼电气_____ 工　程

工程量清单计价表

编制单位：_____×××_____（单位盖章）

法定代表人

或其授权人：_____×××_____（签字或盖章）

编制人：_____×××_____（造价人员签字盖专用章）

复核人：_____×××_____（造价人员签字盖专用章）

编制时间：×年×月×日

复核时间：×年×月×日

_____某综合楼电气_____ 工程

<h1 style="text-align:center">招标控制价</h1>

最高限价(小写)：_____ 59631.86 元 _____

　　　　　　(大写)：_____ 伍万玖仟陆佰叁拾壹元捌角陆分 _____

招　标　人：_____ ×××　_____ (单位盖章)

法定代表人
或其授权人：_____ ×××　_____ (签字或盖章)

工程造价咨询人
或招标代理人：_____ ×××　_____ (单位盖章)

法定代表人
或其授权人：_____ ×××　_____ (签字或盖章)

编　制　人：_____ ×××　_____ (造价员签字盖专用章)

复　核　人：_____ ×××　_____ (造价员签字盖专用章)

编制时间：　×年×月×日

复核时间：　×年×月×日

单位工程造价汇总表

工程名称：某综合楼电气工程　　　　　　　　　动力、照明工程专业　第1页　共1页

序　号	项目名称	造价/元
1	分部分项工程费	10042.94
2	措施项目费	1917.32
3	其他项目费	43935.32
4	规费	2133.99
5	税金	1903.37
	合　计	59932.94

分部分项工程量清单计价表

工程名称：某综合楼电气工程　　　　　　　　　动力、照明工程专业　第1页　共1页

序号	项目编码	项目名称	计量单位	工程数量	综合单价	合价
1	030404017001	配电箱-成套嵌入安装(400mm×300mm×180mm)【工程内容】1. 箱体安装；2. 端子板外部接线 $6mm^2$、$4mm^2$、$2.5mm^2$	台	1	1002.88	1002.88
2	030404017002	配电箱-成套嵌入安装(300mm×200mm×160mm)【工程内容】1. 箱体安装；2. 端子板外部接线 $6mm^2$、$2.5mm^2$	台	2	696.72	1393.44
3	030406006001	低压交流异步电动机-小型 4kW 刀开关控制【工程内容】1. 检查接线；2. 调试	台	1	607.60	607.60
4	030406009001	微型电机-0.75kW【工程内容】1. 检查接线；2. 调试	台	1	231.41	231.41
5	030412005001	荧光灯-成套双管荧光灯链吊安装(YG_{2-2}型 2×40W)	套	4	140.58	562.32
6	030412002001	工厂灯-防水吸顶灯(JXP3-1 型 1×60W)	套	4	156.02	624.08
		注：以上灯具安装项目【工程内容】均为：本体安装				
7	030404033001	风扇-吊风扇	台	2	261.21	522.42
8	030404034001	照明开关-单联翘板暗装开关(F81/1D 型)	个	2	15.57	31.14
9	030404034002	照明开关-双联翘板暗装开关(F81/2D 型)	个	1	18.76	18.76
10	030404035001	插座-单相五孔暗装插座(F8/10US 型 10A)	个	4	19.10	76.40
11	030404035002	插座-单相五孔暗装插座(F223Z10 型 10A)	个	2	29.14	58.28
		注：以上小电器安装项目【工程内容】均为：本体安装				
12	030411001001	配管-砖、混结构暗配 SC80	m	4.42	75.78	334.95
13	030411001002	配管-砖、混结构暗配 SC32	m	14.2	25.91	367.92
14	030411001003	配管-砖、混结构暗配 SC25	m	6.5	20.96	136.24
		注：以上电气配管项目【工程内容】均为：配管				
15	030411001004	配管-砖、混暗配 SC20	m	10.3	14.78	152.22
16	030411001005	配管-砖、混暗配 SC15	m	66.1	13.99	925.06
17	030212003001	电气配线-管内穿线(动力)BV-4	m	26	6.96	180.96
18	030212003002	电气配线-管内穿线(动力)BV-2.5	m	41.2	4.01	165.21
19	030212003003	电气配线-管内穿线(照明)BV-6	m	71	8.98	637.58
20	030212003004	电气配线-管内穿线(照明)BV-2.5	m	178.6	4.51	805.49
		注：以上电气配线项目【工程内容】均为：配线				
21	030411006001	接线盒-灯头盒；开关盒插座盒	个	11	4.49	49.39
22	030409001001	接地极【工程内容】接地极制作安装(镀锌钢管 DN50mm)	根	3	93.95	281.85
23	030409002001	接地装置【工程内容】1. 接地母线敷设(镀锌扁钢 40mm×4mm)；2. 接地跨接线	项	1	550.15	550.15
24	030211008001	接地装置【工程内容】接地电阻测试	组	1	327.19	327.19
		本页小计				10042.94
		合　计				10042.94

措施项目清单计价表

工程名称：某综合楼电气工程 　　　　　　　　　　　　　动力、照明工程专业　第1页　共1页

序号	项目名称	计量单位	工程数量	金额/元	
				综合单价	合价
1	安全文明施工措施费	项	1	1672.86	1672.86
2	冬雨季、夜间施工措施费	项	1	56.80	56.80
3	二次搬运费	项	1	28.40	28.40
4	检验试验、测量放线、定位费	项	1	25.11	25.11
5	脚手架搭拆费	项	1	134.15	134.15
	合　计			1917.32	1917.32

其他项目清单计价表

工程名称：某综合楼电气工程 　　　　　　　　　　　　　动力、照明工程专业　第1页　共1页

序号	项目名称	计量单位	工程数量	金额/元	
				综合单价	合价
1	暂列金额	项	1	10000.00	10000.00
2	专业工程暂估价	项	1	30000.00	30000.00
3	总承包服务费	项	1	1200.00	1200.00
4	计日工	项	1	2735.32	2735.32
	合　计			43935.32	43935.32

计日工计价表

工程名称：某综合楼电气工程 　　　　　　　　　　　　　动力、照明工程专业　第1页　共1页

编号	项目名称	单位	暂定数量	金额/元	
				综合单价	合价
一	人工				
1	变更签证用工	工日	20	59.91	1198.20
二	材料				
1	氧气	m³	10	9.00	90.00
2	乙炔气	kg	15	10.00	150.00
3	砂轮片 $\phi400mm$	片	5	27.80	139.00
三	机械				
1	管子切断套丝机 $\phi159mm$	台班	6	19.83	118.98
2	直流电焊机 20kW	台班	9	115.46	1039.14
	总　计				2735.32

注：人工工日综合单价应考虑相应的管理费、利润和风险，即 $42+42×20.54\%+42×22.11\%=59.91$（元）。

总承包服务费计价表

工程名称：某综合楼电气工程 　　　　　　　　　　　　　动力、照明工程专业　第1页　共1页

序号	项目名称	计量单位	工程数量	金额/元	
				综合单价	合价
1	发包人发包专业工程管理服务费	项	1	1200.00	1200.00
2	发包人供应材料、设备保管费				
	合　计				1200.00

注：发包人发包专业工程管理服务费按《计价费率》中相关规定确定，即专业工程暂估价×4%＝1200.00（元），投标人可自主报价。

规费、税金项目清单计价表

工程名称：某综合楼电气工程　　　　　　　　　　动力、照明工程专业　第1页　共1页

序号	项目名称	计量单位	工程数量	金额/元	
				综合单价	合价
一	规费				
1	社会保障费	项	1	1964.91	1964.91
1.1	养老保险	项	1	1622.19	1622.19
1.2	失业保险	项	1	68.54	68.54
1.3	医疗保险	项	1	205.63	205.63
1.4	工伤保险	项	1	31.99	31.99
1.5	残疾人就业保险	项	1	18.28	18.28
1.6	女工生育保险	项	1	18.28	18.28
2	住房公积金	项	1	137.09	137.09
3	危险作业意外伤害保险	项	1	31.99	31.99
	规费合计				2133.99
二	安全文明施工措施费				
1	安全文明施工措施费	项	1	1672.86	1672.86
	安全文明施工措施费合计				1672.86
三	税金				
1	营业税	项	1		
2	城市维护建设税	项	1		
3	教育费附加	项	1		
	税金合计				1903.37

░░░░░░░░░░░░░░░░░░░░░░░░░░░░░░░ **思 考 题** ░░░░░░░░░░░░░░░░░░░░░░░░░░

1. 简述工程量清单计价的特点与作用。

2. 工程量清单格式的组成内容有哪些？

3. 工程量清单项目编码如何设置？

4. 工程量清单计价的基本要求是什么？

5. 简述工程量清单的计价步骤。

附　　录

附录1　常用图形符号

摘自《电气图用图形符号》(GB 4728)。

序号	图形符号	说　　明	IEC
1-1　常用符号要素及限定符号			
02-02-01	—	直流 注：电压可标注在符号右边,系统类型可标注在左边	=
02-02-02	2M-220/110V	示例：直流,带中间线的三线制 220V(两根导线与中间线之间为 110V)。2M 可用 2+M 代替	
02-02-04	～	交流 频率或频率范围以及电压的数值应标注在符号的右边,系统类型应标注在符号的左边	=
02-02-05	～50Hz	示例：交流,50Hz	
02-02-06	～100…600kHz	示例：交流,频率范围 100～600kHz	
02-02-07	3N～50Hz 380/220V	示例：交流,三相带中性线,50Hz,380V(中性线与相线之间为 220V)。3N 可用 3+N 代替	
02-02-08	3N～50Hz/TN-S	示例：交流,三相,50Hz,具有一个直接接地点且中性线与保护导线全部分开的系统	
02-02-12	— ～	交直流	=
02-02-14	N	中线(中性线)	=
02-02-15	M	中间线	=
02-02-16	+	正极	=
02-02-17	—	负极	=
02-08-01		热效应	=
02-08-02		电磁效应	=
02-13-01	├--	一般情况下手动控制	=
02-13-03	┐--	拉拔操作	=
02-13-04	┌--	旋转操作	=
02-13-05	┝--	推动操作	=
02-15-01	⏚	接地一般符号 注：如表示接地的状况或作用不够明显,可补充说明	=
02-15-04	形式1	接机壳或接底板	=
02-15-05	形式2		
02-17-01	⚡	故障(用以表示假定故障位置)	=

序号	图形符号		说　　明	IEC
02-17-02			闪络　击穿	=
02-17-03			导线间绝缘击穿	
	1-2　常用导线和连接器件符号			
03-01-01			导线、导线组、电线、电缆、电路、传输通路（如微波技术）、线路、母线（总线）一般符号 注：当用单线表示1组导线时，若需示出导线数可加小短斜线或画一条短斜线加数字表示	
03-01-02			示例：3根导线 更多的情况可按下列方法表示 在横线上面注出：电流种类、配电系统、频率和电压等	=
03-01-03	3		在横线下画注出：电路的导线数乘以每根导线的截面积，若导线的截面不同时，应用加号将其分开 导线材料可用其化学元素符号表示	
03-03-01 03-03-02	优选型	其他型	插座（内孔的）或插座的一个极	=
03-03-03 03-03-04			插头（凸头的）或插头的一个极	=
03-03-05 03-03-06			插头和插座（凸头和内孔的）	=
03-04-01			电缆密封终端头（示出带1根三芯电缆） 多线表示	=
03-04-02			单线表示	
03-04-03			不需要示出电缆芯数的电缆终端头	
	1-3　常用无源元件符号			
04-01-01 04-01-02	优选型 其他型		电阻器一般符号	=
04-01-03			可变电阻器 可调电阻器	=
04-02-01	优选型		电容器一般符号 注：如果必须分辨同一电容器的电极时，弧形的极板表示 (1)在固定的纸介质和陶瓷介质电容器中表示外电极	=
04-02-02	其他型		(2)在可调和可变的电容器中表示动片电极 (3)在穿心电容器中表示低电位电极	
04-03-01			电感器 线圈 绕组 扼流圈 注：(1)变压器绕组见GB/T 4728.6—2008《电气简图用图形符号 电能的发生和转换》	=
04-03-02			(2)如果要表示带磁芯的电感器，可以在该符号上加一条线。这条线可以带注释，用以指出非磁性材料。并且这条线可以断开画，表示磁芯有间隙	=
04-03-03			(3)符号中半圆数目不作规定，但不得少于三个，示例：带磁芯的电感器 磁芯有间隙的电感器	=
	1-4　常用半导体管和电子管符号			
05-03-01			半导体二极管一般符号	=

续表

序号	图形符号		说　明	IEC
05-03-02			发光二极管一般符号	=
05-05-01			PNP 型半导体管	=
05-05-02			NPN 型半导体管,集电极接管壳	=
05-06-01			光敏电阻 具有对称导电性的光电器件	=
		1-5　电机、变压器常用符号		
06-04-01			电机一般符号 符号内的"星号"必须用下述字母代替: 　C 同步变流机 　G 发电机 　GS 同步发电机 　M 电动机 　MG 能作为发电机或电动机使用的电机 　MS 同步电动机 　SM 伺服电机 　TG 测速发电机 　TM 力矩电动机 　IS 感应同步器 注:可在字母下加上直流或交流符号	=
06-08-01			三相笼型异步电动机	=
06-08-03			三相线绕转子异步电动机	=
06-19-03 06-19-04 06-19-05	形式1	形式2	双绕组变压器 注:瞬时电压的极性可以在形式2中表示 示例:示出瞬时电压极性标记的双绕组变压器流入绕组标记端的瞬时电流产生辅助磁通	=
06-19-06 06-19-07			三绕组变压器	=
06-19-08 06-19-09			自耦变压器	=
06-19-10 06-19-11			电抗器、扼流圈	=
06-19-12 06-19-13			电流互感器 脉冲变压器	=

续表

序号	图形符号		说　明	IEC
	形式1	形式2		
06-20-07 06-20-08			三相变压器 星形-三角形联结	=
06-23-02 06-23-03			具有两个铁芯和两个二次绕组的电流互感器 注:(1)形式2中铁芯符号可以略去 (2)在初级电路每端示出的接线端子符号表示只画出一个器件	
1-6 开关、控制和保护装置常用符号				
07-02-01 07-02-02	形式1 形式2		动合(常开)触点 注:本符号也可以用作开关一般符号	=
07-02-03			动断(常闭)触点	
07-05-01 07-05-02	形式1 形式2		当操作器件被吸合时延时闭合的动合触点	=
07-05-03 07-05-04	形式1 形式2		当操作器件被释放时延时断开的动合触点	
07-05-05 07-05-06	形式1 形式2		当操作器件被释放时延时闭合的动断触点	=
07-05-07 07-05-08	形式1 形式2		当操作器件被吸合时延时断开的动断触点	
07-07-01			手动开关的一般符号	=
07-07-02			按钮开关(不闭锁)	=

续表

序号	图形符号	说　　明	IEC
07-07-03		拉拔开关(不闭锁)	=
07-07-04		旋钮开关、旋转开关(闭锁)	=
07-08-01		位置开关,动合触点 限制开关,动合触点	=
07-08-02		位置开关,动断触点 限制开关,动断触点	=
07-13-02		多极开关一般符号 单线表示	=
07-13-03		多线表示	
07-13-04		接触器(在非动作位置触点断开)	=
07-13-06		接触器(在非动作位置触点闭合)	=
07-13-07		断路器	=
07-13-08		隔离开关	=
07-13-10		负荷开关(负荷隔离开关)	=
17-13-11		具有自动释放的负荷开关	=
07-14-01		电动机启动器一般符号 注:特殊类型的启动器可以在一般符号内加上限定符号	=
07-14-06		星-三角启动器	=
07-14-07		自耦变压器式启动器	=
07-15-01	形式1	操作器件一般符号 注:具有几个绕组的操作器件,可以由适当数值的斜线或重复符号 07-15-01 或 07-15-02 来表示;引线的方位是任意的	=
07-15-02	形式2		

序号	图形符号	说　　　明	IEC
07-18-01		气体继电器	=
07-21-01		熔断器一般符号	=
07-21-06		跌开式熔断器	=
07-21-07		熔断器式开关	=
07-22-01		火花间隙	=
07-22-03		避雷器	=
		1-7　常用测量仪表、灯和信号器件图形符号	
08-02-01	V	电压表	=
08-02-05	cosφ	功率因数表	=
08-02-06	φ	相位表	=
08-02-07	Hz	频率表	=
08-04-03	Wh	电度表(瓦特小时计)	=
08-04-15	varh	无功电度表	=
08-08-01		钟(二次钟、副钟)一般符号	=
08-08-02		母钟	=
08-10-01	⊗	灯一般符号 信号灯一般符号 注:(1)如果要求指示颜色,则在靠近符号处标出下列字母 　　RD　红　　BU　蓝 　　YE　黄　　WH　白 　　GN　绿 (2)如要指出灯的类型,则在靠近符号处标出下列字母 　　Ne　氖　　EL　　电发光 　　Xe　氙　　ARC　弧光 　　Na　钠　　FL　　荧光 　　Hg　汞　　IR　　红外线 　　I　　碘　　UV　　紫外线 　　IN　白炽　LED　发光二极管	=
08-10-05		电喇叭	=

续表

序号	图形符号	说　　明	IEC
08-10-06 08-10-07	优选型 其他型	电铃	＝
08-10-09		电警笛　报警器	＝
08-10-10 08-10-11	优选型 其他型	蜂鸣器	＝
1-8　常用电信设备图形符号			
09-05-01		电话机一般符号	＝
09-10-01		传声器一般符号	＝
09-10-11		扬声器一般符号	＝
09-12-01		传真机一般符号	＝
1-9　电信传输系统常用图形符号			
10-04-01		天线一般符号	＝
10-05-01		放大器一般符号 中断器一般符号	＝
1-10　常用电力、照明和电信平面布置用图形符号			
11-01-05 11-01-06	规划(设计)的　　运行的	变电所,配电所	＝
11-04-10		总配线架	＝
11-04-11		中间配线架	＝
11-05-01	———	导线、电缆、线路、传输通道一般符号	＝
11-05-02		地下线路	＝
11-05-04		架空线路	＝
11-05-05		管道线路 注:管孔数量、截面尺寸或其他特性(如管道的排列形式)可标注在管道线路的上方	＝
11-05-06		示例:6孔管道的线路	＝
11-05-16		挂在钢索上的线路	
11-05-17	- - - - - -	事故照明线	
11-05-18	— - — - —	50V及其以下电力及照明线路	

续表

序号	图形符号	说　明	IEC
11-05-19		控制及信号线路(电力及照明用)	
11-05-22		母线一般符号 当需要区别交直流时:	
11-05-23		(1)交流母线 (2)直流母线	
11-05-24		装在支柱上的封闭式母线	
11-05-25		装在吊钩上的封闭式母线	
11-05-26		滑触线	
11-05-27		中性线	
11-05-28		保护线	=
11-05-29		保护和中性共用线	=
11-05-30		具有保护线和中性线的三相配线	=
11-06-01		向上配线	=
11-06-02		向下配线	=
11-06-03		垂直通过配线	=
11-08-10		电缆铺砖保护	
11-08-11		电缆穿管保护 注:可加注文字符号表示其规格数量	
11-08-12		电缆上方敷设防雷排流线	
11-08-13		电缆旁设置防雷消弧线	
11-08-14		电缆预留	
11-08-15		电信电缆的蛇形敷设	
11-08-16		电缆充气点	
11-08-17		母线伸缩接头	
11-08-18		电缆中间接线盒	
11-08-19		电缆分支接线盒	
11-08-20		接地装置 (1)有接地极 (2)无接地极	
11-08-37 11-08-38		电力电缆与其他设施交叉点 a——交叉点编号 (1)电缆无保护 (2)电缆有保护	
11-10-01		桥式放大器(表示具有三条支路或激励输出) 注:圆点表示较高电平的输出	=
11-10-02		主干桥式放大器(示出三条馈线支路)	=

序号	图形符号	说　明	IEC
11-11-01		两路分配器	=
11-12-01		用户分支器(示出一路分支)	=
11-15-01		屏、台、箱、柜一般符号	
11-15-02		动力或动力-照明配电箱 注:需要时符号内可标示电流种类符号	
11-15-03		信号板、信号箱(屏)	
11-15-04		照明配电箱(屏) 注:需要时允许涂红	
11-15-05		事故照明配电箱(屏)	
11-15-06		多种电源配电箱(屏)	
11-16-07		按钮一般符号 注:若图面位置有限,又不会引起混淆,小圆允许涂黑	=
11-16-08 11-16-09		按钮盒 (1)一般或保护型按钮盒 　示出一个按钮 　示出两个按钮	
11-16-10 11-16-11		(2)密闭型按钮盒 (3)防爆型按钮盒	
11-16-12		带指示灯的按钮	=
11-16-13		限制接近的按钮(玻璃罩等)	=
11-16-14		电锁	=
11-17-01		直流电焊机	
11-17-05		交流电焊机	
11-17-08		热水器(示出引线)	=
11-17-09		风扇一般符号(示出引线) 注:若不引起混淆,方框可省略不画	=
11-18-02		单相插座	
11-18-03		暗装	
11-18-04		密闭(防水)	
11-18-05		防爆	
11-18-06		带保护接点插座 带接地插孔的单相插座	
11-18-07		暗装	=
11-18-08		密闭(防水)	
11-18-09		防爆	

序号	图形符号	说　明	IEC
11-18-10		带接地插孔的三相插座	
11-18-11		暗装	
11-18-12		密闭（防水）	
11-18-13		防爆	
11-18-14		插座箱（板）	
11-18-15		多个插座（示出三个）	=
11-18-20		电信插座的一般符号 注：可用文字或符号加以区别 如：TP—电话 　◁—扬声器 FX—电传 M—传声器 TV—电视 FM—调频	=
11-18-21		带熔断器的插座	
11-18-22		开关一般符号	
11-18-23		单极开关	
11-18-24		暗装	=
11-18-25		密闭（防水）	
11-18-26		防爆	
11-18-27		双极开关	
11-18-28		暗装	=
11-18-29		密闭（防水）	
11-18-30		防爆	
11-18-31		三极开关	
11-18-32		暗装	=
11-18-33		密闭（防水）	=
11-18-34		防爆	
11-18-35		单极拉线开关	=
11-18-36		单极双控拉线开关	
11-18-37		单极限时开关	=

序号	图形符号	说　　明	IEC
11-18-38		双控开关(单极三线)	=
11-18-39		具有指示灯的开关	=
11-18-40		多拉开关(如用于不同照度)	=
11-18-42		调光器	=
11-18-43		限时装置	=
11-18-44		定时开关	=
11-18-45		钥匙开关	=
11-19-01		灯或信号灯的一般符号	=
11-19-02		投光灯一般符号	=
11-19-03		聚光灯	=
11-19-04		泛光灯	=
11-19-05		示出配线的照明引出线位置	=
11-19-06		在墙上的照明引出线(示出配线向左边)	=
11-19-07 11-19-08 11-19-09		荧光灯一般符号 三管荧光灯 五管荧光灯	=
11-19-10		防爆荧光灯	
11-19-11		在专用电路上的事故照明灯	=
11-19-12		自带电源的事故照明灯装置(应急灯)	=
11-20-01		警卫信号探测器	
11-20-02		警卫信号区域报警器	
11-20-03		警卫信号总报警器	
11-B1-05		分线盒的一般符号　注:可加注 $\dfrac{A-B}{C}D$ A—编号 B—容量 C—线序 D—用户数	

续表

序号	图形符号	说　明	IEC
11-B1-10	●	避雷针	
11-B1-11	▱	电源自动切换箱（屏）	
11-B1-12	▭	电阻箱	
11-B1-13	▽	鼓形控制器	
11-B1-14	▣	自动开关箱	
11-B1-15	▤	刀开关箱	
11-B1-16	▣	带熔断器的刀开关箱	
11-B1-17	▭	熔断器箱	
11-B1-18	▤	组合开关箱	
11-B1-19	Ⓐ	深照型灯	
11-B1-20	Ⓐ	广照型灯（配照型灯）	
11-B1-21	⊗	防水防尘灯	
11-B1-22	●	球形灯	
11-B1-23	⊙	局部照明灯	
11-B1-24	⊖	矿山灯	
11-B1-25	⊖	安全灯	
11-B1-26	◉	隔爆灯	
11-B1-27	⊜	天棚灯	
11-B1-28	⊗	花灯	
11-B1-29	⌒○	弯灯	
11-B1-30	⊜	壁灯	

注：表中图形符号的序号为该图形符号在 GB 4728 中的序号。

附录 2 电气设备常用基本文字符号

摘自《电气技术中的文字符号制订通则》(GB 7159)。

设备、装置和元器件种类	举　例		基本文字符号	
	中文名称	英文名称	单字母	双字母
组件部件	分离元件放大器	Amplifier using discrete components		
	激光器	Laser		
	调节器	Regulator		
	本表其他地方未提及的组件、部件			
	电桥	Bridge		AB
	晶体管放大器	Transistor amplifier		AD
	集成电路放大器	Integrated circuit amplifier		AJ
	磁放大器	Magnetic ampllifier		AM
	电子管放大器	Valve amplifier		AV
	印制电路板	Printed circuit board		AP
	抽屉柜	Drawer		AT
	支架盘	Rack		AR
	天线放大器	Antenna amplifier		AA
	频道放大器	Channel amplifier		AC
	控制屏(台)	Control panel(desk)	A	AC
	电容器屏	Capacitor panel		AC
	应急配电箱	Emergency distribution box		AE
	高压开关柜	High votage switch gear		AH
	前端设备	Headed equipment(Head end)		AH
	刀开关箱	Knife switch board		AK
	低压配电屏	Low voltage distribution panel		AL
	照明配电箱	Illumination distribution board		AL
	线路放大器	Line amplifier		AL
	自动重合闸装置	Automatic recloser		AR
	仪表柜	Instrument cubicle		AS
	模拟信号板	Map(Mimic)board		AS
	信号箱	Signal box(board)		AS
	稳压器	Stabilizer		AS
	同步装置	Syncronizer		AS
	接线箱	Connecting box		AW
	插座箱	Socket box		AX
	动力配电箱	Power distribution board		AP
非电量到电量变换器或电量到非电量变换器	热电传感器	Thermoelectric sensor		
	热电池	Thermo-cell		
	光电池	Photoelectric cell		
	测功计	Dynamometer	B	
	晶体换能器	Crystal transducer		
	送话器	Microphone		
	拾音器	Pick up		
	扬声器	Loudspeaker		

续表

设备、装置和元器件种类	举例		基本文字符号	
	中文名称	英文名称	单字母	双字母
非电量到电量变换器或电量到非电量变换器	耳机	Earphone	B	
	自整角机	Synchro		
	旋转变压器	Resolver		
	模拟和多级数字	Analogue and multiple-step		
	变换器或传感器	Digital transducers or sensors		
	(用作指示和测量)	(as used indicating or measuring purposes)		
	压力变换器	Pressure transducer		BP
	位置变换器	Position transducer		BQ
	旋转变换器	Rotation transducer		BR
	(测速发电机)	(tachogenerator)		
	温度变换器	Temperature transducer		BT
	速度变换器	Velocity transducer		BV
电容器	电容器	Capacitor	C	
	电力电容器	Power capacitor		CP
二进制元件延迟器件存储器件	数字集成电路和器件	Digital integrated circuits and devices	D	
	延迟线	Delay line		
	双稳态元件	Bistable element		
	单稳态元件	Monostable element		
	磁芯存储器	Core storage		
	寄存器	Register		
	磁带记录机	Magnetic tape recorder		
	盘式记录机	Disk recorder		
其他元器件	本表其他地方未规定的器件		E	
	发热器件	Heating device		EH
	照明灯	Lamp for lighting		EL
	空气调节器	Ventilator		EV
	静电除尘器	Electrostatic precipitator		EP
保护器件	过电压放电器件避雷器	Over voltage discharge device Arrester	F	
	具有瞬时动作的限流保护器件	Current threshold protective device with instantaneous action		FA
	具有延时和瞬时动作的限流保护器件	Current threshold protective device with instantaneous and time-lag action		FS
	具有延时动作的限流保护器件	Current threshold protective device with timelag action		FR
	熔断器	Fuse		FU
	限压保护器件	Voltage threshold protective device		FV
	跌落式熔断器	Dropping fuse		FD
	避雷针	Lightning rod		FL
	快速熔断器	Quick melting fuse		FQ
发生器发电机电源	旋转发电机	Rotating generator	G	
	振荡器	Oscillator		
	发生器	Generator		GS
	同步发电机	Synchronous generator		GS
	异步发电机	Asynchronous generator		GA
	蓄电池	Battery		GB
	柴油发电机	Diesel generator		GD
	稳压装置	Constant Voltage equipment		GV
信号器件	声响指示器	Acoustical indicator	H	HA
	蓝色指示灯	Indicate lamp with blue colour		HB

设备、装置和元器件种类	举 例		基本文字符号	
	中 文 名 称	英 文 名 称	单字母	双字母
信号器件	电铃	Electrical bell	H	HE
	电喇叭	Electrical horn		HH
	光指示器	Optial indicator		HL
	指示灯	Indicator lamp		HL
	红色指示灯	Indicate lamp with red colour		HR
	绿色指示灯	Indicate lamp with green colour		HG
	黄色指示灯	Indicate lamp with yellow colour		HY
	电笛	Electrlcal whistle		HS
	蜂鸣器	Buzzer		HZ
继电器接触器	继电器	Relay	K	
	瞬时接触继电器	Instantous contactor relay		KA
	交流继电器	Alternatlng relay		KA
	电流继电器	Current relay		KC
	差动继电器	Diffential relay		KD
	接地故障继电器	Earth-fault relay		KE
	瓦斯继电器	Gas relay		KG
	热继电器	Thermo relay		KH
	接触器	Contactor		KM
	极化继电器	Polarized relay		KP
	干簧继电器	Dry reed relay		KR
	信号继电器	Signal relay		KS
	时间继电器	Time relay		KT
	温度继电器	Temperature relay		KT
	电压继电器	Voltage relay		KV
	零序电流继电器	Zero sequence current relay		KZ
电感器电抗器	感应线圈	Induction coil	L	
	线路陷波器	Line trap		
	电抗器(并联和串联)	Reactors(shunt and series)		
电动机	电动机	Motor	M	
	同步电动机	Synchronous motor		MS
	可做发电机或电动机用的电机	Machine capable of use asagenerator or motor		MG
模拟元件	运算放大器	Operational amplifier	N	
	混合模拟/数字器件	Hybrid analogue/digital device		
测量设备试验设备	指示器件	Indicating devices	P	
	记录器件	Recording devices		
	积算测量器件	Integrating measuring devices		
	信号发生器	Signal generator		
	电流表	Ammeter		PA
	(脉冲)计数器	(Pulse)Counter		PC
	电度表	Watt hour meter		PJ
	记录仪器	Recording instrument		PS
	时钟、操作时间表	Clock,Operating time meter		PT
	电压表	Voltmeter		PV
	功率因数表	Power factor meter		PF
	频率表	Frequency meter(Hz)		PH
	无功电度表	Var-hour meter		PR
	温度计	Thermometer		PH
	功率表	Watt meter		PW

续表

设备、装置和元器件种类	举 例		基本文字符号	
	中文名称	英文名称	单字母	双字母
电力开路的开关器件	断路器	Circuit-breaker	Q	QF
	电动机保护开关	Motor protection switch		QM
	隔离开关	Disconnector(isolator)		QS
	刀开关	Knife switch		QK
	负荷开关	Load switch		QL
	漏电保护器	Residual current		QR
	起动器	Starter		QT
	转换(组合)开关	Transfer switch		QT
电阻器	电阻器	Resistor	R	
	变阻器	Rheostat		
	电位器	Potentiometer		RP
	测量分路表	Measuring shunt		RS
	热敏电阻器	Resistor with inherent variability dependent on the temperature		RT
	压敏电阻器	Resistor with inherent variability dependent on the voltage		RV
控制、记忆、信号电路的开关器件选择器	拨号接触器 连接级	Dial contact Connecting stage	S	
	控制开关	Control switch		SA
	选择开关	Selector switch		SA
	按钮开关	Push-button		SB
	机电式有或无传感器（单级数字传感器）	All-or-nothing sensors of mechanical and electronic nature (one-step digital sensors)		
	液体标高传感器	Liquid level sensor		SL
	压力传感器	Pressure sensor		SP
	位置传感器（包括接近传感器）	Position sensor (including proximity-sensor)		SQ
	转数传感器	Rotation sensor		SR
	温度传感器	Temperature sensor		ST
	急停按钮	Emergency button		SE
	正转按钮	Forward button		SF
	浮子开关	Floating switch		SF
	火警按钮	Fire alarm button		SF
	主令开关	Master switch		SM
	反转按钮	(Reverse)Backward button		SR
	停止按钮	Stop button		SS
	烟感探测器	Smoke detector		SS
	温感探测器	Temperature detector		ST
变压器	电流互感器	Current transformer	T	TA
	控制电路电源用变压器	Transformer for control circuit supply		TC
	电力变压器	Power transformer		TM
	磁稳压器	Magnetic stabilizer		TS
	电压互感器	Voltage transformer		TV
	局部照明用变压器	Transformer for local lighting		TL
调制器变换器	解频器	Disoriminator	U	
	解调器	Demodulator		
	变频器	Frequency changer		
	编码器	Coder		

续表

设备、装置和元器件种类	举例		基本文字符号	
	中文名称	英文名称	单字母	双字母
调制器 变换器	变流器 逆变器 整流器	Converter Inverter Rectifier	U	
电子管 晶体管	气体放电管 二极管	Gas-discharge tube Diode	V	
	晶体管	Transistor		VT
	晶闸管	Thyristor		VR
	电子管	Electronic tube		VE
	控制电路用电源的整流器	Rectifier for control circuit supply		VC
传输通道 波导 天线	导线	Conductor	W	
	电缆	Cahle		
	母线	Busbar		WB
	波导 波导定向耦合器 偶极天线	Waveguide Waveguide directional couper Dipole		
	抛物天线	Parbolic aerial		WP
	控制母线	Control bus		WC
	控制电缆	Control Cable		WC
	合闸母线	Closing bus		WC
	事故信号母线	Emergency signal bus		WE
	掉牌未复归母线	Forgot to reset bus		WR
	信号母线	Signal bus		WS
	滑触线	Trolley wire		WT
	电压母线	Voltage bus		WV
端子 插头 插座	连接插头和插座 接线柱 电缆封端和接头 焊接端子板	Connecting plug and socket Clip Cable sealing end and joint Soldering terminal strip	X	
	连接片	Link		XB
	测试插孔	Test jack		XJ
	插头	Plug		XP
	插座	Socket		XS
	端子板	Terminal board		XT
电气操作的 机械器件	气阀	Pneumatic valve	Y	
	电磁铁	Electromagnet		YA
	电磁制动器	Electromagnetically operated brake		YB
	电磁离合器	Electromagnetically operated clutch		YC
	电磁吸盘	Magnetic chuck		YH
	电动阀	Motor operated valve		YM
	电磁阀	Electromagnetically operated valve		YV
	合闸电磁铁(线圈)	Closing Electromagnet(coil)		YC
	跳闸电磁铁(线圈)	Tripping Electromagnet(coil)		YT
终端设备 混合变压器 滤波器 均衡器 限幅器	电缆平衡网络 压缩扩展器 晶体滤波器	Cable balancing network Compandor Crystal filter	Z	
	均衡器	Equalizer		ZQ
	分配器	Splitter		ZS
	网络	Network		

参 考 文 献

[1] 侯志伟. 建筑电气工程识图与施工. 北京：机械工业出版社，2004.

[2] 马占鳌. 建筑电气工程造价原理及实践. 北京：机械工业出版社，2010.

[3] 中国电力企业联合会编制. 工程造价综合知识. 北京：中国电力出版社，2002.

[4] 樊伟樑，张培华. 建筑电气安装工程施工图预算的编制与审核. 北京：中国电力出版社，2006.

[5] 杨光臣. 建筑电气工程识图·工艺·预算. 北京：中国建筑工业出版社，2006.

[6] GB 50856—2013. 通用安装工程工程量计算规范.

[7] TY02-31—2015. 通用安装工程消耗量定额.